KB156080

에일리언
유니버스

에일리언
유니버스
Alien Universe

UFO, 외계인, 외계 지적 생명체에 관한 모든 것

돈 링컨 지음 | 김지선 옮김

에일리언 유니버스
UFO, 외계인, 외계 지적 생명체에 관한 모든 것

지은이 돈 링컨
옮긴이 김지선
펴낸이 이리라

편집 이어진 한나래
디자인 에디토리얼 렌즈

2015년 9월 20일 1판 1쇄 펴냄

펴낸곳 컬처룩
등록 2010. 2. 26 제2011–000149호
주소 121–898 서울시 마포구 동교로 27길 12 씨티빌딩 302호
전화 070.7019.2468 | 팩스 070.8257.7019 | culturelook@naver.com
www.culturelook.net

Alien Universe: Extraterrestrial Life in Our Minds and in the Cosmos
by Don Lincoln
© 2013 The Johns Hopkins University Press
All rights reserved. Published by arrangement with The Johns Hopkins University Press,
Baltimore, Maryland through Agency-One, Seoul.
Korean Translation Copyright © 2015 Culturelook
Printed in Seoul
ISBN 979–11–85521–26–8 03400

* 이 도서의 국립중앙도서관 출판예정도서목록(CIP)은 서지정보유통지원시스템 홈페이지(http://
seoji.nl.go.kr)와 국가자료공동목록시스템(http://www.nl.go.kr/kolisnet)에서 이용하실 수 있
습니다. (CIP제어번호: CIP2015023147)
* 이 책의 한국어판 저작권은 에이전시 원을 통해 저작권자와의 독점 계약으로 컬처룩에 있습니다.
신저작권법에 의해 한국 내에서 보호를 받는 저작물이므로 무단 전재와 무단 복제를 금합니다.

차례

일러두기

• 한글 전용을 원칙으로 하되, 필요한 경우 원어나 한자를 병기하였다.

• 한글 맞춤법은 '한글 맞춤법'및 '표준어 규정'(1988), '표준어 모음'(1990)을 적용하였다.

• 외국의 인명, 지명 등은 국립국어원의 외래어 표기법을 따랐으며, 관례로 굳어진 경우는 예외를 두었다.

• 사용된 기호는 다음과 같다.

　영화, TV 프로그램, 신문 및 잡지 등 정기 간행물:〈　〉

　책(단행본):《　》

• 독자의 이해를 돕기 위해 옮긴이와 컬처룩 편집부가 각주(*)를 달았다.

두 가지 가능성이 있다. 우주에 우리만 존재하거나 그렇지 않거나.
둘 다 똑같이 무서운 일이다.

— 아서 C. 클라크

오래전 뉴잉글랜드의 목가적인 시골 동네에, 도시의 소음이나 불빛과
는 멀찍이 떨어진 곳에 한 소년이 살았다. 여름날 해가 떠 있을 동안에
는 재미있는 놀잇감이 가득했지만 시골 밤은 그와는 달리 느릿느릿 흘
러갔다. 귀를 찌르는 귀뚜라미들의 울음소리를 뚫고 이따금씩 올빼미
의 애달픈 울음소리가 들려왔다. 휴일 전날이면 아이의 어머니는 해가
지고 하늘이 어둑해진 지 한참이 지나도록 아이가 돌아오지 않아도 그
러려니 했다. 여름과 젊음의 자유 속에서, 아이와 친구들은 언덕을 헤
집고 다니며 발길 닿는 곳이면 어디든 갔다. 하루치 에너지를 거의 다

써 버리면 아이들은 들판에 누워 맑은 밤하늘 아래에서 풀잎을 씹곤 했다. 하늘은 별이 총총 박힌 검은 양탄자 같았다.

아이들이 나누는 이야기는 꽤 멀리까지 나아갔는데, 실제 경험담에서 과장된 경험담, 미래의 꿈까지 옮겨가곤 했다. 대화 내용은 밤의 소리들과 그 소리들을 내는 생물들처럼, 아이들 주변 세계와 관련된 것일 때가 많았다. 그러나 다른 무엇보다도 이 소년들의 상상력에 불을 붙인 것은 바로 하늘이었다.

아이들에게 하늘은 모험과 무한한 가능성을 뜻했다. 그들 나름대로는 아는 것도 많았다. 아이들은 모두 SF의 열혈 팬이었다. 레이 브래드버리의 《화성 연대기The Martian Chronicles》를 읽었고, 아이작 아시모프의 《럭키 스타Lucky Star》 시리즈를 탐독했고, 로버트 A. 하인라인의 청소년 소설들 — 《우주복 있음, 출장 가능Have Spacesuit, Will Travel》,《스타십 트루퍼스Starship Troopers》 같은 소설들 — 에 푹 빠졌다. 그 정도까지는 알지 못하는 아이들도 최소한 〈스타 트렉〉과 〈스타 워즈〉와 1950년대의 잡다한 외계인 영화들을 비롯해 다양한 TV 드라마와 영화들을 보면서 자랐다. 이 아이들은 인간이 달 위를 걷는 것을 보았다. 그리하여 인류가 별들로 여행하는 법을 알아내고, 인간 탐험자들이 외계 문명을 찾아내어 그들과 합류하는 것이 오로지 시간 문제라고 확신했다.

아이들은 그런 책과 비디오에 영향을 받아 상상의 날개를 펼치긴 했지만, 그것이 그저 이야기일 뿐이라는 것을 모를 정도로 순진하지는 않았다. 그 이야기들이 작가가 풍부한 상상력으로 지어낸 허구라는 것을 아이들은 알고 있었다. 그러나 외계인 이야기는 신문에서도 볼 수 있었다. 어떤 어른들은 하늘에 있는 설명할 수 없는 빛들을 목격했고 비행접시를 보았다는 일도 보도되었다. 외계인은 어쩌면 그리 허구의 존재만은 아닌 것 같았다. 인간이 외계인에게 납치당했다는 그 유명한 사건이 처음 일어난 지역은 그들이 사는 곳과 가까웠다. 이것 역시 소년들에게 그 가능성을 더욱 현실적으로 보이게 했다. 우리가 우주의 유일한 존재가 아닐지도 모른다는 생각은 그들 모두를 매혹시켰다.

그 소년이 바로 나다. 그 이후로 수십 년 동안 나는 SF 세계를 벗어나 그보다 훨씬 매혹적인 과학 세계에 종사했다. 그렇지만 외계인에 대한 관심은 한 번도 잃지 않았다. 인류의 수수께끼 중 "(우주에서) 우리가 유일한 존재일까?"라는 질문보다 더 중요한 답을 가진 것은 얼마 되지 않을 것이다.

외계 생명체에 관한 생각에 매혹되는 사람은 나만이 아니다. 최근 미국인들을 대상으로 한 조사에 따르면, 대략 인구의 절반이 외계 생명체가 존재한다고 믿으며, 믿지 않는다는 사람은 겨우 17%라는 것이다. (나머지는 "모르겠다"라고 대답했다.) 외계 생명체 대신 지적인 외계인으로 바꾸어 질문하자 응답자 38%가 존재한다고 했고 21%는 존재하지 않는다고 했다. 외계인이 지구를 방문한 적이 있느냐는 질문에는 응답자 1/4이 있다고 했고 1/3이 없다고 했다. 비판적인 과학 연구에 버텨낼 만한 증거는 거의 없는데도, 엄청나게 많은 미국인들이 조그만 녹색 인간들의 존재를 믿는 것처럼 보인다.

사실, 이것은 엄밀하게 맞는 말은 아니다. 조그만 녹색 인간들은 최근 수십 년간 인기가 줄어들었다. 외계인의 존재를 믿는 사람들 중 일부에게 지적인 외계인이 어떻게 생겼느냐고 물으면, 공통적인 그림이 등장한다. 외계인은 키가 작고 날씬한 몸매에 회색 피부를 가졌다. 그리고 달걀 모양의 머리에 눈이 크고 검다. 그리고 좀 더 깊이 파고들어 외계인의 행동에 관해 물으면 납치와 의학적인 검사, 차가운 석판과 쇠 탐침에 관한 이야기들을 듣게 될 것이다. 외계인은 인간의 생식계에 매료된 듯하다.

대다수 사람들이 외계인을 한 번도 본 적이 없음을 감안할 때, 우리 문화에 이토록 친숙한 이야기는 어떻게 해서 등장하게 되었을까? 그것은 우리가 그동안 들어온 이야기들을 통해서일 것이다. 그렇다면 이 이야기들은 어디서 나온 것일까? 미디어는 거기서 어떤 역할을 할까? 또한 UFO를 한 번도 본 적이 없는 나는 '옳은' 답이 무엇인지 어떻게 알 수 있을까?

그래서 나는 그 세계를 들여다보기로 했다. 외계인의 방문에 관해 열정적으로 관심을 보이는 사람들에게 많은 것을 알려주는 정보는 무더기로 있다. 산더미 같은 주장과 목격담 중에는 솎아 내야 할 거짓말도 있다. 외계인과의 접촉 사례 목록이 얼마나 길든, 대다수 사람들은 그것에 관해 구체적으로 전혀 알지 못한다. 대다수 사람들에게 있는 외계인 이미지는 그저 몇 가지 출처에만 의존할 뿐이다. 예를 들어 뉴멕시코의 로스웰 사건, 그리고 베티와 바니 힐 부부의 납치 경험담이다. 이 이야기들은 책, 영화, TV 등에서 다뤄졌고, 때로는 미국뿐만 아니라 세계적으로 알려져 독자와 시청자에게 외계인을 어떤 이미지로 받아들여야 할지 알려 주었다. 1950년대의 〈외계에서 온 괴물It Came from Outer Space〉(1953)과 〈우주 전쟁〉 같은 영화는 우리에게 외계인에 관해 가르쳐 주었다. 그 가르침들은 1970년대의 〈스타 워즈〉와 〈미지와의 조우〉 같은 블록버스터 영화들과 〈스타 트렉〉, 〈로스트 인 스페이스〉와 같은 인기 있는 TV 드라마들을 통해 더욱 널리 퍼지게 된다. 1993년 폭스 TV에서 〈X 파일〉, 그리고 1995년 가짜 외계인 해부 필름이 (역시 폭스 TV에서) 방영될 무렵 외계인에 관한 이야기는 미국 대중에 완전히 스며들어 있었고, 그 앞자리를 차지한 것은 로스웰의 회색 외계인이었다.

SF와 UFO 목격담들은 어릴 적 나를 매혹시켰을지 몰라도, 그 시절은 오래전에 지나갔다. 만약 지적인 외계 생명체가 존재한다면, 그것은 분명 우리 문화의 집단적 상상과는 전혀 다를 것이다. 우주생물학자라고 불리는 과학자들은 물리학과 화학 법칙들을 바탕으로 무엇을 알아낼 수 있는지를 진지하게 살펴보았다. 소설가가 헬륨 기체 구름으로 된 생명 형태를 상상할 수 있다면, 과학자들은 그런 불가능한 시나리오들을 배제하고 더 그럴듯한 사실들을 택할 수 있다. 예를 들어, 탄소 원자가 생명의 생물학에 핵심적인 역할을 하는 이유는 갈수록 명확해지고 있다. 신진대사의 화학 법칙을 명확히 단정하기란 불가능하지만, 생명 과정에서 탄소가 하는 역할은 상당하다. 마찬가지로, 물은 지구의 생명에 결정적이다. 물의 중요성은 물이 가진 많은 독특한 성질에서 나오지만, 같은 역할을 할 수 있는 다른 복합물도 있다. 중요한 사실은, 우주생물학자들이 외계 지적 생명체에 관해 많은 것을 알고 있다는 점이다. 이 책에서 나는 그들의 중요한 통찰들을 개략적으로 다루었다.

여러분에게 한 가지 당부를 하려 한다. 이 책에서 '외계인은 어떻게 생겼을까' 하는 질문에 관한 답을 기대하지는 마시라. 나는 외계 생명체가 존재하는지조차 전혀 알지 못한다. 그렇지만 다른 행성에 생명체가 존재한다는 생각이 우리를 충분히 매료시킨다는 것은 안다. 우리는 확실한 데이터 없이도 그것을 상상해 왔으니까 말이다.

이 책은 바로 거기서 시작한다. 이 책은 외계 생명체에 대한 전반적인 이야기를 다룬다. 책의 전반부에서는 우리가 어떤 상상의 경로를 통해 외계 생명체에 관한 관점을 얻게 되었는지를 살핀다. 외계인에 대한 사람들의 목격담이 어땠는지 알아보고, 미디어와 오락 산업들이 어떻게 우리의 생각을 형성하도록 만들었는지 들여다볼 것이다. 후반부에서는 엄밀한 과학의 목소리를 들려줄 것이다. 지난 400년간 우리는 물리적 세계에 관해 엄청나게 많은 것을 알아냈고, 물리학, 화학, 생물학 같은 분야들은 외계 생명체의 가능성에 관해 말해 줄 것이 많다. 이 책은 우리 항성계에 존재할지 모르는 이웃들과의 교신을 위한, 무척 신뢰할 만한 시도들에 관한 논의로 끝난다. 과학은 자신이 관심을 기울인 많은 질문들에 대한 답을 찾아내 왔다. 우주에 우리만 존재하는지는 아직 모르지만 결국은 알게 될 것이다. 그렇게 될 때 우리의 세계는 더 굉장해지겠지만 동시에 덜 신비로운 곳이 될 것이다.

이제 탐험을 떠나 보자.

질문

―――

어떤 작품이든 가장 중요한 부분은 서두다.

― 플라톤

가장 큰 질문 중 하나

인류의 세계관을 바꾸어 놓을 사건 중 가장 중대한 것은 다른 세계에서 온 지적 생명체와 접촉하는 일이 아닐까 싶다. 인류 역사상 이와 같이 패러다임을 바꾸는 사건이 과거에도 있었다. 1610년 1월경 갈릴레오가 처음으로 목성의 위성들을 보았을 때, 지구가 우주에서 독특한 존재라는 믿음은 힘을 잃기 시작했다. 그로부터 두 달 후 베네치아에서 출간된 갈릴레오의 《별의 전령Starry Messenger》은 우리 행성이 더 이상 예외적 존재가 아닐 수 있다는 사실을 널리 퍼뜨리기 시작했다. 새로운 시대가 열린 것이다.

패러다임을 바꾼 또 다른 사건은 찰스 다윈Charles Darwin(1809∼1882)과 동시대인들이 인간 예외론의 종말을 앞당긴 것이다. 인류는 천부적으로 지구의 소유권을 가진 독특한 종이라는 생각은, 인간은 기껏해야 거대한 생명의 나무에 달린 하나의 가지일 뿐이라는 생각에 영영 자리를 내주고 말았다. 우리는 수많은 다른 동물들과 마찬가지로 하나의 동물에 불과하고, 지구의 모양을 바꿀 만한 막대한 힘이 있지만, 그래 봐야 많은 종들과 친척 관계인 한 종일 뿐이다. 인간은 곰, 상어, 캥거루 등을 만든 힘과 동일한 힘으로 만들어졌다. 인간 예외론은 인류가 거둔 지적이고 기술적인 성취에 대한 자부심으로 축소되었다.

우리는 지구에 인간 말고도 도구를 사용하며 어느 정도의 지능을 가진 다른 종들이 있다는 것을 알고 있다. 하지만 인류에 맞먹을 만한 다른 종이 전혀 발견되지 않은 덕분에 일부에서는 인간이 예외적 존재이며 성경에서 말하듯 살아 있는 모든 것들을 지배할 권리를 타고났다고 믿기도 한다. 심지어 종교가 없는 사람들조차 인류가 아프리카로부터 전 지구로 퍼져 모든 환경과 생명체를 지배하고 착취한 것을 일종의 매니페스트 데스티니Manifest Destiny* 처럼 여기는 듯하다. 어떤 사람들은 그 생각을 더 밀고 나가 인류가 지구를 떠나 우주로 의기양양하게 진군해 은하계를 정복하는 미래를 꿈꾸기도 한다.

하지만 우리는 어떤 종류의 은하계를 만나게 될까? 성간interstellar 여

---

* 1845년 미국의 인론인 존 오설리번John O'Sullivan이 미국의 영토 팽창과 약탈을 옹호하기 위해 한 말('명백한 운명')로, 미합중국은 북미 전 지역을 정복하고 개발하라는 신의 명령을 받았다고 주장했다. 이후 미국의 영토 확장주의를 대표하는 용어가 되었다. 이 맥락에서는 인간이 정복자이고 다른 종들이 정복당하는 원주민인 셈이다.

행에 따르는 대단히 현실적이고 실제적인 어려움은 별도로 치더라도, 은하계는 지적 생명체가 거주하는 단 하나의 요람인 지구를 제외하면 생명이 살지 않는 불모지인가? 아니면 지적, 기술적으로 우리 자신과 매우 비슷한 종들이 살고 있는 많은 행성들을 가진 우주촌인가? 다시 말해 우리는 한 가지 중요한 질문을 던져야만 한다.

"우리가 유일한 존재일까?"

이 문제를 탐구하는 것이 내가 이 책을 쓴 목적이다. 상상력이 풍부한 사상가들이 오래전부터 다른 세계에 생명이 있을 가능성과 그런 생명의 본질을 고찰해 왔지만, 그 생각이 서구 문화권 전반에 널리 퍼지게 된 것은 12세기부터였다. 외계 생명체에 대한 논의가 지식인들이나 학계의 울타리 안에 머물던 먼 옛날과는 달리, 외계인이라는 개념은 이제 문학, 신문, 영화를 비롯해 대중이 즐기는 정보의 원천으로 비집고 들어왔다. 외계인, **UFO**(Unidentified Flying Object 미확인 비행물체), 외계와의 접촉, 납치, 종간 번식 같은 개념은 누구나 접할 수 있는 문헌에 다양하게 퍼져 있다.

이 사실은 우리를 이 책의 근본적인 질문으로 이끈다. 만약 외계인이 존재한다면, 그들은 어떤 모습일까? 그보다 더 구체적으로, 시간이 흐르면서 대중은 외계인을 어떤 모습으로 생각해 왔을까? 여러분이 뉴욕 그리니치빌리지에 있는 한 커피숍에 걸어 들어가 카운터를 보는 사람에게 외계인이 어떻게 생겼을 것 같으냐고 묻는다면 그 사람은 뭐라고 답할까? 혹은 그곳 대신 아이오와 주 오텀와 시의 식당에 들어가서 물어보면 어떤 대답을 들을까? 같은 질문을 50년 전에 던졌다면?

"외계'인'"이라는 단어의 '인'을 주목하자. '인'이라고 한 이유는 어느 날 은하계의 지배를 놓고 인간과 경쟁을 벌일지 모를, 지성을 가진 외계인을 지칭하기 위해서다. 나는 외계인을 우주에 훨씬 더 흔하게 존재할지도 모르는 일반적인 생명체와 구분하려고 한다. 외계인은 어느 날 우리의 하늘에 나타나서 "나를 너희의 지도자에게 안내하라"고 하거나, 아니면 자연 자원을 노리고 지구를 공격할지도 모른다. 베텔게우스 별Betelgeuse* 근처의 하늘을 행복하게 날고 있는 외계 오리는 내가 말하는 외계인에 해당하지 않는다. 외계인은 말하자면 그 오리와 같은 세계에 살면서 그 오리에 관해 시를 쓰는 지각 있는 생물을 말한다. 외계인은 비록 발달한 테크놀로지를 가지고 있지 않더라도 최소한 지적이어야만 한다. 동굴에 살더라도 지적 능력이 있다면 그 외계 생명체는 외계인에 속한다. 하지만 외계 '원숭이'는 외계인에 포함되지 않는다.

물론 외계 생명체와 외계인은 동반자적인 개념이다. 지구의 생명체와 인류가 불가분의 관계인 것과 마찬가지다. 그래서 이 책 곳곳에서 우리는 이따금 논의를 확장해 좀 더 포괄적으로 외계 생명체에 관한 이야기를 다룰 것이다. 하지만 초점은 외계인과, 인류가 그들에 대해 생각하는 이미지가 어떻게, 왜 진화해 왔는지에 맞춰질 것이다.

★ 오리온 자리의 *α*별로 적색 초거성이다.

허구 대 사실

그러면 이제 이 책에서 다룰 주제들에 관해 잠깐 이야기를 해 보자. 우선 우리가 외계인에 대해 어떤 집합적 이미지를 갖게 되는 데 길잡이 노릇을 해 온 정보의 출처는 세 유형으로 나눌 수 있다. 사실과 허구, 그리고 그 둘의 경계선이 흐려지는 범주다.

사실들은 당대의 과학적 지식에서 나온다. '수십억의 수십억Billions and Billions'* 이라는 표현으로 유명한 칼 세이건Carl Sagan은 과학의 대중화에 큰 공을 세운 천체물리학자다. 세이건과 동료들은 현재 우리가 가진 물리학과 화학 지식을 토대로 외계인이 어떤 모습일지를 파악하는 데 많은 시간을 들였다. 그들보다 전통적인 생물학자들은 극한적인 조건에서 살아가는 생물들을 점점 많이 찾아내고 있고, 그 덕분에 우리는 지구 생명체의 생존력에 대해 더 많은 것을 알아 가고 있다. 그러나 모든 행성이 지구와 동일하지는 않으므로, 외계인이 (호흡을 한다고 치면) 호흡하는 공기의 종류, 그들이 편안하게 살 수 있는 기온, 신진대사에 필요한 화학물질 같은 것들은 인간과 근본적으로 다를 가능성이 높다. 아직 과학은 외계인이 어떤 모습일지 답을 얻지 못했지만, 가능성의 범주에 관해서는 엄청나게 많은 지식을 확보했다. 이 책은 물론 이런 과학적 주제들을 논하게 되겠지만, 외계인에 대한 대중의 인식은 상아탑에서 나오는 지식보다는 미디어와 오락 산업의 영향을 더 많이 받는 게

---

*　칼 세이건(1934~1996)은 다큐멘터리 〈코스모스Cosmos〉의 방영 이후 인기에 힘입어 〈자니 카슨 쇼〉에 출연했는데, 그때 별들을 묘사하며 한 '수십억의 수십억'이라는 말이 유행하게 되었다. 사실 그 말을 한 사람은 자니 카슨이었고. 세이건은 《코스모스》에서 "A galaxy is composed of gas and dust and stars — billions upon billions of stars"라고 쓴 바 있다.

사실이다.

'우주, 최후의 변경Space, the final frontier'*은 시대를 통틀어 가장 큰 성 공을 거두었으며 많은 학생들이 과학을 지망하도록 만든 **SF TV** 시리 즈인 〈스타 트렉Star Trek〉의 첫머리에 등장하는 문구다. 〈스타 트렉〉에서 우주선 엔터프라이즈호의 승무원들은 '새로운 생명체와 새로운 문명' 을 찾아 은하계를 쌩쌩 날아다닌다. 〈스타 트렉〉의 우주는 엄청나게 다 양한 종들로 이루어져 있고, 그곳의 수많은 세계에는 생명체, 그것도 지적 생명체가 살고 있다. 사실 〈스타 트렉〉 우주에 외계인들이 존재하 지 않았더라면 드라마의 성격은 무척 달라졌을 것이다. (몇 가지만 예를 들 자면) 클링온, 카다시안, 로뮬런들이 없었더라면 우주선의 인간들은 그 냥 은하계를 날아다니면서 이곳저곳의 바위산을 한 번씩 쿡쿡 찔러 보 거나, 어쩌면 이따금씩 에리다누스 자리 엡실론계**의 네 번째 별에 살 고 있는 지각없는 변형균류를 만나거나 하는 게 전부였을지도 모른다. 그랬다면 〈스타 트렉〉의 수많은 플롯들을 지배하는 사회적이고 정치적 인 상호작용이 주는 흥미로움은 사라져 버렸을 것이다.

〈스타 트렉〉 외에도 많은 영화와 드라마들이 외계인에 관한 우리 의 생각을 조형해 왔다. 〈스타 워즈Star Wars〉(1999)의 술집 장면은 인간 들이 모퉁이 술집(어쩌면 모터사이클족 전용 바일지도)에서 그러듯이 서로 부대끼는 다양하고 화려한 외계인의 군상을 마치 동물원 구경하듯 보

★　frontier는 일반적인 접경 지역을 말하지만, 특히 19세기 미국 서부 개척지의 변경을 가리키는 말로 흔 히 쓰인다. 이 말은 서부 개척 시대를 그리워하는 미국인들에게 호소력을 발휘했다.

★★　에리다누스 자리 엡실론은 태양 근처에 있는 별들 중 가장 태양과 비슷한 환경을 갖추고 있어, 천문 학자들이 이 항성 주변의 행성을 찾기 위해 많은 시도를 하고 있다.

여 주는데, 한 등장 인물은 그곳을 '쓰레기와 악당들의 비참한 소굴'이라고 표현한다. 후속편들에서도 많은 다른 생물들이 소개된다. 비록 자바 더 헛*은 예외지만, 대다수 외계인은 사지를 가지고 2족 보행을 하며 인간과 비슷한 특징을 지닌, 인간의 유사형들이다.

사실 외계인에 대한 대중의 시각에는 영화와 텔레비전에 등장하는 외계인들의 2족 보행 구조가 단단히 각인돼 있다. 과거에는 외계인을 연기하는 배우가 인간이었기 때문에 영화 속 외계인은 2족 보행을 할 수밖에 없었다. 지금은 컴퓨터 그래픽 기술을 사용할 수 있기 때문에 영화 제작자들이 더 이상 외계인을 인간처럼 보이게 만들 필요가 없다. 그러나 영화 속 등장 인물을 관객이 공감할 만한 인물로 만들어야 한다는 문제는 여전히 남아 있다. 예를 들자면, 세 가지 성별로 나뉘고 라임맛 푸딩같이 형광색에 몰캉거리는 모습을 한 생명체를 주인공으로 한 멜로드라마가 성공할 것 같지는 않다. 그런 모습을 한 주인공을 내세운 영화는 관객에게 (적절한 포현일지 모르겠지만) 너무 외계적alien으로 보일 것이다.

여기서 매우 중요한 사실을 하나 떠올릴 수 있다. SF 팬들이 당대의 잘 나가는 작가가 쓴 최신 소설을 아무리 탐독한다 하더라도, 그들은 대체로 소수에 불과하다. 아무리 인기 있는 외계인을 다룬 소설이라해도 그것을 읽는 독자의 수는 그다지 많지 않다. 문학 형태의 SF는 대다수 대중에게는 피상적이고 간접적인 방식으로만 영향을 미쳐 왔다. 오히려 외계인에 관한 대중의 시각에 가장 큰 영향을 미친 것은 영화와

---

* 〈스타 워즈〉 시리즈의 거대한 양서류 비슷하게 생긴 유명한 캐릭터로, 악역으로 나온다.

TV다. 영화나 TV에서는 인간 배우가 출연하고 관객이 등장 인물에 공감을 느낄 수 있어야 하기 때문에, SF의 내용도 관객이 몰입할 만한 것으로 제한된다. 예를 들어 〈스타 워즈〉는 포로가 된 공주, 자신의 출신을 몰랐던 왕자, 그리고 사악한 왕이 등장하는 모험 활극이다. 〈아바타 Avatar〉는 '파란 사람들이 등장하는 〈늑대와 춤을 Dances with Wolves〉'이라 할 수 있고, 서구 문명과 원주민 간의 관계를 노골적으로 비판하는 내용으로도 해석할 수 있다. 영화 〈에일리언 Alien〉은 〈죠스 Jaws〉와 10대 관객을 노린 수많은 슬래서 영화와 비슷하다. SF 영화는 당대 사회와 정치에 대한 간접 비판인 경우가 흔하다. 조지 오웰의 《동물농장》이 러시아 혁명(및 실상 인류 역사상의 수많은 혁명)에 대한 은유였듯이 말이다. 허구 속 외계인의 초상은 그 영화가 개봉되었을 때 인류의 관심을 끌고 있던 주제를 반영하는 경우가 많다. 1951년에 나온 영화 〈지구 최후의 날 The Day the Earth Stood Still〉* 에서는 외계인 로봇이 지구를 찾아와 핵무기의 위험성을 경고하는데, 그것은 2차 세계 대전 이후 미국의 공포를 반영했다. 마찬가지로 에드거 라이스 버로스 Edgar Rice Burroughs** 가 1912년에 발표한, 바숨(화성)을 배경으로 한 존 카터의 모험담은 확실히 포스트식민주의의 마지막 흔적을 깔고 있다. 심지어 허버트 조지 웰스 Herbert George Wells *** 의 작품들도 빅토리아 시대의 낙관주의와 우려 양쪽을

---

* 해리 베이츠Hary Bates의 단편 소설 《지배자에게 고하는 작별》이 원작으로, 2008년에 할리우드 블록버스터로 리메이크되었다.(감독 스콧 데릭슨, 주연 키아누 리브스)

** 에드거 라이스 버로스(1875~1950)는 미국의 작가로, 특히 타잔 시리즈와 화성을 배경으로 한 모험소설로 유명하다.

*** H. G. 웰스(1866~1946)는 SF 소설로 유명한 영국의 소설가이자 문명 비평가다. 쥘 베른, 휴고 건스백과 함께 'SF 소설의 아버지'로 불린다. 《타임머신》, 《투명인간》을 비롯해 SF 소설 100여 편을 썼다.

반영하는 것들이 많다.

하늘을 감시하라……

지금까지 외계인에 대한 대중의 시각에 과학적 사고와 SF 장르 양측이 미치는 영향을 간단히 이야기했는데, 대중이 외계인을 보는 시각에 결정적이고 강력한 영향을 미치는 것 중에는 사실과 허구가 구분하기 어려울 정도로 뒤엉킨 것도 있다. 이런 이야기들은 수수께끼로 뒤덮여 있을 뿐 아니라 음모론과 종교적인 열광까지 뒤섞여 흥미를 더한다. 물론 내가 지금 말하는 것은 UFO 이야기다.

　UFO는 더러 비행접시라고도 불린다. 일각에서는 그것이 지구로 파견된 사절단이 탄 우주선이라고 믿고 있다. 이 주제는 뜨거운 관심을 몰고 다니는데, 우주에 인류만 존재할 리가 없다고 믿는 사람들에서부터, UFO를 보았다고 주장하는 사람들은 사기꾼이나 괴짜이거나 악의는 없되 그냥 착각한 거라고 믿는 사람들까지 다양하다. 외계 비행선을 보았다고 주장하는 사람이 있는가 하면 심지어 외계인과 직접 교신했다는 거창한 주장을 하는 사람들도 있다. 좀 더 최근에는 외계인에게 납치되어 단순한 생물학적 검사를 받았다는 사람에서부터, 종간 번식 등 다양한 목적에 이용당했다고 신고한 사람들도 있었다. 이런 신고를 하는 이들 중에 자기가 정말 그런 일을 겪었다고 믿는 사람도 있다는 것은 의심할 여지가 없다. 하지만 그 분야에 거짓말과 날조와 사기꾼들이 넘친다는 것 역시 분명한 사실이다.

　UFO/피접촉자/납치 피해자들의 이야기는 대부분은 아니라도 많은 경우 쉽게 무시당하지만, 몇몇 경우는 늘 명확하게 해결되지 못한 상태로 남아 있다. '해결되지 않았다'고 해서 '정말로 외계인과 접촉했다'는 뜻이 되는 것은 아니지만, 해결되지 않은 수수께끼가 있다는 것은 대중과 미디어, 심지어 정부의 관심을 사로잡아 왔다. 가장 유명한 것은 미국 공군이 실시한 블루북 프로젝트Bluebook project*다. 그 외에도 여러 정부 부처에서 UFO 현상을 조사하기 위해 착수한 연구 프로젝트가 수십 건이나 된다.

　외계인과의 조우에 관한 언론 보도는 증폭 효과가 있어서, 기사를 본 사람들이 추가적으로 (그리고 앞서의 보고를 확정하는) 목격담을 내놓는 경우가 많다. 왜 이런 목격담이 많이 나오는지를 명쾌하게 설명하기는 쉽지 않다. UFO 신봉자들은 외계와의 접촉 신고가 늘어난 것은 말 그대로 외계인의 활동이 급증한 결과라고 볼 것이다. 하지만 이를 믿지 않는 사람들은 그것은 누군가 네스 호 괴물이나 빅풋Bigfoot**을 보았다고 신고하면 반드시 더 많은 신고가 뒤따라 나오는 것과 마찬가지로 집단 망상의 결과라고 말할 것이다.

　외계인과 인간의 접촉이라는 문제에서 여러분이 어느 편에 서건, 외계인과의 접촉에 대한 언론 보도가 더 많은 목격담을 야기한다는 데는 반론의 여지가 없다. 또 언론 보도는 대중, SF 작가, 영화 제작자들

＊　미국 공군이 1952～1970년 1월에 걸쳐 UFO 목격 현상에 관련된 정보들을 모집하고 분석하기 위해 실시한 프로젝트를 말한다.
＊＊　미국과 캐나다의 로키 산맥 일대에서 목격된다는 전설의 거대한 털북숭이 동물로 인간과 비슷하다.

에게 영향을 준다. 그러면 오락 산업은 흔히 그 목격담에 세세한 살을 붙여 스토리를 만들어 낸다. 그러면 이런 허구의 이야기들은 더 많은 대중에게 전달되고, 시청자들에게 어떤 것을 기대해야 하는지 알려 주게 된다. 그러면 추가로 더 많은 목격담을 이끌어 내게 되고, 그리하여 완전한 하나의 사이클을 이루게 된다.

이 책의 요점은 (1) 외계 생명체, (2) 지적인 외계인의 존재, (3) 외계인의 지구 방문이라는 문제들에 대해 해답을 주려는 것이 아니다. (하지만 어쨌든 그 세 주제에 관한 내 의견은 다음과 같다. (1) 매우 가능성 높음, (2) 아마 있겠지만 매우 희귀할 듯, (3) 극도로 가능성 낮음.) 이 책의 의도는 과거와 현재에 대중이 외계인에 대해 가지고 있는 지배적인 시각에 관해 이야기하는 것이다.

그림 1은 할리우드와 미디어 덕분에 유명해진 특징적인 외계인의 모습을 보여 준다. 대다수 미국인들은 이 외계인들을 모두 알아볼 수 있는데, 가운데 있는 그림은 외계인을 묘사해 보라고 했을 때 성인들이 가장 흔히 택하는 모습이다. 나는 4~11세 어린이들을 대상으로 그들이 생각하는 외계인의 생김새를 그려 보게 했다. 이 결과의 표본은 그림 2에서 볼 수 있다. 이 그림들은 아이들이 각자 그린 것이지만 서로 놀라우리만큼 비슷하다. 외계인들은 눈에 띄게 인간과 비슷하며 좌우 대칭에 가깝다. 그런 특성을 갖지 않은 외계인은 확실히 도구를 사용하지 못할 테니 존재할 가능성이 상대적으로 낮다. 그림에서 드러나는 공

그림 1   외계인은 오래전부터 우리 곁에 있었다. 여기 그려진 외계인들의 특징은 대중 문화를 조금이라도 접해 본 사람이라면 누구나 익숙한 모습이다. 여러분이 그들을 알아볼 수 있는지 확인해 보라. 그들의 정체는 책 마지막 페이지에 나와 있다.

통점은 외계인들이 모두 웃고 있고 행복해 보인다는 것이다. 이것은 어쩌면 부모들이 아이들을 제대로 보살피고 있으며 무서운 영화를 너무 많이 보지 못하게 한다는 사실을 반영하는지도 모른다. 일부 어린이들은 미디어에 등장하는 원형적인 '회색' 외계인을 알고 있다. 인간과 비슷한 생김새에 이마가 넓고 턱이 뾰족하며 아몬드 모양의 커다란 눈을 가진 이 외계인들은 수많은 납치 이야기들을 통해 잘 알려져 있다.

앞으로 이 책 전반에 걸쳐 우리는 외계인에 대한 인류의 집단적인 이미지를 탐구할 것이다. 1장은 1900년 이전의 외계인에 관한 개념을 살핀다. 이 시대에는 외계인에 관한 사색이 대체로 과학자와 신학자만의 전문 영역이었다. 화성은 우리와 가장 가까운 이웃 행성이라 자연히 외계인의 존재를 점쳐 볼 만한 곳이 되었기 때문에, 화성에 지적 생명체가 존재한다는 주장이 흥했다가 쇠한 과정을 좀 더 자세히 설명한다.

2장에서는 외계인에 관한 '이야기'들을 묘사한다. UFO, 접촉, 그리고 납치에 관한 것들이다. 이 이야기들이 정말 진짜인가 아닌가 하는 데에는 거의 개의치 않는다. 진위 여부가 중요하지 않느냐고 이의를 제기하는 독자들도 있을지 모르지만, 실제 존재하는 외계 생명체라는 문제와, 인간 문화에 깊숙이 뿌리내린 사회적 현상으로서의 외계인을 구분해야 한다. 인류가 생각하는 외계인은 소수의 사람들이 들려주는 경험담과 더불어 미디어와 오락 산업이 제공하는 서사에 뿌리를 두고 있다. 이런 이야기들이 사실인지, 새빨간 거짓말인지, 자연 현상을 오해한

리엄(4)　　자라(5)　　알리사(7)　　도미닉(8)　　데이비드(8)　알레테이아(8)

크리스티언(5)　애나 엘리스(9)　앨리슨(7)　메리 클레어(9)　도미닉(9)　카이아(9)

마이클(9)　　아만다(9)　　그레이스(5)　　티파니(9)　　에마(8)

브라이언(6)　　케이트(11)　　　잭(7)　　　데보라(11)

마거릿(9)　아오나(6)　린지(9)　마케나(9)　시드니(10)

빅토리아(10)　　개릿(10)　　색(9)

그림 2　　성인은 외계인의 생김새가 어때야 '하는지'를 오랫동안 학습해 왔지만, 어린이들은 백지 상태에 더 가깝다. 그러나 이들이 그린 위의 그림들이 보여 주듯, 이미 '정답'을 배운 아이들도 있다.

것인지, 혹은 미친 사람의 헛소리인지는 전혀 중요하지 않다. 중요한 것은 이야기 그 자체와, 그것이 우리 문화를 어떻게 관통해 왔는가다. 이 이야기들은 외계인의 본질에 대한 대중의 생각을 형성하는 데 중요한 몫을 담당해 왔다.

3장과 4장은 문학, 라디오, 텔레비전, 영화에 등장하는 허구의 외계인이 거쳐 온 진화의 연대기를 다룬다. 작가들은 외계인을 이용해 허구를 배경으로 당대 사회의 관심사를 은유적으로 나타낼 수 있다. 특히 이것은 흥미로운 이야기다.

5장에서 우리는 방향을 바꿔 살펴볼 것이다. 책의 나머지 부분에서는 외계인에 대한 시각이 역사적으로 어떻게 변모했는지를 묘사하기보다 외계인이 어떤 모습일지 알아내기 위해 현대에 어떤 노력들이 이루어지고 있는지를 들여다본다. 그 첫 단계는 지구의 생명체를 통해 외계인의 모습에 접근하는 것이다. 5장은 지구에 사는 다양한 생명의 왕국들을 조사하고, 6장은 범주를 더 넓힌다. 현대 생화학과 우주생물학은 '저 바깥'에 탄소 아닌 다른 원자에 기반을 둔 생명 형태가 존재할 가능성을 비롯해 어떤 종류의 생명이 존재할지에 관해 많은 이야기를 들려준다.

7장은 우리의 여정을 갈무리한다. 여기서는 허구와 사변적인 과학을 벗어나 다음과 같은 단순한 질문에 초점을 맞춘다. 우리가 근처 별들에서 외계인을 찾아낸다면, 그들은 어떤 모습일까? 현재까지 반세기에 걸친 과학적인 탐사와 그보다 더 일찍 시작된 사색에도 불구하고, 우리는 아직 아무것도 찾아내지 못했다.

　　외계인을 찾을 때까지, 우리는 계속해서 그들을 꿈꿀 것이다. 그들의 모습을 상상하는 것은 사실 그들보다는 우리 자신에 관해 더 많은 것을 알게 해 줄 것이다. 우리가 과연 외계 생명체를 만날 날이 올지, 나로서는 알 도리가 없다. 하지만 그날이 올 때까지, 여러분이 나와 함께 맑은 밤하늘을 올려다보며 함께 꿈꾸기를 바라 마지않는다.

1장

시작

현재 화성의 주민들은 우리보다 우월한 종일 가능성이 매우 높다.

— 카미유 플라마리옹Camille Flammarion[*]

허공에 떠 있는, 어쩌면 색색의 빛이 새어 나오는 은빛 접시. 커다랗고 검고 텅 빈, 아몬드 모양의 눈을 가진 왜소한 회색 존재. 텔레파시로 전해지는 유령 같은 목소리. 딱딱하고 차가운 판. 은색 의료 기기들. 특히 사타구니를 쿡쿡 찌르는 손길. 그 후 여러분은 불편한 느낌과, 설명할 수 없는 시간의 경과와 더불어 원래 있던 곳으로 돌려보내진다.

이것은 현대의 수많은 외계인 이야기를 구성하는 요소다.

지금으로부터 70년도 더 전부터 인류는 외계인에 관한 신화를 차곡차곡 쌓아올렸다. 심지어 UFO나 비행접시나 그 비슷한 것에 관해 개인적으로 아무런 경험이 없는 사람들조차 그 이야기들을 알고 있다. 이 책에서 우리는 이런 요소들이 어디서 생겨났는지 알게 된다. 앞으로 보게 되겠지만 이 특정한 서사는 최근에 생겨난 것으로, 몇 안 되는 시

---

[*] 카미유 플라마리옹(1842~1925)은 프랑스 천문학자이자 작가로 초기 SF 소설들을 썼다.

초의 이야기를 바탕으로 입에서 입으로, 그리고 미디어를 통해 몇 번이고 재탕됨으로써 발판을 얻었다. 그렇지만 지난 한 세기 동안 대중이 이전에 비해 외계 생명체라는 문제에 엄청난 관심을 갖게 되었다 해도, 그 관심 자체는 새로운 것이 아니다. 이 장에서는 그런 질문을 던진 (그리고 그 무모함으로 인해 목숨을 잃은) 르네상스 학자들을 만나게 될 것이다. 또 19세기에 등장한 생각들을 접하게 될 텐데, 그중에는 소신이 담긴 주장도 있지만, 그저 대중의 관심을 얻기 위한 거짓말도 있었다. 우리는 조상들이 우리의 이웃 천체인 달과 화성에 관해 무슨 생각을 했는지 알게 될 것이다.

그러면 이제 시작해 보자.

외계 생명체의 존재를 논하려면 우선 다른 질문, 특히 다른 행성들이 존재하는가 하는 질문에 대한 답을 찾아야 한다. 다른 행성들이 없다면 지구 말고 다른 곳에 생명이 존재하느냐는 질문 자체를 던질 수가 없다.

이야기는 흔히 그렇듯 초기 그리스인에게서 시작한다. 아리스토텔레스의 저술들은 이 질문에 가장 오랫동안 영향을 미쳤다. 그의 주장은 그의 물리학과 우주론에서 나왔다. 예를 들어, 아리스토텔레스는 우주의 중심에 지구를 놓았다. 지구가 핵심에 있고, 그것을 둘러싼 천구에는 별들이 정해진 위치에 붙박여 있었다. 그 둘 사이에는 다른 구들이 있고, 각 구는 태양과 달과 방랑하는 행성들을 가지고 있다. 이 떠도는 행성들은 지구와 비슷한 모습으로 생각되지 않았다. 아리스토텔레스의 물리학 이론은 4원소 — 공기, 불, 흙, 물 — 를 내세웠다. 아리스토텔레스는 각 원소들이 고유한 특질을 갖고 있다고 주장했다. 흙은 행성을 향해 가라앉고, 불은 행성을 벗어나려 하며, 물과 공기는 그 중간적인 특성을 가지고 있다는 것이다. 그의 논리에 따르면 행성은 하나밖에 있을 수 없다. 그렇지 않다면 흙은 어느 쪽으로 떨어져야 할지, 우리 행성을 향해 떨어질지 아니면 다른 행성을 향해 떨어질지 헷갈리지 않겠는가. 그 논리는 단순했고 결론은 강제적이었다. (그것은 실증적인 지침 없이 순수한 논리만으로 이루어진 과학적 담론이 얼마나 취약한가를 분명히 보여준다.) 당시에 그와 경쟁하는 다른 개념들도 있었지만, 아리스토텔레스의 주장은 약 2000년간 학계를 지배했다.

외계 생명체에 관한 질문이 초기에는 지구와 닮은 행성이 존재하지 않는다는 생각에 기대고 있었다면, 아리스토텔레스 논리의 갑옷에 처음으로 흠집을 낸 것은 니콜라우스 코페르니쿠스Nicolaus Copernicus(1473 ~ 1543)였다. 코페르니쿠스의 《천체의 회전에 관하여De revolutionibus orbium coleestium》는 1543년 그가 세상을 떠나기 직전에 출간되었다. 거기서 코페르니쿠스는 기존과 상당히 다른 우주론을 내세웠다. 그의 지동설(태양중심설)은 태양이 우주의 중심이고 우리 행성을 비롯한 모든 행성은 그 주위를 돈다고 주장했다. 지구가 우주의 중심이 아니라면 인류 역시 우주의 중심이 아닐 수 있었다. 코페르니쿠스는 외계 생명체라는 질문과 관련해 자신의 이론이 어떤 의미를 지니는지 언급하지 않았지만 그 뜻은 충분히 전달되었고, 뒤이어 그의 후계자들이 나타났다. 코페르니쿠스가 세상을 떠난 지 5년 후에 태어난 도미니크회 수사인 조르다노 브루노Giordano Bruno*는 가톨릭계의 악동 같은 인물이었다. 당대에 인정되던 많은 생각에 의문을 제기한 브루노는 끝내 종교적 이단으로 몰려 화형에 처해졌다. (이 책의 관심사와 관련해) 브루노는 우리 태양이 행성들로 둘러싸인 항성(별)이라면, 모든 항성이 행성들로 둘러싸인 태양일 거라는 가설을 세웠다. 우리 행성에 생명이 산다면, 다른 행성들 역시 마찬가지일 터였다.

1610년 발표된 갈릴레오의 《별의 전령》은 지구 예외론이라는 개념의 입지를 더욱 좁혔다. 그는 목성의 달들을 보았고 지구의 달 표면을 산과 지형이 있는, 지구와 비슷한 모습으로 묘사했다. 그와 동시대인인 요하네스 케플러Johannes Kepler(1571~1630)는 더욱 대담하게, 달에 사람이 산다는 주장을 펼쳤다. 분화구 측면 동굴에 사람들이 살고 있다는 것이다. 이제 다시 새로운 시대가 열렸다.

그 뒤로 몇 년간 신학자, 철학자, 발생학자 간에 당시 시대상을 전형적으로 보여 주는 논쟁이 이어졌다. 당시에는 외계 생명과 관련된 논쟁에 답을 줄 만한 과학적 기기가 충분치 않아(오늘날에도 마찬가지이지만), 당시의 뛰어난 사람들이 추론에 기대거나 여러 가지 가설을 세우는 방식으로 그 문제를 해결하려 했다. 다른 세계에 생명체가 사는가를

★   조르다노 브루노(1548~1600)는 철학자, 수학자, 시인, 천문학자다.

둘러싼 논쟁에서 결정적인 승자는 없었다. 우리는 우리 태양계에 다른 행성들이 있음을 알고 있으며, 다른 별들에도 행성들이 딸려 있을 가능성이 높다는 것을 알고 있다. 하지만 학식 있는 사람들이 생명은 자연의 과정이 아니라 조물주에 의해 태어난다고 믿었던 그 시대에, 논리만을 바탕으로 그 물음에 대한 실질적인 진보가 이루어지기는 힘들었다.

1850년대와 1860년대는 두 가지 중요한 과학적 발전이 이 논쟁에 좀 더 튼튼한 토대를 제공했다. 우선 찰스 다윈이 1859년 진화론을 발표했는데, 이 이론에는 지구의 종들을 넘어 외계 생명에 대한 함의도 있었다. 둘째로, 1860년대 들어 물리학자들이 분광학spectroscopy을 본격적으로 이용하기 시작했다는 점이다. 초기 분광학은 프리즘을 이용해 빛을 구성하는 색채들을 분리했다. 예를 들어, 한 기체가 흡수하거나 방출한 빛을 연구하면 그 기체의 성분을 알 수 있다. 1868년 태양이 방출한 빛을 분광학적으로 조사했더니 당시까지 알려진 원소들에는 해당이 안 되는 밝은 노란색 선이 나타났다. 조지프 노먼 로키어Joseph Norman Lockyear★ 경은 이를 토대로 태양에 미지의 원소가 존재한다는 설을 세우고 그 원소에 (태양을 의미하는 그리스어 헬리오스helios에서 따와) 헬륨이라는 이름을 붙였다. 분광학 덕분에 과학자들은 연구 대상 자체를 건드리지 않으면서 화학적 분석을 할 수 있었다.

과학자들은 이와 비슷한 방식으로 태양계 행성들이 내는 빛에 분광기를 들이댔다. 빛의 스펙트럼을 연구하면 행성의 대기에 있는 물질들

★ 조지프 노먼 로키어(1836 ~ 1920)는 영국의 천문학자로, 〈네이처〉지를 창간했다.

을 알아낼 수 있다. 이를 통해 어떤 행성에서 산소, 질소, 물이 관찰된다면 그 행성의 대기가 지구의 대기와 동일하다는 뜻이 된다. 그것을 진화에서 얻은 지식과 결합하면 우호적인 환경이라면 어디든 생명이 형성될 가능성이 있다는 결론을 내릴 수 있다. 그것은 완전무결하지는 않지만 확실히 그럴듯한 추론이다. 이 책의 마지막 부분에서 그 추론을 다시 다룰 것이다. 1800년대 중반에서 후반까지는 과학적 기기의 완성을 통해 외계 생명체가 존재하느냐는 물음의 답에 다가갈 수 있게 되었다.

이즈음에는 망원경의 성능이 달 표면을 상세히 연구할 수 있을 정도로 좋아졌다. 일부 별난 사람들을 제외한 대부분은 달은 생명체가 없는 구에 불과하다고, 아니면 적어도 그렇게 보인다고 확신하게 되었다. 물도 대기도 없는 달에는 바위와 분화구 말고 아무것도 없었다. 달을 배제한 후 과학자들의 관심은 우리의 이웃 행성인 화성과 금성으로 향했다. SF 속 외계인을 다루는 다음 장에서 이처럼 이웃 행성들에 매혹되는 경향을 다시 살펴볼 것이다.

1835년 달 사기극

인류가 근처 행성들에서 외계 생명체를 찾으려 애써 온 이야기를 계속하기 전에, 우리는 이 책이 과학자들만의 생각이 아니라 대중의 생각도 다룬다는 사실을 다시 상기해 볼 필요가 있다. 과학 발전이 그 가능성을 완전히 짓밟기 전까지는 달에 생명체가 존재한다는 것이 꽤 가능성

있어 보였다. 1835년 8월 〈뉴욕 선New York Sun〉에 실린 일련의 기사들은 외계인을 극적이고 눈에 확 띄는 방식으로 독자들에게 보여 주었다.

우선 그 일이 시작되기 약 5년 전으로 되돌아가 19세기 초의 언론을 들여다보자. 1830년의 신문들은 지금과 달랐다. 그 시기에 신문은 정치 전문지와 경제 전문지뿐이었다. 정치 전문지는 정당들이 각자의 구체적 안건을 선전하기 위해 발행했고, 경제 전문지는 부자들에게 경제계에서 무슨 일이 일어나고 있는지를 알리는 데 이용되었다. 현대로 치면 〈월스트리트 저널Wall Street Journal〉이나 〈파이낸셜 타임스Financial Times〉가 후자에 해당할 것이다. 신문은 정기 구독 방식으로 판매되었고 가격은 하루에 6센트이거나 1년에 20달러 정도였다. 당시로서는 꽤 큰돈이었으므로 독자들은 부유층이었고 발행 부수는 100~200부 정도였다. 신문들은 대체로 보수적인 성향을 띠었다. (그러나 그들의 정치 성향은 반드시 보수적이지 않았고 급진적인 경우도 있었다.) 당시 신문에 광고가 실렸다는 것은 신문사가 그 광고를 지지한다는 뜻이었다.

벤저민 데이Benjamin Day가 1833년 9월 3일 〈뉴욕 선〉을 발행하기 시작하면서 세상이 달라졌다. 그 신문에 실린 기사 중 가장 유명한 것은 1897년의 사설인 "산타클로스가 존재하는가?"＊가 아닐까 싶다(이 사설은 흔히 "그래 버지니아, 산타클로스는 존재한단다"라는 문장으로 인용된다). 1833년 〈뉴욕 선〉은 1페니에 팔면서 신문 판매의 판도를 바꿔 버렸다. 그것은 훗날 '페니 프레스penny press'＊＊로 불리는 뉴욕의 신문들 중 최초였다.

＊　1897년 9월 21일자 〈뉴욕 선〉에 실린 이 사설은 여덟 살의 버지니아 오핼런이 편집진에게 보낸, 산타가 실제로 존재하느냐고 묻는 편지에 대한 대답이었다.

＊＊　페니 프레스는 비교적 싼 가격에 공급되는 인쇄 미디어를 일컫는다.

이처럼 가격이 싼 신문들이 망하지 않을 방법은 오로지 박리다매뿐이었다. "호외요, 호외, 샅샅이 읽어 보세요"라는 문구가 바로 이 시대에 등장했다. 내가 하려는 이야기보다 몇 달 앞서, 〈뉴욕 선〉의 1일 발행 부수는 약 2만 부였다. 페니 프레스는 지금 우리가 말하는 타블로이드와 비교적 가깝다. 신문은 경찰 사건기록부의 풍문과 일화들로 채워졌으며 외설스러운 가십들을 잔뜩 실었다. 거기 실린 광고는 확실히 편집진의 지지를 뜻하지는 않았다. 독자들은 정보만이 아니라 오락거리도 기대했다. 앞으로 보게 되겠지만, 최초의 미디어 열풍은 바로 그런 간행물들로부터 태어나게 된다. 1835년 8월 21일 금요일, 〈뉴욕 선〉은 2면에 짤막한 예고를 실었다. "본지는 희망봉에 있는 존 허셜John Herschel 경이 완전히 새로운 원리의 초대형 망원경을 이용해 극히 놀라운 천문학적 발견을 해냈다는 소식을 우리 시의 저명한 출판사에서 방금 입수했다."

존 허셜 경(1792~1871)은 뛰어난 과학자이자 수학자였다. (천왕성을 발견한) 윌리엄 허셜William Herschel(1738~1822) 경의 아들인 존 허셜은 지름이 46cm이고 초점 거리가 610cm인 망원경을 제작해 천구를 매우 상세히 탐구할 수 있었다. 이 과학적 업적으로 허셜은 1831년 왕립 겔픽 훈장과 기사 작위를 받았다. 허셜은 1834년 가을에 망원경을 가지고 영국을 떠나 남아프리카(케이프타운)로 향했다. 목표는 남반구의 하늘을 연구하는 것이었다.

허셜의 명성을 생각하면, 그가 천문학 기기를 개발했다는 기사가 신문에 실렸다 해도 놀랄 일은 아닐 것이다. 1835년 당시의 대중은 오늘날의 우리 못지않게 하늘에 매료되어 있었다. 그러나 뉴욕의 다른 신문들은 그런 사실을 전혀 언급하지 않았다.

8월 25일 화요일에 〈뉴욕 선〉은 엿새에 걸쳐 달 표면의 생명에 관한 관측 결과를 묘사하는 연재 칼럼을 내보내기 시작했다. 거기 묘사된 생명체들은 그저 평범한 생명 형태들이 아니라 진보된 문명을 지닌, 어느 정도 지적인 생명체였다. 그러나 연재 첫날은 다소 평범하게 새로운 망원경을 묘사하는 데 그쳤다. 칼럼의 제목은 존 허셜 경의 "놀라운 천문학적 발견들"이었고 〈에든버러 과학 저널Edinburgh Journal of Science〉의 부록에 실렸던 내용을 재탕한 것이었다. 이것은 스코틀랜드의 과학 전문지 특별호 하나를 재발행한 것이나 다름없었다. 편집자는 독자들에게 기술적이고 수학적인 세부 사항들을 생략하겠다고 썼다. 신문 기사에는 편집자의 주석이 딸려 있었다. "본지는 〈에든버러 과학 저널〉의 새 부록에서 발췌한 내용을 당일 오전부터 게재한다. 스코틀랜드 출신으로 의료계에 있는 신사분이 지난 금요일자 〈에든버러 신문Edinburgh Courant〉에 실린 한 문단을 읽은 것이 계기가 되어 상당한 격식을 갖추어 본지에 제공한 것이다. 오늘 발표하는 부분은 과학에서 지금껏 인류에게 알려진 그 무엇보다도 더 고귀하고 더 보편적인 관심을 끄는 천체의 발견들에 관한 것이다." 공교롭게도 〈에든버러 과학 저널〉은 2년 전에 발행을 중단했지만, 그 사실은 널리 알려져 있지 않았다.

첫날 기사는 지름이 732cm에 고품질 유리로 만들어진 렌즈를 사용한 새로운 망원경을 묘사했다. 렌즈의 무게는 7톤 남짓했다. 잠깐 짚고 넘어가자면, 지금껏 만들어진 (거울이 아니라) 렌즈를 사용하는 망원경 중 가장 큰 것은 지름이 125cm였다. 그렇지만 그 망원경은 그보다도 더욱 기묘했다. 그 거대한 크기 때문에 심지어 '달의 곤충학'도 연구할 수 있었다. 물론 '달 표면에 곤충이 있을 경우에 한해서'였다. 매우 인상적인 주장이다. 그것은 단순히 크기만 큰 망원경이 아니라, 이미지의 밝기를 개선하기 위해 '수소-산소 현미경'을 사용함으로써 탁월한 성능을 낼 수 있었다. 간단히 말해 망원경을 현미경에 넣어서 달의 표면을 밀착 연구할 수 있다는 주장이었다.

기사 원문을 직접 읽어 보면 그 기사를 더욱 실제처럼 들리게 만드는 수많은 세부 사항 — 렌즈 제조업체명, 허셜의 조수 이름, 조수와 허셜의 저명한 아버지와의 관계 등등 — 에 놀라게 될 것이다. 이처럼 꼼꼼한 기록은 오늘날로 치면 뛰어나고 부지런한 탐사 보도의 산물로 생각할 수 있다. 그러나 앞으로 보게 되겠지만 이는 유쾌한 사기극이었고, 그 사항들은 수많은 독자들을 깜빡 속아 넘어가게 만들기에 충분했다.

전설이 된 이틀째의 기사는 왜 그 망원경을 남반구에 설치해야 했는가에 관한 논의로 시작하지만 결국은 달 표면을 엿본 허셜이 무엇을 보았는지 묘사한다. 그 기사 문구를 빌리자면 "달 세계에서 일어난 좀 더 전반적이고 지극히 흥미로운 발견들을 독자들에게 더 이상 감추지 않겠다"고 한다. 허셜은 무엇을 보았을까?

그가 처음 관측한 것은 현무암이었지만, 지구가 회전하면서 그의 시야에 들어온 것은 지구의 옥수수 밭에서 볼 수 있는 장밋빛 양귀비와 비슷한 '짙은 붉은색 꽃이 흐드러지게 뒤덮은' 선반 모양의 암석층이었다. 더 탐사하자 나무가 나타났는데, 커다랗고 지구의 주목나무를 연상시키는 종 하나뿐이었다. 외계 생명체들이 관측되긴 했지만 그 행성 특유의 종들뿐이었다.

계속 탐색하자 선명한 보라색과 주홍색을 띤 아름답고 거대한 수정들이 모습을 드러냈다. 이번에는 '온갖 상상할 수 있는 종류의' 나무들이 있는, 상상을 뛰어넘는 풍광과 방대한 숲이 보였고, 물소와 매우 비슷해 보이는 갈색의 네발짐승 무리가 계속해서 눈에 띈다고 썼다. 그 물소를 뒤따라 나타난 것은 무리 지어 다니는 '푸르스름한 납빛'의 외뿔 염소들이었다. 펠리컨, 두루미, 바닷가를 굴러다니는 기묘한 구형의 양서류 생물들이 관측되었다.

사흘째의 기사는 지질학을 더 많이 다루었고, 최초로 관측된 비록 원시적이긴 하지만 지적인 달의 생물을 이야기했다. 이 생명체는 꼬리가 없는 비버 같은 모습으로 2족 보행을 했고 새끼를 팔에 안고 다녔으며 조그만 오두막에 살았다. 오두막 근처에서는 연기가 피어올라 그 비버들이 불을 정복했음을 알려 주었다. 그 기사에 따르면 지적인 외계 생명체가 존재하느냐 하는 질문은 종결된 셈이었지만, 절정은 아직 멀었다.

이야기가 절정에 다다른 것은 인간과 비슷한 지적 존재의 관측을 다룬 나흘째 기사에서였다. 그들은 약 122cm 키에, 얼굴을 제외한 온몸이 짧고 반짝이는 구릿빛 털로 뒤덮였다. 얼굴은 오랑우탄과 비슷한 누런색을 띠었다. 또 날개가 있었다. 박쥐의 날개와 비슷해서 (허셜의 조수인) 필자는 그들에게 베스페르틸리오 호모Vespertilio-Homo(박쥐 인간)라는 이름을 붙였다. 그 생물들의 행동을 좀 더 관측해 나중에 더 상세히 기사를 쓰겠다며 그들이 본 것에 관한 논의를 미루었다. 더 이상 우주에서 인류만 존재하는 것이 아니었다.

닷새째에는 어떤 이야기를 해도 그 전날의 발견을 넘어서기가 쉽지 않았을 것이다. 글의 구성상 이제는 대단원이 필요했다. 기사는 지질학과 대양, 섬 같은 것들의 관측 내용을 더 많이 다루었다. 그중에서도 특히 눈에 띄는 것은 눈처럼 흰 대리석 혹은 반투명한 수정으로 만들어진 언덕과 더불어, 불타는 산에 인접해 있는 한 계곡이었다. 이 계곡에는 삼각형의 순수한 사파이어로 지어진 사원 같은 것이 서 있었다. 지붕의 재질은 노란 금속이었고, 구조는 불꽃 모양이었다. 사원은 버려진 듯했고 관측자들이 본 것은 달의 비둘기들이 날아서 그 지붕에 내려앉는 것이 전부였으므로, 사원의 형상에 대한 의미를 고찰하는 것은 불가능했다. 좀 더 관측하자 멀리 떨어진 곳에 다른 사원 두 채가 더 있음이 밝혀졌다.

엿새째 기사는 베스페르틸리오 호모 이야기의 마지막 편이었다. 천문학자들은 이번엔 사원과 더 가까운 곳에서 더욱 많은 박쥐 인간들을 보았다. 이 박쥐 인간들은 이전에 비해 더 컸고, 피부색은 더 밝았으며 "모든 면에서 그 인종의 발전된 변종이었다." 행복하고 사교적인 이 새로운 인종은 무리 지어 둘러앉아 여가를 즐기고 있었다. "우리는 그들이 실제로 어떤 산업적 노동이나 예술에 종사하는 모습을 볼 기회가 없었고, 우리가 판단할 수 있는 한, 그들은 숲에서 다양한 과일들을 채집하고 먹고 날아다니고 목욕을 하고 벼랑 꼭대기를 어슬렁거리며 행복한 시간을 보낸다." 기사는 이런 관측들로 베스페르틸리오 호모에 관한 연구를 마무리한다.

이어진 기사 내용에 따르면 천문학자들은 망원경을 놔둔 채 잠자리에 들었는데, 이튿날 깨어나 보니 부주의하게도 망원경을 태양과 일직선으로 둔 바람에 건물에 화재가 나 있었다. 다행히 심각한 피해는 없었지만 검댕과 어질러진 것을 청소하느라 여러 날이 가버렸고, 그 무렵에는 더 이상 밤하늘에서 달을 찾을 수 없었다. 그 후 허셜은 토성의 고리들을 연구하는 쪽으로 방향을 틀어, 그 고리들이 서로 충돌한 두 천체의 잔해임을 발견했다고 한다.

허셜은 자신이 본 별들에 대한 관측을 정리하느라 바빴기 때문에 이번에는 조수들이 대신 달을 다시 관측했는데, 전보다도 더욱 우월한 형태의 베스페르틸리오 호모가 보였다. "그들은 비교가 안 될 만큼 더 아름다웠고, 그 사랑스러움은 상상력 넘치는 화풍을 가진 화가들이 그린 천사들의 모습에 뒤지지 않아 보였다." 필자는 이 천사 같은 박쥐 인간들에 관해서는 나중에 때가 되면 허셜이 직접 글을 쓸 거라면서 글을 끝맺는다.

말할 필요도 없겠지만 실제 허셜은 이 일에 전혀 가담하지 않았다. 그는 사실 적도의 남부를 연구하고 있었고, 자기 명성이 멋대로 유용된 것을 뒤늦게 알고 분개했다.

그렇게 〈뉴욕 선〉의 칼럼 여섯 편은 끝났다. 이 칼럼들은 대중에게 어떤 영향을 미쳤을까? 아주 간단히 말하자면 막대한 영향을 미쳤다. 〈뉴욕 선〉은 총 2만 부를 팔아 치웠다. 더욱이, 경쟁 관계인 뉴욕의 다른 신문사들이 그 기사를 재탕했다. 이 기사는 뉴욕에서만 약 10만 부나 발행되었다(당시 뉴욕의 인구는 거우 30만 명이었다). 라디오는커녕 전보도 없던 시절, 그 이야기는 비교적 느릿느릿 전국으로 퍼져 나갔다. 보스턴, 필라델피아, 볼티모어 같은 주요 동부 도시들에는 며칠 만에 도착했지만, 중서부로 전해지는 데는 2주 정도, 그리고 유럽까지는 한 달 정도 걸렸다. 영국과 프랑스의 잡지들은 원 출처가 미국에 있는 싸구려 신문이라는 사실은 쏙 빼놓고 그 기사를 베꼈다. 심지어 에든버러에서도 그 이야기가 재발행될 정도였다. 〈뉴욕 선〉이 〈에든버러 신문〉을 출처로 내세운 것을 생각해 보면 아마 스코틀랜드 사람들은 그 기사가 가짜라는 것을 알지 않았을까 싶지만, 어쨌거나 그곳에서도 재발행되었다.

〈뉴욕 선〉은 그 기사로 인해 판매 부수가 확 뛰어오르지는 않았지만, 여섯 편의 칼럼을 포함해 허셜이 발견했다는 광경을 상상해 그린 석판화 몇 편을 곁들인 소책자를 발행했다. 그림 1.1에 보이는 것이 그 그림 중 하나다. 신문사는 소책자가 얼마나 팔렸는지 끝내 밝히지 않았지만 후대의 작가들은 약 6만 부 정도로 추정한다. 1부에 12센트의 가격이었으니 꽤 짭짤한 수익을 올린 셈이다.

그 기사가 뉴욕에서만 10만 부나 발행되었고 거기다 미국과 세계 전역에서 대대적으로 발행되었으니 1835년의 달 사기극은 최초의 미디어 소동이라 해도 무리가 없을 것이다. 사실 그 5년 전만 해도 그런 일은 불가능했을 것이다. 종이 값이 싸진 데다 증기 인쇄기가 발명된 덕분에 신문의 인쇄 비용이 낮아졌다. 이것이 1페니에 신문을 파는 사업 방식과 결합되고 거기다 거리 모퉁이에 신문팔이 소년들이 등장하면서 많은 수의 사람들에게 재빨리 가닿을 수 있었다. 그 사기극은 또한 언론계 전반에도 영향을 미쳐, 언론의 기준과 진실을 보도해야 하는 기자의 의무에 관한 토론의 장을 여는 계기가 되었다.

〈뉴욕 선〉의 기사가 사기로 인정되기까지는 오래 걸리지 않았지만, 그전에 잠깐이나마 외계 생명체에 대중의 관심이 쏠린 시기가 있었다. 당시 학자들은 여전히 달에 생명체가 있을 수 있는가를 놓고 토론을 벌였다. 반대 의견에 꽤 강력한 힘을 실어 준 가장 유명한 증거는 달이 별

그림 1.1　　이 석판화는 신문에는 없었고 〈뉴욕 선〉이 나중에 인쇄한 소책자에만 실렸다. 소책자에는 1835년의 달 사기극을 꾸민 여섯 편의 기사가 모두 실렸고, 이를 극적으로 강조해 주는 그림 몇 편도 함께 실렸다.　　　　　　　　　　　　　　　　　　　　　　　　　　*New York Sun*

들 앞을 지날 때 관측한 결과였다. 망원경으로 본 별들의 이미지는 마지막 순간까지 선명했기 때문에 달에 대기가 없다는 것이 밝혀졌다. 달에 공기가 있다면 별들의 이미지가 흐려졌을 것이다. 그러나 학계에서 아무리 논란이 계속되어도 그 물음은 대중의 입에는 그다지 오르내리지 않았다. 〈뉴욕 선〉의 기사는 그 물음을 사람들의 눈앞으로 가져온 것이었다. 외계인에 관한 생각은 이제 주류에 합류했다.

화성

1835년의 달 사기극이 전적으로 허구의 사건이었다면, 화성에 생명체가 존재하느냐는 질문은 더 오랫동안 학계에서 대접받았다. 그 한 가지 이유를 들자면, 화성은 달에 비해 지구에서 훨씬 멀어서 어떤 이미지를 갖기가 더 어려웠다는 점이다. 게다가 화성은 반지름이 달의 두 배라 지구와 좀 더 비슷했다. 화성 극지방의 만년설은 일찍이 17세기 중반부터 발견되었고, (달 사기극으로 오명을 입은 존 허셜의 아버지인) 윌리엄 허셜이 그것을 어느 정도 자세히 연구했다. 사실 화성에 생명(특히 지적인 생명체)이 존재하는가 하는 물음을 둘러싼 열기는 1800년대 후반에 가장 뜨겁게 달아올랐다.

아마도 그 이야기는 프랑스 천문학자인 카미유 플라마리옹으로 시작하는 것이 가장 적절할 듯싶다. 플라마리옹은 과학 대중화에 앞장선 인물이었지만, 교육받은 일반인들만이 아니라 학자들을 대상으로도 책을 썼다. 그의 저서인 《생물이 사는 여러 세계들La Pluralité des mondes habités》은 1862년에 출간되어 우주에 생물이 서식하는 세계가 많다는 생각을 널리 퍼뜨렸다. 그는 그런 생각을 처음 제시한 사람은 아니지만 지구 밖의 생물이 단순히 인간의 변종이 아니라 진정한 외계인일 수 있다는 생각을 최초로 제시한 편에 속한다. 그는 두 권의 저서를 통해 몇 가지 낯선 종들을 제시했는데, 그중에는 지각을 가진 식물들도 있다.

플라마리옹의 《대중 천문학Astronomie populaire》은 1890년에 발표되어 1894년에 영어로 번역되었다. 달과 화성 양쪽의 외계 생명체에 대한 사변으로 가득한 그 책은 프랑스에서 10만 부 넘게 팔렸다. 1892년에 발표한 《화성 행성과 화성의 서식 조건La Planète Mars et ses conditions d'habitabilité》은 진보된 문명이 화성에 운하를 건설했다는 생각을 지지했다.

플라마리옹이 화성에 운하가 존재한다는 생각을 처음 주장한 사람은 아니었다. 최초는 이탈리아 과학자인 조반니 스키아파렐리Giovanni Schiaparelli*였다. 그 이야기를 이해하려면 우리는 기본적인 천문학을 약간 알아야 한다.

화성의 공전 주기는 지구 날수로 687일이고 궤도 또한 매우 독특한데, 태양까지의 거리가 짧게는 2억 km, 길게는 2억 4000만 km이다. 따라서 화성과 지구는 약 2년에 한 번씩 서로 가까워진다. 이 말은 자정에 화성이 태양 반대편에 있어서 머리 바로 위로 보인다는 뜻이다. 지구 궤도를 감안하면 두 행성은 약 15년마다 대접근 현상을 보인다. 이런 천문

---

* 조반니 스키아파렐리(1835~1910)는 이탈리아의 천문학자로, 헤스페리아 소행성을 발견했고 운석과 쌍성에 관한 연구를 했다.

학적 요인들 때문에 1877년, 1892년, 1909년은 화성을 관측하기에 특별히 유리했다. 다른 해에 비해 약 두 배 더 넓어 보이기 때문이다.

천문학자들은 천 년도 더 전부터 화성을 관측해 왔지만, 화성 연대기 열풍이 분 것은 1877년, 조반니 스키아파렐리가 화성에서 '카날리 canali'를 관측했다고 보고했을 때였다. canali는 이탈리아어로 '수로'라는 뜻이지만 영어로는 '운하canal'로 오역되었다. '운하'에는 중요한 의미가 있다. 운하는 인공적으로 파낸 수로를 뜻한다. 수에즈 운하가 개통된 지 얼마 안 되었고(1869) 파나마 운하가 착공된(1881) 시기였으니 그 단어는 사람들의 상상력을 자극할 수밖에 없었다. 대접근이 일어나는 1877년과 1892년 사이에 사람들은 운하의 정체가 무엇인지 곰곰이 궁리했고, 심지어 운하가 과연 존재하는지 자체를 놓고도 열띤 논쟁을 벌였다. 당시 전형적인 망원경은 굴절식이라 크기가 비교적 작았다. 따라서 화성의 지형지물들을 명확히 판가름하기가 다소 어려웠기 때문에 운하가 관측되었느냐 하는 문제는 주관적일 수밖에 없었다. 이후 1877년처럼 최적의 조건은 아니었어도 해마다 관측이 이루어졌고, 전 세계의 관측소에 있는 다른 천문학자들 또한 운하를 보았다고 보고했다. 하지만 운하를 보지 못한 학자들도 있어서, 천문학계에서는 논쟁이 불붙었다.

화성에 인공 운하가 존재하는가 하는 문제는 무시하기 힘든 것이어서 천문학자들은 그 문제에 답을 낼 수 있기를 바라며 다음 기회인

1892년에 일어날 최적의 대접근을 기대했다. 화성의 서식지를 다룬 카미유 플라마리옹의 《화성 행성과 화성의 서식 조건》(1892)과 스키아파렐리의 《행성 화성의 생명 La vita sulPianeta Marte》(1893)이 때맞춰 나왔다. 플라마리옹의 책은 천문학을 공부하려는 많은 학생들에게 크리스마스 선물로 주어졌고, 화성 운하에 대한 논쟁과 그에 대한 대중의 인식에 큰 영향을 미쳤다.

퍼시벌 로렌스 로웰 Percival Lawrence Lowell은 1855년 미국 매사추세츠 주 보스턴의 부유한 집안에서 태어났다. 그의 집안은 로웰 섬유 산업으로 상당한 돈을 벌었다. 그는 하버드 대학교의 6대째 동문이었다. 로웰은 우수한 학생으로 과학에 관심이 있었다. 1876년 대학 졸업식 연설에서는 '성운 가설 Nebular Hypothesis'*을 주제로 태양계의 형성을 묘사했다. 졸업 후에는 당시에 의례나 다름없던 유럽 유람을 마치고 가업에 뛰어들어 멀리 동아시아까지 여행했고, 거기서 일본 관련 서적을 몇 권 저술하여 미국에서 호평을 받았다.**

1893년에 도전적인 제목을 단 스키아파렐리의 저서가 발표되었을 때, 로웰 역시 조그만 녹색 인간들의 존재를 대중에게 알린 그 책을 선물 받았다. 플라마리옹의 책을 탐독한 후, 로웰은 전업 천문학자가 되어 화성 행성을 연구하기로 결심했다. 1894년 1월 중순 보스턴의 신문들에

---

* 성운 가설은 태양계의 생성과 진화를 다루는 이론 중 가장 널리 받아들여지는 것으로. 스웨덴의 신학자이자 천문학자인 에마누엘 스베덴보리 Emanuel Swedenborg가 1734년에 최초로 제기했다.

** 1883년 일본으로 여행 온 로웰은 마침 조선의 미국 수호통상사절단을 미국으로 인도하는 임무를 맡는다. 이후 그는 조선 왕실의 초대로 다시 방문하였고 이 3개월의 체류 동안 조선에 관해 기록한 다양한 자료를 정리하여 1886년 《고요한 아침의 나라 조선 Choson, the Land of the Morning Calm》이라는 책을 내기도 했다.

는 로웰이 애리조나의 관측소에 후원금을 내기로 결정했다는 기사가 실렸다. 그곳으로 정한 것은 고도와 어둡고 맑은 하늘 때문이었다. 애리조나 주 플래그스태프(해발 고도 2210m)는 화성 연구의 중심지가 되었다.

연구는 서둘러 시작되었는데, 1894년의 대접근을 놓친다면 다음번의 유리한 대접근은 그로부터 15년 후에나 일어날 터였기 때문이다. 관측소(로웰 천문대)는 서둘러 세워졌고 로웰은 화성을 향해 망원경을 돌렸다. 로웰과 그의 팀은 처음에 임시 망원경 두 대를 사용했는데, 하나는 (구경이) 30.48cm이고 또 하나는 45.72cm였다. 그는 운하들을 보았는데, 그것도 잔뜩 보았다. 로웰과 동료들은 183개의 운하를 보았다고 보고하는데, 최초의 기사는 1894년 늦여름에 발표되었다(그림 1.2).

이 기사는 단순히 로웰이 관측한 운하들을 묘사하는 정도를 넘어 그의 마음 깊숙이 있는 동기를 드러냈다. 그도 그럴 것이 전통적인 천문학자들의 동기가 화성을 이해하려는 것이라면, 로웰의 생각은 이미 확고히 정해져 있었다. 그는 자기가 본 것이 화성 문명의 지형지물이라고 확신했다. 로웰은 화성을 건조하고 점점 황량해져 가는, 늙고 죽어 가는 세계로 여겼다. 화성의 고대 문명이 생존을 위해 극지방의 만년설로부터 중위도와 적도 지역들로 물을 운반할 목적으로 방대한 운하의 연결망을 건설했다고 믿었다. 망원경으로 관측된 어두운 부분들은 가혹하고 절박한 환경에서 화성인들이 간신히 연명하고 있는 장소들로 여겨졌다. 로웰은 자신의 생각을 세 권의 책 — 《화성Mars》(1895),《화성과

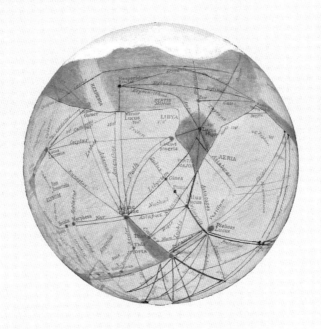

그림 1.2   퍼시벌 로웰과 조수들은 자신들이 화성 표면에서 수많은 운하들을 관측했다고 믿고
그것들을 기록했다. 1905년에 그려진 이 그림은 그가 찾아냈다고 생각한 넓은 운하 연결망을 보여
준다.   © Lowell Observatory Archives

그 운하들Mars and Its Canals》(1907),《생명의 보금자리로서의 화성Mars as the Abode of Life》(1908) — 으로 풀어 놓았다.

　　로웰은 단순히 아마추어 천문학자가 아니었다. 보스턴의 부유한 집안 자손으로, 그 자신이 원할 때면 개인적 매력을 발산할 수 있었고, 자신의 관심사를 열정적으로 추구했다. 로웰은 틀어박혀 천체만 관측하지 않고 유행을 선도하는 사교계에서도 활동했다. 그는 자신의 부와 명성을 이용해 당대의 유력자들에게 접근할 수 있었다. '1급' 파티들에 초대받아 화성에 관한 이야기로 참석자들을 홀리곤 했다. 그 자리에 참석한 신문과 잡지 발행인들은 좋은 이야깃거리를 놓치지 않았다. 그 이야기들은 인쇄물에 등장했다. 그것도 잔뜩 말이다.

　　로웰은 천문학의 대중화에 큰 영향을 미쳤다는 점에서 칼 세이건의 선배 격으로 여겨진다. 로웰에 관한 이야기들은 주요 신문이나 잡지들의 앞머리를 장식했다. 예를 들어 1906년 12월 9일자 〈뉴욕 타임스New York Times〉 일요일판에는 로웰에 관한 칼럼이 실렸는데, 그 칼럼은 1면을 80% 이상 차지했다. 기자는 어느 정도 로웰에게 넘어가 있었다. "화성에는 생명이 있다. 이 발견은 퍼시벌 로웰의 연구의 탁월한 천재성과 꾸준한 정력, 놀라운 능력 덕분이다."

　　매스 미디어에서 아무리 로웰의 명성이 하늘을 찔러도, 과학계에는 회의론자들이 많았다. 단순히 운하가 있다고 주장하는 파와 운하가 없다고 주장하는 파로만 나뉜 것이 아니었다. 일부 천문학자들은 운하의 존재를 인정했지만 그것은 자연적 현상이라 했고, 다른 이들은 계절적 식생의 변화, 즉 화성 표면의 얼룩진 지형지물들이 시간이 지나면서 변화하는 것이라고 여겼다. 천문학자인 W. W. 캠벨W. W. Campbell은 로웰의 《화성》을 훑어보고 이렇게 말했다. "로웰 씨는 강의실에서 곧장 애리조나에 있는 자신의 관측소로 갔으며, 이 책을 보면 그의 관측이 관측 전에 그가 갖고 있던 관점에 얼마나 잘 부합하는지를 알 수 있다." 캠벨은 운하들을 실제 지형지물로 인정했지만 그것을 지적으로 행해진 공사의 증거로 보는 것은 우스꽝스럽다고 생각했다. 또한 화성 대기에 물의 함량이 극도로 낮다는 것을 알았던 캠벨은 물 부족이 바로 그 행성에 문명이 존재할 수 없음을 강력하게 입증한다고 생각했다.

로웰의 주장이 미친 영향은 여러 가지로 생각해 볼 수 있지만, 그중 가장 강력한 것은 화성 문명을 다룬 창작물들이 등장하게 만든 것이 아닐까 싶다. 아마도 맨 처음 등장한 것은 H. G. 웰스가 1898년 발표한 소설 《우주 전쟁War of the Worlds》일 것이다. 웰스는 1880년대 후반에 과학 교사가 되기 위한 교육을 받았고 생물학 교과서를 쓰기도 했다. 1894년에는 과학 전문지인 〈네이처Nature〉에 편집자로 합류했다. 그의 많은 저술은 빅토리아 시대에 일어난 고도로 기술적인 혁신들을 교양 있는 일반 독자들에게 친숙한 용어로 옮겨 제공하는 역할을 했다. 1896년 〈새터데이 리뷰Saturday Review〉에 발표된 그의 에세이 "화성의 지적 생명체Intelligence on Mars"는 화성의 생명에 관한, 그리고 그가 생각하기에 지구보다 늙은 행성인 화성의 주민들이 어떻게 그것을 극복하는지에 관한 사색을 다루었다. 그의 유명한 소설인 《우주 전쟁》은 화성인들이 살아남기 위해 다른 행성으로 이주할 거라는 추측을 포함해 그 에세이의 많은 부분을 담고 있다. 그는 심지어 1894년 한 천문학자가 관측한 (그리고 〈네이처〉 8월호에 발표된) 화성의 섬광에 대한 보고를 그 책 시작 부분에 끼워 넣기도 했다. 3장에서 상세히 다루겠지만, 《우주 전쟁》은 화성인들이 지구를 침략했다가 지구의 미생물에게 패배한다는 내용이다.

로웰은 화성의 지적 생명체를 둘러싼 열풍의 핵심 인물이었지만 그 개념을 창시한 사람도 아니고 거기에 대한 결론을 내리지도 않았다. 그는 그저 진정한 신봉자였고, 자신의 생각을 전파하는 데 뛰어났던 연설자이자 열성 팬이었다. 실제로 로웰은 더 정확한 관측값이 자신의 주장을 압도했을 때조차 단 한 번도 자신의 믿음을 버리지 않았다.

1909년은 매우 유리한 화성 대접근이 일어난 또 다른 해이고, 화성 운하설이 적어도 과학계에서는 밀려난 해였다. 인류가 우주에서 유일한 존재가 아니라는 것이 사실로 입증되기를 바랐던 사람들의 꿈을 깨뜨린 인물은 유게니우스 안토니아디Eugene Antoniadi(1870~1944)라는 그리스 천문학자로, 훗날 고대 그리스와 이집트의 천문학 연구로 명성을 얻었다. 하필이면 안토니아디가 그 논쟁을 결판냈다는 사실은 좀 역설적인데, 그는 1894년에 플라마리옹의 관측소에서 일했고 플라마리옹이 창립한 프랑스천문학협회의 전문지에 연구 결과를 발표했기 때문이다.

안토니아디는 화성 표면에서 어둡고 불규칙한 모양의 얼룩들을 보긴 했지만 그 운하들 자체는 확실히 '착시 현상'이라고 결론 내렸다. 그의 관측 결과는 새로운 수준의 망원경인 대형 반사망원경이 가동되고 있던 미국에 전달되었다. 윌슨 산* 의 152.4cm 반사망원경은 화성을 향했고, 그곳의 소장은 안토니아디에게 편지로 이렇게 썼다. "따라서 저는…… 스키아파렐리의 이른바 '운하들'이 불규칙한 작고 어두운 지역들로 이루어졌다는 당신의 의견에 동의하는 편입니다……." 안토니아디는 화성 관측을 계속하여 1930년에는 《화성 행성La planéte Mars》을 썼다. 하지만 1909년의 천문학계는 다음 단계로 움직였다.

이와 같은 상황에서 흔히 그렇듯, 새로운 결론을 받아들이기를 거부하는 신봉자들이 있었다. 로웰은 1916년 세상을 떠날 때까지도 운하가 안 보인다는 사람들이 틀린 것이고 관측을 게을리한 것이라고 주장했다. 더욱이, 매스 미디어의 많은 논설들은 여전히 로웰의 말에 귀를 기울이고 있었다. 예를 들어 1911년 8월 27일 〈뉴욕 타임스〉 일요일판은 "화성인들이 2년에 두 개의 거대한 운하를 건설하다"라는 제목의 눈길을 끄는 기사를 실었는데, 이 기사는 화성 표면에 나타난, 각각 1610km 길이에 32km의 폭을 가진 두 운하를 묘사했다. 기사는 이들이 자연적 지형지물일 가능성을 처음부터 배제했다.

대중은 과학계처럼 재빨리 화성 운하를 포기하지 않았다. 그들은 천문학자들처럼 데이터와 친밀하지 않았고, 화성 문화와 그 문명이 자

★ 미국 로스앤젤레스 동북쪽에 있는 산으로, 1904년 정상에 태양 연구를 위해 천문대를 설립했다.

력갱생을 위해 얼마나 미친 듯이 애쓰고 있는가 하는 이야기들을 너무 나 꾸준히 들어 왔던 것이다. 그것은 눈을 뗄 수 없는 전설 같은 이야기 로, 쉽게 잊힐 만한 것이 아니었다. 에드거 라이스 버로스의 바숨 이야 기(버로스의 책에서 화성인들은 화성을 바숨이라고 부른다)의 첫 편인 《화성의 공주Princess of Mars》는 1912년에 발표되었는데, 3장에서 이 시리즈에 관 해 더 자세히 살펴볼 것이다.

이 우주에 인류의 동료 여행자가 존재한다는 개념은 새로운 것이 아니 다. 우리가 이 장에서 보았듯이, 그리고 참고 문헌들이 뒷받침해 주듯 이, 외계 생명이 존재하는가 하는 문제를 둘러싼 논쟁은 수세기 전부 터 존재했다. 이 논쟁은 신학적이고 철학적이며 유사 과학적quasi-scientific 이었다. 그러나 19세기 말까지 지구 외의 다른 곳에 생명이 존재한다는 생각은 고등 교육을 받은 사람들의 울타리 밖에서는 공통 화제가 아니 었다.

　그 생각이 널리 퍼지게 된 이유는 다양하다. 우선 과학 장비들이 더 좋아진 덕분에 학자들이 논쟁에 좀 더 확답을 낼 수 있게 되었다. 어 차피 외계 생명체나 지적 생명체가 존재하느냐 하는 질문은 경험적인 것이라, 신학적이거나 철학적인 대화로 그 논쟁에 결판이 날 가능성은 없다. 망원경의 발전과 분광학의 신기술 덕분에 견실한 데이터를 바탕으로 하는 견실한 논의가 가능해졌다. 그러나 과학이 진보했다 해서 반드시 그만큼 대중의 의식 수준이 변화하는 것은 아니다. 이 때문에 우리에게는 지식을 대중에게 원활하게 전파하는 커뮤니케이션 기술이 필요하다. 1800년대에는 인쇄 기술과 인쇄된 자료가 대중에 전달되는 방식이 개선되었다. 사람들은 기술 발전 덕분에 자신들이 흥미로워하는 것들에 관해 훨씬 더 쉽게 알게 되었다. 달 사기극에 대한 엄청난 반응이 그 증거다.

3장에서 보게 되겠지만, 20세기 전반에 걸쳐 우리가 지금 SF라고 부르는 장르가 크게 저변을 넓혔다. SF는 외계 생명체에 관한 이야기만 다루는 것은 아니었지만, 사람들이 그간 화성에 관해 읽은 어마어마하게 많은 신문 기사들 덕분에 외계인은 어느 정도 인정을 받게 되었다. 그렇다고 우리가 다루는 외계인들이 20세기의 첫 10년 이후로 진화하지 않았다는 것은 아니다. 사실 지금 우리가 가진 외계인에 대한 시각은 로웰, 웰스 그리고 그들의 동시대인들의 생각과는 지극히 다르다. 어떤 과정을 통해 그렇게 되었는지 이해하려면 우리는 전쟁에 시달리는 세상으로 떠나야 한다.

2장

외계와의 조우

딥 스로트*　　당신처럼 이 지구상에 외계 생명체가 존재한다고 믿

는 사람들은 왜 그 모든 반증에도 설득당하지 않습니까?

멀더　　　　왜냐하면 그 모든 반증에 설득력이 부족하니까요.

딥 스로트　　정답이오.

멀더　　　　그들은 이곳에 있습니다. 그렇지 않습니까?

딥 스로트　　멀더 씨, 그들은 오래전부터 이곳에 있었소.

— 〈X 파일〉, 시즌 1, 2편

SF TV 드라마인 〈X 파일〉은 1993년부터 2002년까지 방영되어 큰 성공을 거두었다. 드라마에서 미국 연방수사국(FBI) 요원인 폭스 멀더와 데이나 스컬리는 'X 파일'로 분류되어 보관된 기묘한 사건들을 조사하는 임무를 맡고 있다. 대략 2/3 정도의 에피소드는 '금주의 괴물'을 다루지만(예를 들어 연쇄 살인범이 흡혈귀나 늑대 인간인지를 조사하는 식으로), 나머지

★　딥 스로트Deep Throat는 워터게이트 사건을 취재하던 〈워싱턴 포스트〉의 기자 밥 우드워드와 칼 번스타인에게 단서를 제공한 익명의 취재원에게 붙은 별칭이다. 사건 당시 FBI 부국장이던 마크 펠트는 2005년 죽기 직전에 자신이 딥 스로트였다고 밝혔다. 이후 익명의 제보자나 내부 고발자를 가리키는 말로 쓰인다.

에피소드들은 지구상에 외계인들이 존재하며 정부가 그 사실을 알면서도 은폐하고 있다는 줄거리로 되어 있다.

〈X 파일〉은 오락 산업, UFO 신봉자, 그리고 외계인들에게 납치당한 경험이 있다고 주장하는 사람들이 어떻게 서로 소통하고 서로의 시각을 형성해 나가는지를 보여 주는 탁월한 사례다. 사실(신고자가 자신이 UFO를 목격했고 납치당했다고 진심으로 믿고 있는 경우를 말한다)과 허구는 불가분하게 얽히고설켜, 우리가 잘 아는 서사로 이어진다. 2008년 미국에서 이루어진 여론 조사 결과에 따르면, 응답자 중 36%가 외계인이 지구를 방문했다고 믿었으며 80%는 정부가 무언가를 감추고 있다고 생각했다. 길 가는 사람을 아무나 한 명 붙들고 외계인들이 어떻게 생겼느냐고, 그리고 당신이 외계인에게 납치당한다면 무슨 일이 일어날 것 같으냐고 묻는다면(나는 최근에 실제로 이런 설문을 실시하고 이상한 사람 취급을 받았다), 여러분은 대체로 비슷한 이야기를 듣게 될 것이다. 외계인은 키가 작고 회색이며 인간과 비슷한 형태로, 이마가 넓고 턱은 좁으며 눈은 검고 동공이 없다고 답할 것이다. 더욱이, 희한하게도 외계인은 인간의 생식기에 무척 관심이 있어서 다양한 은색 도구들을 가지고 그것을 조사한다. 외계인에 관해 정말 미미한 관심밖에 없는 사람들이 납치 이야기에 관해서는 어쩌면 그다지도 민감할까? 그런 종류의 문화적 침투는 세월이 걸린다. 앞으로 우리는 그 이야기가 발전하고 전파된 과정을 자세히 살펴볼 것이다.

앞서 초기 미디어와 대중이 달에 보여 준 관심에 관해 잠깐 말했지만, 외계와의 접촉에 관한 우리 이야기의 출발 지점은 1940년대다. 이야기를 더 진행시키기 전에 새겨 두어야 할 무척 중요한 사항이 있다. UFO에 관심 있는 사람들이 참고삼아 읽을 만한 문헌 자료는 어마어마하게 많다. '진짜' 외계인과 접촉했다는 수만 가지 경험담은 수백 권의 책과 수많은 웹 사이트를 낳았다. 전 세계의 정부들은 외계인의 방문이라는 문제에 관해 수십 건의 연구를 실시했다. 이 주제를 다룬 문헌에 흠뻑 빠지고 싶은 사람들을 위한 읽을거리는 차고도 넘친다. 그렇지만 이는 우리가 하려는 일이 아니다.

이 책에서 우리의 관심사는 이런저런 명확하지 않은 목격담이나 설명할 수 없는 납치 경험담이 아니다. 대신 '큰' 이야기들, 대중에게 널리 알려진 것들에 관심이 있는데, 왜냐하면 대대적으로(그리고 지속적으로) 미디어에 다루어진 것들만이 대중의 의식에 침투할 수 있기 때문이다. 3장과 4장에서 자세히 살펴볼, 외계인들과 접촉했다고 주장하는 사람들의 경험담 중 많은 요소들이 이미 허구적인 이야기에 등장했다는 사실은 그리 놀랍지도 않을 것이다. 그러나 우리의 현재 관심사는 1940년대 단독 비행을 하던 비행사들이나 1960년대 초반에 장거리 운전을 하고 있던 한 부부가 어떻게 외계 생명체에 대한 우리의 집단적 시각을 바꿀 수 있었는지를 이해하는 것이다. 본격적인 이야기로 들어가기 위해 연합군이 나치 육군을 독일로 쫓아내려고 분투하던 유럽의 상공으로 날아가 보자.

푸 파이터

칼 폰 클라우제비츠Carl von Clausewitz는 《전쟁론On War》에서 "전쟁에서 모든 데이터가 엄청나게 불확실하다는 점이야말로 고약한 문제다. 왜냐하면 전투와 관련된 모든 계획을 대부분 빛이 흐릿한 여명 속에서 짜야하기 때문이고, 그로 인해 종종 ─ 안개나 달빛의 영향으로 ─ 사물이 과장되고 부자연스러운 모습으로 보이기 때문이다"라고 말했다. 사령관들이 상황을 온전히 이해하기 어렵다는 것, 그리고 그 어려움이 의사 결정에 어떤 영향을 미치게 된다는 것이다. 또한 전쟁 상황에서는 아드레날린이 솟구칠 수밖에 없고, 그것은 전사들의 지각에 영향을 미친다. 부정확한 정보, 상반되는 보고, 극심한 스트레스는 착오를 예고한다.

이런 점을 인정하자. 1943년에서 1945년 사이 독일 하늘을 날아가는 B-17기에 타고 있다면 여러분 역시 꽤 긴장했을 것이다. 독일 공군의 기총소사와 대대적인 방공 폭격은 흥분과 긴장을 더할 수밖에 없다. P-51 머스탱을 타고 경계 비행을 하면서 그 뒤를 바짝 따라가던 비행사 역시 그 폭격수와 마찬가지로 긴장이 고조되었을 거라고 생각한다.

나중에 비행접시라고 불리게 되는 현상의 목격담을 최초로 신고한 사람들도 아마 이들과 비슷했을 것이다. 유럽의 항공병들에게서 하늘을 날아가는 도중 빛나는 공 모양의 무언가가 비행기에 그늘을 드리우는 것을 보았다는 보고가 들어오기 시작했다. 심지어 전투기가 시속 580km에 가까운 속도로 하강하는데도 그 빛의 공들이 날개 끝에 들러붙은 적도 있었다고 했다. 비행기와 접촉하지 않고 뒤를 따라가기만 하거나 나란히 날아가는 다른 빛의 공들도 있었다. 이따금 비행사가 그 빛을 앞지르는 경우도 있었다. '크라우트 파이어볼kraut fireball' 또는 '푸 파이터foo fighters'로 알려지게 된 이것들은 당시엔 외계 생명체일 가능성이 제기되지 않았고, 그보다는 아직 정체가 밝혀지지 않았지만 무찔러야 할 나치의 무기로 여겨졌다.

1945년 1월 2일 〈뉴욕 타임스〉는 한 비행사의 말을 인용해 다음과 같이 보도했다. "우리가 '푸 파이터'라고 부르는 이 빛은 세 종류입니다. 첫째는 붉은 빛의 공으로, 우리 비행기의 날개 끝에 나타나서 우리와 함께 비행합니다. 둘째는 불의 공 세 개가 수직으로 줄지어 우리 앞을 나는 경우입니다. 셋째는 약 15개의 빛이 한 무리를 이루어 멀찌감치 나타나는 경우입니다. 그들은 마치 공중의 크리스마스트리처럼 깜빡거립니다."

이어서 그 기사는 푸 파이터는 독일에서 만든 것으로, "비행기를 공격하는 것은 불 공들의 주된 임무가 아니지만" 심리적인 목적과 군사적 목적을 동시에 띤 무기로 여겨졌다고 썼다. 한 2등 비행사는 처음에 이렇게 생각했다고 한다. "신형 제트 추진 비행기 같은 것이 우리를 따라오는 줄 알았어요. 그렇지만 그들과 무척 가까이 있었는데도 그 불공에서 설계 구조 같은 것을 본 사람은 아무도 없었습니다."

　이것은 유일한 목격담이 아니었다. 그로부터 2주 전(1944년 12월 13일) 파리의 **AP** 보도에 따르면 독일군들이 주간 폭격을 하는 비행사들에게 은색 공들을 날렸고, 이 공들은 개별적으로, 그리고 집단적으로 나타났다고 한다. 이 목격담은 1945년 1월 15일 〈타임〉지에 다시 실렸다. 그러나 이 기사는 푸 파이터들에 대한 목격담에 대해 회의적인 시각이 제기되고 있다고 썼다. 일부 과학자들은 대공포가 터지는 것을 본 조종사들이 지속적인 착시 현상을 일으킨 것이라며 일축했다. 다른 과학자들은 코로나 방전*이나 구전광**이라는 견해를 내놓았다.

　언론에 등장한 더 대담한 추측을 읽어 보면 흥미롭다. 〈타임〉지 기사에서는 "종군 기자들과 안락의자에 파묻힌 전쟁 전문가들이 벅 로저스*** 소동을 벌였다"며 그 불 공들이 무전을 통해 원격 조종되는 무기라는 추측을 제시했다(그 추측은 공들이 일부 비행기들의 움직임을 정확히 따라왔다는 사실로 인해 불합리한 것으로 배제되었다). 그 밖에 나돌던 몇 가지 생각들은 푸 파이터들이 (1) 조종사들을 눈부시게 만들거나, (2) 대공포 사격병들을 위한 조준점 역할을 하거나, (3) 비행기의 레이더를 교란시키거나, (4) 비행기의 모터 작동을 교란시켜 아마도 비행기를 공중에서 멈추게 하는 것이 목적이라고 했다. 그렇지만 대중의 눈에 보이는

---

*　코로나 방전은 도체 근처에 있는 유체가 이온화되면서 전기적 방전이 일어나는 현상이다.

**　구전광은 흐린 날 공 모양의 번개가 갑자기 나타나 느린 속도로 떠 있다가 사라지는 현상을 말한다.

***　벅 로저스는 필립 프랜시스 놀런이 펄프 잡지인 〈어메이징 스토리스〉 1928년 8월호에 발표한 〈아마겟돈 2419〉에 처음 등장한 인물로. 그가 등장하는 작품들은 매스 미디어에 우주 탐험이라는 개념을 가져온 것으로 인정받고 있다.

외계인의 모습을 다루는 이 책의 맥락에서는, 푸 파이터들이 외계에서 왔다는 생각이 당시에는 제시되지 않았다는 사실이 중요하다. 현대의 UFO 열혈 신봉자들은 푸 파이터들을 외계와의 접촉의 첫 증거로 지적하지만, 하늘의 밝은 빛을 목격했다고 보고한 사람들은 그런 생각을 떠올리지 않았다. 그들은 전쟁에서 싸우느라 여념이 없었다. 그렇지만 외계인이라는 개념은 막 날개를 펴려 하고 있었다.

1947년 UFO

1947년 6월 24일은 우리가 고개를 들어 밤하늘을 바라볼 때 떠올리는 집단적인 사고에 전환이 일어난 날이었다. 케네스 아놀드_{Kenneth Arnold}는 사업가이면서 조종사였다. 그는 유럽 상공에서 폭격기나 전투기를 몰아 본 적은 없지만, 그런 경험이 있는 남자들을 격납고에서 만난 것은 분명하다. 아놀드는 워싱턴 주의 레이니어 시 근교에서 개인 비행기를 몰고 가던 중에 상공을 가로질러 밝게 빛나며 날아가는 물체들을 보았다고 보고했다. 아놀드는 그 물체들이 파이 팬처럼 납작하고 알아보기 힘들 정도로 가늘다고 묘사했다. 약간 반달 모양에 가까웠고, 뒤쪽은 볼록하고 앞쪽은 타원형이었다(그림 2.1). 그 물체들은 제각기 움직이면서도 연의 꼬리처럼 일렬을 유지했다.

아놀드는 시속 약 185km의 속도로 고도 약 2.8km 상공을 날고 있었다. 그는 그 물체들의 고도를 약 3km, 속도를 시속 약 2900km

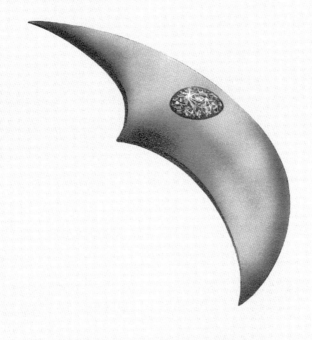

그림 2.1　　케네스 아놀드의 《비행접시들이 오다The Comming of the Saucers》에 실린 이 그림은 1947년에 그가 본 것에 대한 이해를 도와준다. 여러분은 '비행접시'라는 용어가 이 모양에 딱 들어맞지 않는다는 점을 알아차릴 것이다.　　　　　　　　　　　　　© Ray Palmer

로 추산했다. 하지만 추정에 오류가 있을 가능성을 인정했고, 따라서 1930km가 더 합리적인 추산이라고 말했다.

워싱턴 주의 야키마 시에 착륙한 아놀드는 공항 관리인에게 그 이야기를 했지만 관리인은 믿지 않았다. 야키마에 있는 동안 아놀드는 그 공항에 있던 다른 사람들에게도 그 이야기를 했다. 그러고 나서 에어쇼가 열리고 있던 오리건 주의 펜들턴 시로 날아갔다. 아놀드는 미처 몰랐지만, 야키마에 있던 어떤 사람이 그를 앞질러 펜들턴에 가서 남부 워싱턴의 하늘에서 이상한 비행물체를 보았다는 그의 이야기를 퍼뜨렸다.

아놀드가 펜들턴에서 비행사 친구들에게 그 이야기를 하자 친구들은 놀라지 않았지만 무시하지도 않았다. 아놀드는 인품이 훌륭한 남자로 알려져 있었고, 비행사들 중 몇 사람은 나치에 점령당한 유럽 상공으로 출격할 때 비슷한 이야기들을 들어 본 적이 있기 때문이었다. 푸 파이터든 아니면 육군 항공대가 어떤 새로운 항공기를 시험 운항한 것이든, 그 목격담은 흥미롭긴 했지만 엄청나게 흥분할 정도는 아니었다. 그의 이야기에서 가장 눈길을 끈 것은 아놀드가 말한 그 항공기의 속도였고, 언론이 관심을 가지게 된 것도 그 때문이었을 것이다. 시속 1930km란 1947년에는 엄청난 속도였다. 심지어 오늘날에 비해도 꽤 빠른 속도다.

아놀드가 펜들턴의 일간지인 〈이스트 오리거니언East Oregonian〉의 사무국을 찾아 기자들에게 그 이야기를 한 것은 그다음 날이었다. 그의 이야기를 들은 기자들은 이를 훌륭한 기삿거리라고 여기고 널리 전파하기 위해 뉴스 서비스에 올렸다. 그리고 그때 그들의 말마따나 상황이 미쳐 돌아가기 시작했다. 그 기사는 UPI와 AP에 채택되었다. 대형 신문 몇 곳에서 그 기사를 다루었다. 〈시카고 트리뷴〉은 그로부터 이틀 후 1면에 "8km 길이의 수수께끼 항공 '열차'를 보라"라는 제목으로 그 이야기를 실었다. 그러나 UFO나 비행접시에 관한 언급은 없었다. 그 기사는 아놀드의 말을 인용해 그들이 빠르고 빛을 발했으며 마치 끈으로 서로 연결된 것처럼, 중국 연의 꼬리 같은 움직임을 보인다고 했다. 더 나아가 육군은 그 지역에서 고속 실험을 하고 있지 않다고 보도했다.

'비행접시'라는 용어는 우연히 만들어진 듯하다. 아놀드는 기자들에게 자신이 본 9개의 물체들이 파이 팬처럼 납작하고 빛을 발했으며 햇빛에 펄떡이는 조그만 물고기처럼 보였다고 말했다. 1월 26일에 시카고의 〈선〉지는 "아이다호 비행사가 초음속 비행접시를 목격하다"라는 기사를 실었다. 비행접시라는 말은 편집자나 기사 제목 작성자가 덧붙인 듯하다. 그로부터 한참 후 아놀드는 자기가 처음 기자들에게 이야기할 때 "그들은 마치 물 위를 통통 튀듯이 접시처럼 불규칙하게 날았습니다"라고 말했다고 술회했는데, 아마 이 구절이 '비행접시'라는 표현으로 바뀐 모양이다. 그 말은 그때 인용된 후 신문들에 의해 재인용되었다. 그러나 초기 신문 기사에는 아놀드가 말했다는 그 구절이 한 번도 인용되지 않았고, 실상 아놀드는 '연 꼬리,' '평평한,' '빛을 발하는,'

'파이 접시' 같은 표현들을 사용했다. 따라서 '비행접시'라는 용어는 기사 제목 작성자의 창조적 윤색이었던 듯하다. 그러나 차후의 언론 보도들은 '비행접시'라는 용어를 널리 퍼뜨렸다.

그로부터 한 달이 지나면서 수많은 빤한 사기와 더불어 비행접시를 보았다는 목격담이 수백 건이나 쏟아졌다. 유나이티드 항공사 승무원들이 7월 4일에 목격한 것은 각별히 신빙성이 있다고 인정되어 케네스 아놀드의 처음 이야기보다 언론에 더 많이 다루어졌다. 비행접시 목격담들은 매우 다양했는데, 어떤 비행접시들은 말 그대로 파이 팬 크기였고 어떤 비행접시들은 비행기 크기였다. 원래 목격담에는 은색 항공기로 묘사되었지만, 이후의 것들은 색색으로 빛났다.

폭넓은 과학적 접근이 이루어졌다. 로스앤젤레스의 한 석간 신문은 캘리포니아 공대의 한 익명의 물리학자가 그 (비행)접시들이 '원자력 변환' 실험의 일환이라는 의견을 내놓았다고 주장했다. 원자핵에 숨겨진 힘이 대중에게 알려진 지 2년쯤 후였으니 당시로서는 (비록 과학적 증거는 없지만) 합리적인 생각이었다. 그러나 그 가설은 원자력위원회 회장인 데이비드 릴리엔탈David Lilienthal에 의해 거부되었다. 그는 한 기자가 그 이야기를 되풀이하는 것을 가로막고 이렇게 말했다. "물론 저는 사람들이 바보 같은 소리를 하는 것을 막을 수는 없습니다." 얼마 후에 캘리포니아 공대는 학교 직원이 비행접시가 일종의 원자 실험일 가능성이 있다는 말을 한 적이 없다는 내용의 성명을 발표했다.

다른 이들은 이 현상을 집단 히스테리나 네스 호 괴물 목격담 비슷한 것으로 고찰했다. 착시와 잔상을 비롯한 비슷한 원인들이 제시되었다.

초기에 외계 가설을 주장한 〈뉴욕 타임스〉 7월 6일자 사설은 "그들이 성층권 위에 닻을 내린 우주선들이 발진시킨, 다른 행성에서 온 방문객들일 수도 있다"라는 의견을 제시했지만 무시당했다. 아놀드는 그 비행접시들이 지구가 아닌 다른 어떤 곳에서 왔을 것 같다는 의견을 실제로 한 번 이상 제시했다. 7월 7일에 아놀드는 자기가 본 것을 종교적인 개념으로 해석하거나 외계의 것이라는 주장들까지 다양한 방식으로 설명하는 수많은 우편물이 쇄도하고 있다고 언론에 말했다. 〈시카고 타임스〉의 기사에 따르면 아놀드는 이렇게 말했다고 한다. "일부 사람들은 이런 것들이 다른 행성에서 왔을 수도 있다고 생각합니다." 그는 이어서 인간이 그 비행접시들의 속도로 날았다면 가속도 때문에 죽었을 수도 있다고 지적했다. 그 이야기는 더욱 널리 인용되었다. "그리하여, 그 역시 그것들이 다른 곳에서 조종되고 있다고 생각한다. 그곳은 화성일 수도 있고, 금성일 수도 있고, 아니면 우리 자신의 행성일 수도 있다." ET(외계)라는 개념이 대중의 영역으로 침투하기 시작했다. 아놀드는 그 후 1950년에 에드워드 R. 머로Edward R. Murrow* 가 진행하는 〈비행접시 사건The Case for Flying Saucers〉이라는 라디오 프로그램에서 이렇게 말했다. "만약 우리의 과학자들이나 육군 항공대에서 만든 게 아니라

---

* 에드워드 R. 머로(1908~1965)는 미국 CBS의 시사 프로그램으로 명성을 날렸던 전설적인 저널리스트다.

면, 저는 그게 외계에서 온 것이 아닐까 싶기도 합니다."

1947년 7월 7일 미국에서는 39개 주에서, 해외에서는 오스트레일리아와 유럽의 수많은 지역에서 비행접시 목격담들이 쏟아졌다. 그러나 그 목격담이 대량으로 들어온 곳은 미국 북서부였다. 전국 각지에서 대규모 비행단이 조직되어 한 지역에서 100대씩 일시에 이륙해 설명할 수 없는 항공 현상을 찾으러 떠났지만 성과는 없었다.

상황이 우습게 돌아가기 시작했다. 먼지 덩어리나 용광로 뚜껑, 혹은 어떤 전기 부품이 용접된 톱날 같은 것이 비행접시들의 잔해로 보고되었다. 어떤 학생들은 심벌즈 두 개를 납땜하여 어느 집 안뜰에 던져 넣고는 문을 쾅쾅 두들긴 후 도망쳤다. 한 주민은 불안에 떨면서 경찰을 불러 비행접시가 추락했다고 신고했다. 7월 18일 〈뉴욕 타임스〉는 그해 여름의 멋진 여성 모자는 비행접시를 본떠 만들어졌다고 보도했다. 그리고 7월 8일에는 비행접시라는 이름의 스물다섯 살짜리 거북이가 인디애나 주 체스터턴에서 열린 8회 연례 거북 경주에서 우승했다.

결국 비행접시들을 다룬 뉴스 보도들은 몇몇 비행접시 목격담들이 거짓임을 폭로하는 보도들에게 자리를 내주었다. 예를 들어 시카고 대학교나 프린스턴 대학교가 기상학이나 우주선 연구를 위한 장비들을 실어 날려 보낸, 높은 고도용 연구 풍선들이 그중 하나였다. 비행접시가 대중적으로 엄청나게 유명해졌으니, 사람들이 경찰과 신문 기자들을 불러 새로운 목격담을 신고한 것은 당연한 일이었다. 1년이나 2년쯤 지나자, 언론은 이런 목격담에 약간 싫증내기 시작했고, 이는 점점 줄어들었다. 하지만 1949년 군은 UFO 신고에 무언가가 있다고 결론 내리고 약간의 자원을 투입해 조사를 실시하기로 결정했다. 외계인이라는 개념이 얼마나 자주 신문에 실리는지를 감안하면 놀라운 일은 아니다. 현재까지 UFO에 관한 가장 흔한 설명은 (상상이나 히스테리라는 설명을 제외하면) 비밀 무기 프로그램이라는 것이었다. 자신들이 시속 1670km 이상 날 수 있는 시험 비행기들을 띄우고 있지 않다는 것을 알고 있고 게다가 나라를 지킬 임무를 띠고 있는 미국 육군으로서는 다른 나라가 그들이 맞서야 할 새로운 공격 능력을 손에 넣었는지 알아내고 싶을 수밖에 없었다.

1947년 여름에 시작된 그 모든 비행접시 보고들 중에 특별한 건이 하나 있는데, 그것은 대중의 의식에 다른 어떤 것들보다 폭넓게 스며들었다. 앞으로 보게 되겠지만 실제 이야기는 사람들이 흔히 믿었던 것과는 다소 다르다. 그리하여 우리는 남동부 뉴멕시코의 조그만 도시로 눈길을 돌린다. 로스웰Roswell이다.

로스웰

로스웰 이야기는 UFO 연구에서 가장 잘 알려진 축에 속한다. 썰렁한 농담을 하지면, 사실 여러분이 그 이야기를 들어본 적이 없다면 아마도 화성 출신일 것이다. 그 이야기는 이런 식이다. 한 UFO가 뉴멕시코의 로스웰 외곽에 불시착했다. 보통 '맨 인 블랙Men in Black(MIB)'* 이라고 불리는 정부 관료들이 로스웰을 덮쳐 그 비행접시를 징발하고 탑승자들을 데려갔는데, 탑승자 중에는 실제 외계인들도 있었다. 그 비행접시와 외계인들은 51구역으로 이송된다. 외계인 중 하나 이상이 죽었고, 그 후 시체 해부가 이루어졌다. 해부된 모습을 찍은 필름이 1995년에 유출되어 폭스TV에 방송되었다. 이 가장 유명한 외계인 사건은 60년도 더 넘는 세월 동안 UFO 열성 팬들의 집착 대상이 되었다.

다만 한 가지 문제가 있다. 로스웰 사건의 명성은 비교적 새로운 것이다. 이 사건은 오랫동안 잊혀져 있었다. 실제로 일어난 일은 다음과 같다.

아놀드가 불을 붙인 UFO 열풍이 최고조에 이르렀을 때였다. 1947년 7월 8일, 로스웰의 〈데일리 레코드Daily Record〉는 "오스트레일리아 공군이 로스웰 지역에 있는 목장의 비행접시를 체포하다"라는 제목의 톱기사를 실었다. 그 기사에 따르면 한 익명의 목장주가 지역 보안관에게 자기 땅에 어떤 기계가 있다고 알렸다고 한다. 로스웰 지역 공군의 소령이 특무대를 대동하고 그 목장으로 가서 원반을 가져갔다. 그 기계는 지역 정보국에서 조사한 후 (원래 신문 기사를 인용하자면) '더 고위 부서'로 보내졌다. 그 비행접시의 구조나 외양에 대한 세부 사항은 전혀 발표되지 않았다.

그 기사는 이어서 자기들이 비행접시를 보았다고 생각하는 그 마

---

* 이들은 UFO 음모론과 대중 문화에 등장하는데, UFO, 외계인을 본 목격자나 관련 연구자를 만나서 경고나 협박을 하고 일을 방해하는 기밀 정부 조직의 요원을 말한다.

을의 다른 부부 이야기를 들려준다. 그 비행접시는 지상 약 460m 상공에서 시속 약 644~805km로 날아갔다고 하며, 지름은 4.5~6m 사이로 추정되었다. 이를 목격한 남자는 '도시에서 가장 존경과 신뢰를 받고 있는 시민의 한 사람'으로, 그 이야기를 자기 혼자만 알고 있었다. 그는 오스트레일리아 공군이 비행접시를 압류했다는 소문이 돌기 겨우 몇 분 전에야 마을 사람들에게 말하기로 결심했다고 한다. 비행접시가 바로 가까이에 있다는 것은 매우 흥분되는 이야깃거리였다.

그 이야기는 다음날 바뀌었다. 7월 9일 로스웰의 〈데일리 레코드〉는 다른 제목의 톱기사를 실었는데, "램지 장군이 로스웰 접시를 비우다"라는 제목은 '그냥 잊어 주세요'라고 말하는 애교 있는 방식이었다. 그 신문은 칼럼 두 편을 실었는데, 첫 칼럼은 지역 보안관에 대한 것이었다. 그 보안관은 미국 전역과 멕시코에서 걸려 온 수십 통의 전화를 비롯해 영국에서도 세 통의 전화를 받았는데, 그중 한 통은 런던의 〈데일리 메일〉에서 온 것이었다. 신문은 그 목장주의 이름도 밝혔다. 포스터 목장에 사는 W. W. 브레이즐이 그 '이른바 (비행)접시'의 잔해를 발견한 사람이었다.

UFO 열성 팬들에게는 안타깝게도 그 칼럼은 그 수수께끼의 물체가 "무해한 높은 고도용 기상 관측 풍선이지 비행하는 원반이 아니다"라고 보도했다. 그보다 더욱 구체적으로, 발견된 것은 "은박지 한 꾸러미, 부러진 나무 대들보와 풍선의 고무 조각"이었다. 끝으로, 그 UFO

는 맨눈으로 볼 수 있는 것보다 훨씬 높은 고도에서 기상을 관측하는 데 이용되는 특정한 유형의 기상 관측용 풍선으로 밝혀졌다. 지역 육군 일기 예보관은 그 풍선이 오키나와 침공* 당시 중포(中砲)의 탄도 정보를 알아내기 위해 날려 보낸 풍선과 동일하다고 밝혔다.

그 소식은 로스웰에만 머무르지 않았다. AP는 그 기사를 채택했고 곧 그것은 전국판 신문에 등장했다. 〈시카고 트리뷴Chicago Tribune〉은 7월 9일 기존 언론 발표에 더 많은 세부 사항을 덧붙여 보도하면서 이렇게 말했다. "로스웰 육군 비행장, 공군 제8연대의 509사단 [원자] 폭탄 그룹의 정보국이 다행히 지역 목장주와 보안관 사무실의 협조를 통해 원반을 입수함으로써 비행 원반에 관한 많은 소문들이 어제 현실이 되었다." 그러나 기사는 또한 그 수수께끼가 이미 풀렸다면서, '비행접시'가 '기상 관측용 풍선'이라고 밝히기도 했다.

〈뉴욕 타임스〉는 1947년 내내 비행접시를 다소 회의적인 어조로 보도했고, 로스웰 역시 다르지 않았다. 7월 9일자 〈뉴욕 타임스〉는 로스웰 보도들이 대부분의 경우보다 더 큰 소동을 일으킨 것은 인정했지만 공식적인 기상 풍선 이야기도 빼놓지 않았다.

내가 읽은 보도들 중에는 외계인 설을 들고 나온 것이 하나도 없었다는 사실이 흥미롭다. 엄청난 소동이 벌어지긴 했지만, 당시 사람들은 비행접시들이 아직 밝혀지지 않은 현상이거나 기밀 군사 장비일 가능성이 높다고 보았던 듯하다.

---

* 2차 세계 대전 중이던 1945년 4월 1일에 미군이 오키나와 상륙을 감행했다.

그래도 포획된 비행접시에 대한 보도는 UFO에 흥미를 보이는 커뮤니티에 활력을 불어넣을 수밖에 없지 않았을까? 더군다나 그 비행선이 최초의 핵폭발 부지에서 그토록 가까운 곳에서 발견되었다면? 그 비행선이 홀연히, 그것도 특히 오하이오 주의 라이트 필드*로 사라졌다는 보도는 확실히 외계인에 열광하는 이들의 주의를 끌지 않았겠는가? 음모론을 신봉하는 이들은 틀림없이 신바람이 나지 않았을까? 그러나 그런 일은 일어나지 않았다.

대신 로스웰 접시는 순순히 역사에서 사라졌다. 31년간 그것은 거짓 경보로, 그저 히스테리 시대의 히스테리 보도로만 여겨졌다. 그러다 이윽고 1978년이 왔다.

1978년 특별한 기삿거리가 없었음이 분명했을 그날에, 〈내셔널 인콰이어러National Enquirer〉지가 로스웰 〈데일리 레코드〉의 1947년 기사를 그대로 재수록했다. UFO 신봉자들은 흥분했다. 물리학자이자 열성적인 UFO 학자인 스탠턴 프리드먼Stanton Friedman은 포스터 목장에서 잔해들을 수거한 정보국 직원을 찾아내어 대담을 나누었다. 그 정보국 직원의 회고는 1979년 〈UFO들은 진짜다UFOs Are Real〉라는 다큐멘터리로 만들어졌고 1980년에는 〈내셔널 인콰이어러〉에 실렸다. 그는 비행접시 이야기는 하지 않았지만, 실제로 기묘한 글씨와 유연한 금속(지금 독자들에게는 알루미늄 처리한 마일러mylar**와 매우 비슷하게 들릴 테지만, 마일러는 로스웰 사건 한참 후인 1950년대에야 발명되었다)에 관해서 이야기했다.

---

*   라이트─패터슨 공군 기지가 있는 곳이다.

**   질긴 폴리에스테르 필름의 상표.

그해에는 《로스웰 사건The Roswell Incident》이라는 책이 출간되기도 했는데, 그 책은 새로운 정보는 별로 없이 2차적 보도, 가정, 추측 등을 주로 담았다. 이 책은 다음과 같은 좀 빤한 명제로 끝났다.

로스웰 사건의 함의를 생각해 보자. 이 책에 언급된 그 충돌과/또는 그 이후의 외계 비행선의 압류를 목격했다고 주장하는 그 수많은 사람들 가운데 단 한 사람이라도 진실을 말하고 있다면, 어쩌면 바로 이 순간 우리는 20세기의 가장 큰 뉴스거리 — 살아 있는 (또는 죽은) 외계인과의 직접적 접촉 — 를 목전에 두고 있는지도 모른다. 만약 사실이라면, 이 사건은 적어도 콜럼버스가 신세계로 가서 깜짝 놀란 원주민들과 마주친 사건에 비할 만하다. 한 가지 차이점은 이 경우에는 우리가 깜짝 놀란 원주민이라는 것이다.

UFO 커뮤니티는 로스웰을 잊지 않았지만, 다른 사람들은 모두 잊었다.

1989년 TV 프로그램 〈풀리지 않은 미스터리Unsolved Mysteries〉에서 실화라고 주장하는 것을 '재구성'하면서 상황은 실로 흥미로워졌다. 이 프로그램은 로스웰의 한 장의업자를 시켜 스탠턴 프리드먼과 이야기를 나누게 했다. 그 대담의 결과는 1991년 《로스웰의 UFO 추락UFO Crash at Roswell》이라는 책으로 발표되었는데, 이제는 잘 알려진 이야기가 바로 거기서 태어나게 되었다. 외계인들의 시체가 발견되었다든가, 외계인들이 돌아다니는 것을 누가 보았다든가, 조그만 관들을 보았다든가, 육군 대령이 살해 협박을 했다든가, 너무 많은 것을 알았던 한 간호사가 사라졌다든가 하는, 탁월한 이야깃거리가 될 극적인 사건들이었다.

그리고 물론, 1995년 영국에서 처음 방영된 후 폭스TV에서도 방영된 외계인 해부 영상도 있다. 〈외계인 해부: 사실 혹은 허구Alien Autopsy: Fact or Fiction〉라는 프로그램은 로스웰 외계인의 해부를 담고 있다고 주장했다. 미국에서 방영된 이 프로그램은 무려 1200만 명이 시청했다고 한다. 영국인 사업가인 레이 샌틸리Ray Santilli와 개리 슈필드Gary Shoefied가 프로그램을 제작했는데, 두 사람은 1947년 로스웰에서 그 원판 필름을 찍은 촬영기사가 자기들에게 그것을 팔았다고 주장했다. 그러나 2006년 샌틸리와 슈필드는 이몬 홈스Eamonn Holmes가 진행하는 〈이몬이 조사하다: 외계인 해부Eamonn Investigates: Alien Autopsy〉라는 다큐멘터리에서 자기들이 공개한 그 필름은 1947년에 찍은 것이 아니라, 그들의 말을 빌리자면 '복원판'이라고 밝혔다. 원판이 낡아서 못 쓰게 되는 바람에 그 대신 가짜 외계인 시체와 여러 동물의 부위들을 이용해 새로 찍었다는 주장이었다. 그것은 제작자들이 인정했듯 확실히 가짜다. 비록 그것이 샌틸리가 더 이전에 본 진짜 필름을 충실하게 재현한 것이라고 주장하긴 했지만 말이다.

수많은 UFO 팬들이 이미 오래전부터 그 필름이 가짜라고 믿어 왔음을 말해 두는 편이 공평하리라. 그렇지만 그 필름이 아무리 과학자들만이 아니라 심지어 진지한 UFO 신봉자들에게조차 무시를 당해도, 저 바깥세상에는 그 주제에 기껏해야 가벼운 관심밖에 없는 수많은 사람들이 있고, 그 필름이 대중에게 영향을 미쳐 왔다는 사실은 달라지지 않는다. 〈외계인 해부: 사실 혹은 허구〉에 대해 풍문으로만 들은 사람들 중에서 일부는 이제 외계인의 시체들이 네바다 에드워즈 공군 기지의 51구역에 억류되어 있는지 아니면 오하이오 주의 라이트-패터슨 공군 기지의 제18격납고에 있는지 궁금해 하기도 한다.

그 이야기는 대중의 의식에 충분히 스며들어, 51구역에서 외계의 항공기와 시체들을 연구하는 내용을 다룬 영화 〈인디펜던스 데이 Independence Day〉(1996)의 중요한 플롯을 형성했다. 또한 구류당했던 외계인이 도망쳐 느긋하게 파티를 벌이는 영화 〈폴 Paul〉(2011)의 소재가 되기도 했는데, 그 외계인은 갇혀 있는 동안 20세기 후반의 과학과 기술 발전에 큰 영향을 미쳤다. 로스웰 사건을 다룬 〈로스웰 Roswell〉(1999~2002)이라는 TV 드라마도 있는데, 여기에서는 인간 10대와 인간 10대 모습을 한 외계인들이 서로 교류한다. 그 밖에도 그 이야기가 대중의 의식으로 스며들어 갔음을 보여 주는 예들은 수두룩하다.

로스웰에 관해 알게 된 사람들이 놀라게 되는 점은 그 이야기가 비교적 새로운 것이라는 사실이다. 약 30년간 잠들어 있던 그 이야기는 1980년대 초에 재발견되었다가 1990년대까지 다시 익명 속으로 가라앉았다. 이는 사실 꽤 최근의 문화 현상이고, 로스웰 시는 그것을 열정적으로 끌어안았다. 로스웰을 찾아가면 그 사건에 바쳐진 박물관을 방문할 수 있을 것이다. 박물관 벽에는 신문 기사들이 붙어 있고 갖가지 실물 크기의 디오라마들이 그 이야기의 다양한 주요 장면들을 묘사하고 있다. 외계인을 테마로 한 기념품만 판매하는 가게도 수두룩하다. 나는 대체로 싸구려 장식품을 좋아하는 편은 아니지만 로스웰을 방문했을 때 이런 범퍼 스티커를 사고 싶은 유혹을 받았다. "안전벨트를 매세요! 그러면 외계인에게 쉽사리 빨려 올라가지 않습니다!"

접촉했다!

조지 애덤스키George Adamski는 흔히 '기인'으로 불리는 그런 부류의 사람이었다. 그를 소개하는 가장 좋은 방법은 그가 1955년에 발표한 《우주선 내부Inside the Space Ships》에 관해 조너선 레너드Jonathan Leonard가 〈뉴욕 타임스〉에 쓴 서평의 앞부분을 인용하는 것이 아닐까 싶다. 그 글은 이렇게 시작한다.

> 비행접시 업계의 경쟁이 거칠어지고 있다. 옛날에는 그저 비행접시를 보기만 해도 효과가 있었다. 그 후 비행접시들은 착륙하기 시작했다. 이제 조지 애덤스키는 실제로 비행접시를 타 보았다. 그는 로스앤젤레스의 한 호텔에 살고 있었는데, 검은 폰티악 세단을 탄 두 남자가 그를 만나러 왔다. 그 남자들은 미국인 기업가들처럼 보였고 영어를 썼지만 화성과 토성 출신이었다(안테나는 없음). 그

들은 그를 금성인(안테나 없음)이 관리하는 은은한 빛을 발하는 비행접시로 데려갔다. 이륙한 비행접시는 자력으로 바로 위를 맴돌던 600m 길이의 모선으로 날아갔다.

서평은 계속 농담조로 그 여행과, 애덤스키가 만난 매력적인 화성과 금성의 여인들, 그리고 그들이 논한 철학을 묘사한다. 그 여행이 진실이라면 일생일대의 경험이었을 듯하다.

1950년대 애덤스키는 UFO 업계에서 악명을 떨쳤고 최초의 '접촉자'(즉 외계인과 육체적 접촉을 했다고 주장하는 사람들)로서 어느 정도는 대중에게까지 이름을 알렸다. 21세기에는 UFO들이 외계의 방문객이라고 믿는 사람들조차 대개는 그의 주장을 좋게 평가하지 않지만, 처음부터 그랬던 것은 아니다. 애덤스키는 잘 생긴 데다 환상적인 이야깃거리를 가진 매력적인 남자였다.

애덤스키는 '방랑 교사'를 자처했다. 1930년대에 그는 이른바 '티베트 왕실 기사단'이라는 학교를 창립했는데, 형이상학과 주술을 뒤섞은 자기수양을 가르치는 학교였다. 그는 대학에 다닌 적이 없으면서도 제자들에게 '교수'라고 불렸고, 심지어 자기가 쓴 책 몇 권에는 스스로 교수라고 서명을 하기도 했다. 캘리포니아로 이사를 간 후 일부 제자들은 그의 가르침을 계속 들으려고 그를 따라 이사했다.

애덤스키를 평가하려면 그의 책을 읽고 그 화려한 글을 직접 접해 봐야 한다. 데스먼드 레슬리Desmond Leslie를 공저자로 해서 1953년에 출간한 《비행접시들이 착륙했다Flying Saucers Have Landed》에 담긴 내용을 대충 살펴보자. 그 이야기는 이렇게 시작한다. "나는 조지 애덤스키라는 철학자 겸 학생 겸 교사 겸 비행접시 연구자다." 그는 팔로마Palomar 천문대의 보금자리인 팔로마 산에 살았다고 주장하는데, 그 천문대에는 5.08m 헤일Hale 망원경이 있었다. 그는 거기서 일한 적이 없지만(사실 그는 햄버거 식당의 잡역부였고 그 천문대에서 18km 떨어진 곳에 살았다), 사람들은 자주 '교수'와 '팔로마'를 연관 짓고 멋대로 결론을 끌어냈다. 그는 책에서 1946년 10월 9일 자기가 사는 아파트 근처 하늘에 떠 있는 거대한 우주선을 보았다고 주장한다. (그렇다. 그것은 1947년 아놀드의 목격담 보고 이전이지만 애덤스키의 책이 1953년에 출간되었다는 사실을 잊지 말자. 그리고 애덤스키의 이야기 중 일부는 창조적이라는 점이 특징이다.)

2주 후 그가 일터에서 사람들에게 자기가 본 것을 이야기하는데, 그곳에서는 군 장교 여섯 명이 식사를 하고 있었다. 애덤스키의 말에 따르면 그 장교들은 그의 이야기가 황당무계한 것이 아니며, 비록 더는 알려줄 수 없지만 그 우주선이 이 세계의 것이 아니라고 말했다고 한다. 비록 애덤스키는 그 후 몇 년에 걸쳐 여러 차례 UFO 목격담을 이야기했지만 그중 1940년대 후반의 전형적인 UFO 목격담보다 훨씬 멀리까지 간 것은 1952년 11월 20일에 일어난 사건에 관한 이야기였다.

그 이야기는 이런 식이었다. 애덤스키는 여섯 명을 동행해 사막으로 가서 **UFO**를 찾고 있었다. 그는 어디로 가야 할지 직감적으로 느끼고 한 지역을 택했는데, 이는 영화 〈미지와의 조우Close Encounter of the Third Kind〉(1977)에서 리처드 드레이퍼스가 연기한 인물(로이 니어)에 반영된다. 애덤스키와 일행은 사막에 서 있다가 거대한 컬런 모양에 꼭대기까지 온통 오렌지 빛을 띤 은색 비행선을 보았다. 그것은 둥둥 떠서 시야에서 사라졌다. 애덤스키는 일행에게 이렇게 이야기했다고 한다. "우주선은 나를 찾으러 온 거요. 그들을 기다리게 만들고 싶지 않소!"

그는 일행에게 한 시간 동안 기다리라고 말한 후 혼자 사막으로 떠났다. 일행과 멀어진 그는 약 **0.4km**쯤 떨어진 협곡 어귀에 서 있는 남자를 보았다. 애덤스키는 그를 향해 걸어갔다.

그 사람은 평범한 남자처럼 보였고, 애덤스키보다 약간 키가 작았으며 모래색 머리카락을 어깨까지 기르고 있었다. 옷은 목깃이 높은 점프수트 비슷했고, 발목과 손목이 고무로 둘러져 있었다. 그리고 그는 매우 잘생겼다. 애덤스키는 이렇게 보고한다. "그의 아름다움은 내가 본 그 누구보다도 우월했고," "옷을 다르게 입었더라면 보기 드물게 아름다운 여성으로도 쉽게 오해받았을 것이다. 그렇지만 그는 확실히 남자였다."

그가 만난 사람은 영어를 할 줄 몰랐지만 다행히 애덤스키는 텔레파시를 믿었고, 그들은 그런 식으로 교신을 했다. 몸짓 언어와 텔레파시를 뒤섞어 대화한 끝에 애덤스키는 그 남자가 금성에서 왔고 지구가 방출하는 방사선 때문에 비행접시에 손상이 갈까 봐 걱정하고 있음을 알았다. 애덤스키는 우주의 광선들이 지구의 것보다 오히려 훨씬 강하다고 설득했다. 이 논리를 역으로 하면 지구에서 실험되고 있는 원자폭탄의 방사선이 우주로 가면 훨씬 증폭된다.

애덤스키는 그 후 금성인들이 지구까지 타고 온 비행접시를 보았다. 애덤스키는 다시금 텔레파시와 몸짓 언어를 통해 그 비행접시가 정찰선이며 이전에 본 더 큰 은색 우주선은 행성 간 비행선이라고 판단했다. 애덤스키는 또한 금성인에게 신을 믿느냐고 물었다. 그는 믿는다고 했다. 아무런 공용어도 없는 두 사람 사이에 오간 대화 치고는 꽤나 진도가 빠르다.

대화가 이어지면서 애덤스키는 태양계의 모든 행성들에 인간형 외계인들이 산다는 사실과 외계인들이 이전에 지구의 인간을 비행선에 태워 데려갔다는 사실을 알게 되었다. 게다가 금성인들은 불사의 존재였다. 그렇다고 죽일 수 없다는 말이 아니라, 육체는 죽되 영혼은 죽지 않고 다른 신체로 옮겨가는 것이 그들의 영생 방식이었다.

몇몇 대화를 더 나눈 후 그 외계인은 모래 위를 걸어 흔적을 만들고 땅에 의미심장한 기호들을 남겼다. 애덤스키는 운 좋게도 차에 석고를 싣고 오는 것을 잊지 않았고(왜 그럴 수 있지 않나…… 만일의 경우에 대비해서), 애덤스키와 일행은 나중에 그 상징들의 주형을 떴다.

자신이 우주선에 탈 수 없다는 것을 알게 된 애덤스키는 외계인을 비행접시까지 걸어서 바래다주었다. 애덤스키는 사진을 몇 장 찍었지만 그 정찰선의 추진 장치에서 나오는 일종의 방사능이 사진에 영향을 미쳤다(인화한 사진들의 화질이 그토록 떨어지는 이유가 바로 그것이다). 그 금성인은 떠나기 전에 애덤스키의 필름 중 일부를 가져갔는데, 애덤스키는 금성인이 나중에 그 필름을 돌려주겠다고 하는 뜻을 간신히 이해했다. 그 외계인은 비행접시를 타고 떠났다. 애덤스키는 끝내 외계인의 이름을 듣지 못하고 일행에게 돌아갔다.

그는 나중에 기자를 포함한 모든 사람들에게 그 경험을 이야기했다. 그 책의 주장에 따르면 그의 이야기는 11월 24일자 〈피닉스 가제트 Phoenix Gazette〉에 실렸다. (그 이야기에서 이 부분만큼은 사실이지만, 그 기사는 다소 농담조로 시작되었고 애덤스키가 그의 책에서 보고한 것과는 세부 사항이 크게 다르다. 예를 들어 기사에는 텔레파시에 대한 언급이 없고, 그보다 외계인은 영어와 중국어처럼 들리는 뒤섞인 언어를 말한다고 했다.) 나중에 필름을 현상하자 사진에는 접시가 보였는데, 그 접시는 아래쪽에 전구 세 개가 달린 일종의 조명 기구처럼 보였다(그림 2.2).

몇 주 후 애덤스키가 집에 있을 때 보는 각도에 따라 색이 달라지는 유리처럼 빛나는 비행선이 눈부신 빛을 발하며 하늘을 가로질러 그의 집 쪽으로 왔다고 한다. 분명히 그 외계인들은 그가 어디 사는지 알았던 모양이다. 그 우주선이 애덤스키 머리 위 약 100m 지점에 도착하자 둥근 창 하나가 열리더니 손 하나가 나와 그 필름을 떨어뜨렸다. 우

그림 2.2　　조지 애덤스키가 사진으로 찍었다고 주장한 접시를 화가가 그린 것. 이 접시는 나중에 이른바 우주형제단 소속 외계인들이 조종하는 비행선으로 보고된다.

주선은 떠났다. 애덤스키가 그 필름을 현상하자 그것은 '아직 해독되지 않은' 기호들로 뒤덮여 있었다.

여기서 애덤스키의 첫 이야기는 끝났다. 그는 외계인이 우호적이며 그들의 의도는 "우리 계의 다른 행성들의 안전과 균형을 확보하는" 것이라고 한다. 그렇지만 "만약 지구에 사는 우리가 계속 국가들 간 대립의 길로 나아간다면, 그리고 계속해서 우주의 우리 동료 인간들을 배려하지 않고, 조롱하고, 심지어 공격하는 태도를 보인다면 나는 그들이 우리에 맞서 강력한 행동을 취할 수도 있다고 굳게 믿는다. 그들은 무기 같은 것이 아니라 그들이 잘 알고 이용할 줄 아는 우주의 자연력을 사용할 것이다."

정말이지 교훈적인 이야기다. 〈지구 최후의 날〉의 마지막 연설과 비슷하다는 사실은 어쩌면 그저 우연의 일치일지도 모른다. 아닐 수도 있지만 말이다.

《비행접시들이 착륙했다》에서 들려준 이야기는 기껏해야 스물 몇 페이지 정도 분량밖에 되지 않았다. 그러나 애덤스키가 1955년에 발표한 《우주선 내부》는 그보다 훨씬 대담했다. 그 책에서 애덤스키는 로스앤젤레스에서 기업가처럼 차려입은 외계인들을 만나, 검은 폰티악 세단을 타고 그들을 따라갔다고 말한다. 또한 우주를 날기도 했다. '우주 형제단'이라는 문명의 일원인 오르톤이라는 금성인과 퍼콘이라는 화성인, 그리고 라무라는 토성인과 함께였다. 그 이름들은 실명이 아니라 그가 붙인 가명이니 독자들은 신경 쓸 필요 없다고 한다. 우주선에서 애덤스키는 앞서 말한 금성과 화성 출신의 아름다운 두 여인을 만난다. 이어서 그는 그들의 신을 이야기하고, 신에 관해 외계인들과 나눈 철학적이고 종교적인 긴 대화를 묘사한다. 어쩌면 이 '우주형제단'이 우주의 형제애를 이야기하고 1930년대에 애덤스키가 전파한 가르침이 정확히 맞는다고 인정해 준 것은 놀라운 일이 아닐 수도 있다. 그토록 많은 사람들이 그의 이야기를 의심하는 것은 주로 이 믿을 수 없는 유사성 때문이니까 말이다. 거기다 그의 순회 강연에 동반한 아름답고 조각 같은 두 '금성 출신 여성 경호원들'도 문제였지만 말이다.

공저자인 데스먼드 레슬리와 마찬가지로 애덤스키 역시 순회 강연을 했다. 아마도 가장 유명한 것은 1959년 5월에 네덜란드의 율리아나 여왕을 대상으로 한 개인 강연일 것이다. 율리아나 여왕은 신앙 치료와 비슷한 종류의 피상적인 현상에 관심이 많은 것으로 유명했다.

1960년대에 소련 우주 탐사선인 루나Luna 3호가 달 반대편의 황무지를 보여 주게 되자, 그곳에 눈으로 덮인 산들이 존재한다고 했던 애덤스키의 인기는 기울기 시작했다. 그의 반응은 어땠느냐고? 소련이 그 사진들을 조작했다는 것이었다. 재담꾼들은 애덤스키라면 가짜 사진을 보면 바로 알아볼 수 있을 거라고 농담을 했다. 우리는 이제 금성이 그가 책에서 주장했던 낙원과는 퍽 대조적이라는 것을 알고 있다. 비록 현대의 신봉자들은 애덤스키가 금성의 도시들이 지하에 있다고 했다며 주장하고 있고, 평행 차원을 들먹이면서 오르톤의 고향이 우리 우주가 아니라고 주장하는 일부 극성팬들도 있지만 말이다.

애덤스키의 메시지가 가진 매력은 쉽게 알 수 있다. 그의 외계인들은 누가 봐도 (비록 후광은 없지만) 천사를 연상시킨다. 우주형제단은 평화와 조화를 믿고 인류가 결국 그들과 함께 우주형제단에 가입하기를 바란다. 또한 애덤스키의 반핵 메시지는 2차 세계 대전의 파괴를 기억하고 있으며 핵으로 무장한 소련의 영토 확장 야심을 크게 우려하던 미국 대중에게 반향을 불러일으켰다. 태양계 내 다른 행성들의 환경 예측에서 보여 준 적중률이 워낙 형편없다 보니 애덤스키는 이제 믿을 수 없는 예언가로 여겨지지만, 평화와 우주 조화에 대한 그의 메시지는 실제로 모방자들을 낳았고 그들 중 일부는 오늘날까지 남아 있다. 예를 들어 라엘 교도들은 프랑스의 언론인이었다가 1973년에 야훼Yaweh(엘로힘Elohim)라는 외계인을 만나 그 후 예언자 라엘Raël이 되었다고 주장하는 클로드 보리롱Claude Vorilhon*의 가르침을 따른다.

애덤스키는 1965년 4월 12일에 죽었지만 그에게 죽음은 일시적 상태일 뿐인 모양이다. 1965년 아일린 버클Eileen Buckle이 쓴 《스코리튼 미스터리The Scoriton Mystery》에서는 어니스트 브라이언트라는 이름의 다른 접촉자가 1965년 4월 24일에 우주형제단 세 명을 만났다고 주장한다. 그 세 외계인 중 하나는 '얌스키'라는 이름의 젊은이였는데, 그는 새 육

★ 클로드 브리통은 1975년 UFO와 외계인을 숭배하는 국제 라엘리안 무브먼트International Raelian Movement를 만들었다. 1997년 인간 복제로 영생을 하기 위해 클로네이드Clonaid사를 설립했으나 인간 복제의 진위는 확인되지 않았다. 그는 여러 차례 방한했으나 2003년 8월부터 인간 복제 문제로 국내 입국이 금지되었다. 이에 2007년 한국의 회원들이 가두시위를 하기도 했다.

신으로 환생한 조지 애덤스키로 여겨진다.

애덤스키의 생애 이야기를 다음과 같은 식으로 축약할 수도 있을 것이다. 출신은 평범하지만 카리스마가 있는 한 남자가 충실하고 깨인 삶을 살 수 있는 방법을 발견했다고 주장했다. 그는 주위에 제자들을 모아서 가르침을 베풀었다. 어느 날 그는 제자 몇 명과 자기 가르침에 관심이 있는 사람 두 명을 데리고 사막으로 가서 직감적으로 올바른 곳을 찾아간다. 그리고 일행과 떨어져 혼자 사막으로 가서 천사 같은 존재를 만나는데, 그 존재는 그에게 우주의 진실들을 말해 준 후 땅 위에 암호 같은 메시지를 남기고, 애덤스키는 해석을 하기 위해 그 메시지를 가져온다. 애덤스키는 평생 많은 사람들에게 연설을 하고, 그들에게 저 위에 있는 천사 같은 존재들이 전해 준 평화의 메시지를 전하며 살다가 죽었는데, 그 죽음은 그저 열이틀 후 죽음으로부터 일어나 다른 모습으로 진정한 신도에게 말씀을 전하기 위해서일 뿐이었다.

이런 식으로 말하니, 애덤스키와 그의 가르침을 둘러싸고 일부 종교나 종교적 맹신이 생겨나는 것도 그리 놀라울 것 없지 않은가? 비록 직접 관련은 없다 해도, 에테리우스회Aetherius Society*와 라엘교를 포함한 다른 집단들 역시 비슷한 메시지를 전파하기 시작했다. 그들뿐만이 아니다. 에테리우스회의 교리에는 지구의 종교들과, 요가와, '영적 배터리'(재앙으로 바뀔 수 있는)와, 언젠가 인류를 별들의 공동체로 데려갈 외계 구세주 개념이 뒤죽박죽되어 있다. 예를 들어 천국의 문Heaven's Gate 교**

★ 1950년대 중반 영국 런던에서 조지 킹George King이 설립한 뉴 에이지. UFO 종교 단체.

같은 경우는 애덤스키의 가르침과 동일한 메시지를 주장하기보다는 외계인의 요소들을 섞어 넣는다. 사이언톨로지Scientology는 제누Xenu라는 이름의 한 지도자가 7500만 년 전에 여기 지구에서 외계인 수십억 명을 원자 폭발로 죽였고, 테탄thetans이라는 그들의 영혼이 우리와 함께 살고 있다고 주장한다. 이 유사 종교적 믿음들은 외계인에 대한 우리 사회의 시각에 어느 정도 영향을 미쳐 왔지만, 다음에 나올 이야기에 비하면 그 영향력은 미미하다고 할 정도다.

납치됐다!

우주 천사들과의 접촉이 희망을 주는 영적 경험이라면, 외계인들과의 모든 상호작용이 긍정적인 것은 아니다. 외계인 지구 존재설의 다음 패러다임은 1961년 베티와 바니 힐이 새로운 종류의 외계인들을 만나면서 시작된다.

1961년 보수적인 뉴햄프셔에 이웃들보다 조금 더 자유주의적인 힐 부부가 살았는데, 이들은 서로 인종이 달랐다. 그렇지만 그 점을 빼면 힐 부부는 매우 평범했다. 베티는 사회복지사였고 바니는 우체국에서 일했다. 그들은 유니테리언 유니버설리즘Unitarian Universalism***을 믿었고 미국흑인지위향상협회(NAACP)에서 적극적으로 활동했다. 주변에서

** 1970년대 초 미국 샌디에이고에서 마셜 애플화이트Marshall Applewhite가 설립했고 UFO를 숭배한다. 1997년 3월 26일 헤일밥 혜성이 지구와 부딪치면 자신들을 데리러 온 UFO를 타고 지구를 떠날 수 있다고 믿은 애플화이트를 비롯한 신도 39명이 집단 자살을 했다.

*** 예수를 메시아가 아닌 성인의 한 명으로 여기는 기독교의 분파로, 초월주의와 휴머니즘을 기치로 한다.

가정적으로 여겨지던 부부는 우리가 UFO 전설에서 흔히 보는 관심을 갈구하는 이들보다 좀 더 믿음이 가는 사람들이었다.

베티와 바니는 휴가를 갔다 돌아오는 길에 뉴햄프셔로 진입해 남쪽을 향하고 있었다. 1961년 9월 19일 밤 10시쯤, 부부는 콜브룩에서 저녁 식사를 하려고 차를 멈췄다. 잠을 깨기 위해 커피 한 잔을 마시고 담배 한 대를 피운 후 다시 길에 올랐고, 바니가 운전대를 잡았다.

부부는 새벽 3시쯤에 집에 도착할 것으로 예상하며 계속 차를 몰았다. 베티는 달 가까이에서 밝은 별이나 행성처럼 보이는 무언가를 발견했는데, 전혀 희귀한 현상은 아니었다. 조금 있다 다시 달을 보니 앞서 눈에 띈 별 근처에 다른 별이 또 보였다. 그러나 이번 별은 점점 커지는 것 같았다. 부부는 아마도 위성이나 그 비슷한 것일 거라고 생각하고 무시했다.

한편 부부는 이 여행에 개도 데려갔는데, 개가 안달하기 시작했다. 그래서 베티는 차를 세우고 개를 산책시키려 했다. 부부는 하늘이 잘 보이는 한 지점에 차를 세우고 쌍안경을 들었다. 그 물체는 틀림없이 움직이고 있었지만 정체는 알 수 없었다.

그들은 다시 차에 올라 계속 달렸다. 베티는 하늘의 빛을 계속 지켜보았고 바니는 길을 응시했다. 베티는 그 빛의 경로가 불규칙한 것을 보고 그것이 혜성일 리는 없음을 깨달았다. 바니는 비행기라며 무시했지만 그 빛이 그들을 따라오고 있었으니 그럴 가능성은 갈수록 낮아졌다. 게다가 빛이 가까이 와도 비행기 엔진 소리는 들리지 않았다.

상황이 좀 이상하게 돌아가기 시작했다. 빛은 그들의 차에서 약 61m 거리 안으로 들어왔다. 쌍안경을 눈에 갖다 댄 베티는 빛 옆쪽에 창문처럼 보이는 무언가를 발견하고 깜짝 놀랐다. 그 빛은 이제 빛이 아니라 복잡한 구조를 지니고 '팬케이크 모양을 한' 일종의 비행선이었다. 그녀는 바니에게 차를 세우고 그것을 직접 보게 했다.

바니는 베티를 차 안에 남겨 두고 들판을 건너 비행선에 좀 더 가까이 다가갔다. 그는 비행선 안에서 둥근 창 너머로 이쪽을 보고 있는 여섯 명 정도의 모습을 보았다. 그들은 제복을 입고 있었는데, 비행접시가 이쪽을 향해 기울어지자 창문에 몸을 지탱했다. 그들 중 다수는 계기판처럼 보이는 것을 향해 돌아섰지만 하나 — 아마도 지도자인 듯한 — 는 계속 그들을 지켜보았다.

크게 당황한 바니는 도로 차로 달려가 기어를 넣고 출발했다. 바니는 베티에게 접시를 계속 감시하라고 했지만 베티의 눈에는 비행선이 보이지 않았다. 바니는 그 비행선이 자기들 머리 위에 있을지도 모른다는 생각이 들었다. 그 후 갑자기 부부는 차 트렁크 근처에서 삐삐 하는 신호음을 들었다. 어디서 나오는 소리인지는 알 수 없었다. 하지만 갑자기 시야가 흐릿해지기 시작했고 둘 다 졸음을 느꼈다.

얼마 후 — 얼마나 지났는지는 알 수 없었다 — 부부는 다시 삐삐 소리를 들었다. 머릿속 안개가 걷히고 정신을 차려 보니 그들은 차를 운전하고 있었다. 그들은 아직도 약간 몽롱한 상태로 93번 도로로 들어서서 '콩코드 27km'라고 쓰인 표지판을 보았다. 그 상태로 약 56km를 온 것이다.

부부는 계속 차를 타고 달리면서 그 일에 대해 이야기를 나누었고, 베티는 남편에게 이제는 비행접시를 믿느냐고 물었다. 베티는 이전에 신문에 실린 기사를 읽고 그렇게 물은 적이 있었다. 늘 회의론자였던 바니는 말도 안 되는 소리 하지 말라고 했었다. 마침내 집에 온 베티가 집 안의 시계를 보았을 때는 새벽 다섯 시가 약간 지나 있었는데, 예상했던 것보다 약 두 시간이나 늦은 시간이었다.

그것이 이야기의 앞부분이다. 나머지 부분은 그보다 훨씬 기묘하다. 하지만 우리는 그 뒷부분은 그만큼 자세히 다루지 않을 것이다. 그것은 그 뒷이야기는 전개가 느리고, 많은 사람들과의 상호작용이 일어난 후이기 때문이다. 관심 있는 독자들은 존 풀러John Fuller의 《방해받은 여행: 비행접시를 탄 후 사라진 두 시간Interrupted Journey: Two Lost Hours aboard a Flying Saucer》이나 스탠턴 프리드먼과 캐슬린 마든Kathleen Marden의 《납치되다: 베티와 바니 힐의 UFO 경험담Captured: The Betty and Barney Hill UFO Experience》을 읽어 보라.

힐 부부는 사라진 두 시간을 설명할 수 없었다. 베티는 언니에게 그 이야기를 했는데, 언니는 이전에 UFO와 접촉했다는 신고를 한 적이 있었다. 언니는 경찰서장에게 이야기했고 서장은 공군에게 말해 보라고 제안했다. 바니는 전혀 끼어들고 싶은 생각이 없었지만 베티는 피스 공군 기지에 전화를 걸어 신고했다. 이튿날 보고 받은 장교가 전화를 걸어와 몇 가지 사항을 확인했다. 바니는 사람들에게 그 이야기를 한다는 생각에 대해 이전만큼 거부감을 갖지 않게 되었다.

UFO에 대한 베티의 호기심은 이전보다 더 커졌다. 그리하여 도서관에 가서 찾을 수 있는 것은 몽땅 찾아보았는데, 그중에는 도널드 키호Donald Keyhoe 소령이 쓴 《비행접시 음모론The Flying Saucer Conspiracy》도 있었다. 이 책의 논지는 UFO 현상이 집단 히스테리 현상이라면 그건 그것대로 연구 가치가 있고, 실제 현상이라면 그만큼 더욱 흥미롭다는 것이었다. 키호는 실제 현상일 가능성에 더 비중을 두었고, 공군이 입수된 많은 보고들을 감추고 있다고 믿었다. 키호의 책에는 많은 이야기가 실려 있었는데, 그중에는 (곧 관련이 있게 될) 납치 이야기도 있었다. 상당한 흥미를 느낀 베티는 키호에게 집필한 다른 책이 있으면 추천해 달라고 편지를 보냈다. 베티는 제대로 낚였다.

그 운명의 편지로 베티는 UFO계에 이름을 알렸다. 키호는 그 편지를 헤이든 천문대에 있는 한 UFO 연구자에게 넘겼다. 연구자는 힐 부부와 이야기를 나눈 후 기사를 썼고, 그 기사는 키호가 UFO를 연구하기 위해 창립한 조직인 미국공중현상조사위원회(National Investigations Committee on Aerial Phenomena: NICAP)에 제출되었다. 힐의 이야기는 이러한 연결 고리를 통해 UFO 팬들에게 알려지기 시작했다.

힐 부부가 언론에 목매는 사람들이 아니었다는 사실을 짚고 넘어가야 한다. 그들은 기자들에게 이야기하지 않았다. 그들은 정부 기관들과 다양한 분야의 UFO 전문 연구자들에게 이야기했다. 힐 부부는 자신들에게 일어난 일이 무엇인지 알고 싶어 했다. 그리고 정말 중요한 질문은 이것이었다. "그 두 시간은 어디로 사라졌을까요?"

그 사건이 있은 지 열흘쯤 지나서 베티는 자신과 바니가 차에서 내려 그 비행접시로 이끌려 가는 상황에 관한 생생한 꿈을 꾸기 시작했다. 그들은 비행접시에서 의학적 검사들을 받았는데, 베티는 임신 여부 검사를 위해 배꼽을 바늘로 찔리기도 했다. 검사자는 키가 152~162cm 정도로 작았다. 그들은 푸른빛이 도는 입술과 지미 듀랜트Jimmy Durante* 같은 거대한 코를 가졌고 피부는 회색이었다. 그들은 외양이 인간과 무척 비슷했으며 군복 비슷한 제복을 입었고 미국 공군이 쓰는 것과 비슷한 모자를 썼다. 그녀는 1961년 11월에 그 꿈에 관해 글을 썼다.

UFO 문제와는 별도로, 바니는 스트레스를 받고 있었다. 그는 직장이 보스턴 남부에 있어서 매일 왕복 193km 거리를 통근했다. 거기다 야간 근무 때문에 첫 결혼에서 얻은 아들들과 함께 보낼 수 있는 시간이 거의 없었다. 바니는 스트레스에 잘 대처하기 위해 치료를 받았다. 그러다 1963년 교회 발표회에서 힐 부부를 만난 공군 대장 벤 스웨트가 치료사에게 최면이 도움이 될지 물어 보면 어떻겠느냐고 권했다. 치료사는 힐 부부에게 벤저민 사이먼 박사를 소개해 주었다. 사이먼은 바

---

* 미국의 가수이자 유명한 재즈 음악가로, 연극과 영화에도 출연해 큰 인기를 끌었다.

니와 이야기를 나눈 후 비록 바니가 인정하지는 않지만 외계인 사건으로 인해 고통받고 있음을 확신하게 되었다. 그는 어쩌면 그 사라진 두 시간 동안 무슨 일이 일어났는지 알 수 있지 않을까 싶어 바니에게 최면을 걸기로 결정했다. 최면은 총 11개월 동안 간격을 두고 실시되었다.

　사이먼은 서로의 회상이 전염되지 않도록 바니와 베티에게 따로따로 최면을 걸었다. 바니가 먼저였다. 최면 상태에서 바니는 베티의 꿈과 매우 비슷한 만남을 떠올렸다. 이때는 그 사건이 일어난 지 2년 후였고, 비록 두 사람의 설명에는 차이가 있긴 했지만 바니가 베티에게 그 일에 관해 상세히 이야기한 것은 분명한 사실이었다. 바니는 외계인들(이즈음에는 외계인이 이 모든 일의 배후라는 사실이 분명해졌으니까)이 키가 작고 회색이었지만 코는 없었다고 회상했다. 그들은 바니에게 영어로 이야기했지만 입술은 움직이지 않았다. 바니는 텔레파시라는 용어에 익숙지 않아서 그것을 '생각 전이'라고 불렀다. 비행접시에서 베티와 바니는 서로 다른 방에 격리된 채 검사를 받았다. 외계인들은 힐 부부의 생리를 조사했는데, 검사 중에 일종의 컵 같은 것을 그의 생식기에 대고 정자 표본을 추출하려 했으며 항문에는 튜브 같은 것을 삽입하는 등 골반 부위에 많은 시간을 들였다. 결국 그는 다시 베티와 만나게 되었고 둘 다 몽유병자 같은 상태로 차로 돌아왔다.

　베티는 최면에 걸려 있는 동안 바니가 말한 것과 비슷한 사항들을 떠올렸다. 부부가 각자 최면에 걸린 상태에서 한 설명은 이전에 쓴 베티의 꿈들에 비해 서로 더 비슷했다. 검사 후에 베티가 외계인들에게 어디서 왔느냐고 묻자 그 외계인은 한 별의 지도를 보여 주었다. 사이먼은 베티에게 최면 후 암시를 걸어서 베티가 그 지도를 그릴 수 있게 했다. 또한 사이먼은 최면 상태인 바니에게 외계인을 그림으로 그리게 했다. 최면 치료는 1964년에 끝났지만, 힐 부부와 사이먼은 1965년까지 드문드문 연락을 유지했다.

사이먼의 결론은 그 회상들이 그저 베티의 꿈이 되풀이되었을 뿐이라는 것이었다. 그는 부부가 외계인들에게 납치당한 것이 사실이라고는 믿지 않았다. 그는 〈정신의학적 소견Psychiatric Opinion〉이라는 전문지에 그 사건의 해설을 실었고, 이제 그 잃어버린 시간의 수수께끼를 풀었다고 느낀 힐 부부는 훨씬 좋아져서 일상으로 돌아갔다. 힐 부부는 여전히 친구들과 가족에게, 그리고 이따금씩은 UFO 연구자들에게 자기들이 겪은 이야기를 들려줄 테지만 언론을 찾지는 않을 것이다. 이 지점까지, 힐 부부 사건은 그저 UFO 팬들의 입에 오르내리는 호기심거리일 뿐이었다. 그러나 상황은 달라진다.

〈보스턴 트래블러The Boston Traveler〉의 존 루트럴John Lutrell 기자는 힐 부부의 이야기를 듣고 1963년에 부부가 그 경험을 이야기한 녹음본을 입수했다. 그리고 뒷조사를 한 끝에 부부가 사이먼에게 그 이야기를 했음을 알아내고 그 정보를 요청했다. 사이먼과 힐 부부가 협조를 거부하자 루트럴은 자신이 입수한 것들을 가지고 보도했다. 1965년 10월 25

일 그는 신문에 "UFO 공포: 납치당한 부부"라는 기사를 3회 연재 기사의 첫 편으로 실었다. UPI는 이튿날 그 기사를 채택했고, 힐 부부는 국제적인 유명인이 되었다.

그 기사에 경악한 힐 부부는 직접 이야기를 해야겠다고 마음먹었다. 그리고 1966년에 작가인 존 풀러와 함께 책을 썼다. 그 결과물인 《방해받은 여행》은 크게 성공을 거두었다. 책에는 베티가 스케치한 그 별의 지도 몇 점과, 바니가 납치범들이 어떻게 생겼는지를 보여 주기 위해 그린 그림들이 실렸다. 나중에 힐이 설명한 외계인의 외모가 〈아우터 리미츠Outer Limits〉(1963~1965)라는 TV 드라마에 등장한 외계인의 모습과 비슷하다는 비판이 제기되었는데, 그 프로그램은 힐이 문제의 최면 치료를 받기 겨우 며칠 전에 방영되었다(그림 2.3).

1968년에 《방해받은 여행》을 읽은 아마추어 천문학자 마저리 피시Marjorie Fish가 그 별 지도에 관심을 가졌다. 그녀는 구슬과 끈을 가지고 장장 5년이나 걸려 지구 근처 별들의 3차원 모형을 만들었다. 마저리는 가능한 한 많은 정보를 얻어내려고 1969년 여름에 베티 힐을 찾아가기까지 했다(바니는 그해에 세상을 떠나고 없었다). 모형이 완성되자 마저리와 베티는 지도를 손에 들고 그 주변을 걸어 다녔다. 결국 모형에 부합하는 듯한 한 각도를 찾아냈다. 그녀는 외계인들이 제타 레티쿨리Zeta Reticuli*의 두 별 중 하나인 제타 레티쿨리 1에서 왔다고 결론 내렸다.

〈천문학 매거진Astronomy Magazine〉의 편집자가 이 설을 접하게 되었

---

* 천구의 남반부 물뱀자리 근처에서 볼 수 있는 작은 별자리. 태양과 비슷한 노란 색의 두 5등성으로 이루어져 있으며 각각 제타 1과 제타 2로 명명되었다.

그림 2.3　　바니 힐이 보았다고 한 외계인에 대한 그림(왼쪽)은 현대 대중이 가진 외계인 개념의 시조다. 가운데 그림은 TV 시리즈 〈아우터 리미츠〉의 한 에피소드인 "벨레로 실드Bellero Shield"에 등장한 외계인의 모습인데, 이것이 바니가 그린 그림에 영향을 주었다고 생각하는 사람들도 있다. 오른쪽 그림은 2011년에 나온 영화인 〈폴〉에서 가져온 것으로, 현대의 전형적인 외계인 이미지를 보여 준다.

왼쪽부터 © John G. Fuller, © United Artists Television, © Universal Pictures

고, 이 잡지는 1974년 12월 처음으로 UFO 관련 기사를 발표했다. 그 기사는 태양계를 중심으로 반지름이 55광년인 구 안의 태양과 비슷한 모든 항성들을 아우르는 동시대의 천문 지식을 피시의 지도와 비교했다. 기사는 그 모형의 수준이 매우 훌륭하다는 결론을 내렸다. 관련 기사들은 힐의 지도에 있는, 피시가 밝혀 낸 항성들의 금속 성분을 논했다. 제타 레티쿨리 1과 2는 금속 성분이 부족했다('수소와 헬륨이 아닌 모든 것'이라는 천문학자의 금속에 대한 정의에 따르면 태양의 60%다). 그렇다고 이 별들에 기술적으로 발전된 종족이 살고 있을 가능성을 완전히 배제해야 하는 것은 아니지만, 가능성이 더 낮아지는 것은 사실이다. 비행접시를 비롯해 외계인들에게 필수적인 다른 요소들을 만들려면 결국 금속이 필요하기 때문이다. 그 후 몇 년간 편집자 칼럼에 보내는 편지들을 통해 활발한 토론들이 벌어졌고, 칼 세이건과 동료 연구자인 스티븐 소터Steven Soter도 거기에 한몫했다.

대중에게 힐 부부의 이야기를 전파한 또 다른 전령은 1975년에 방영한 TV 영화 〈UFO 사건The UFO Incident〉이었다. 이 드라마는 《방해받은 여행》을 그런 대로 충실히 묘사했다. 힐 부부가 그날 밤 외계인들을 만난 것이 사실이든 아니든, 그들의 이야기는 외계인 납치 이야기의 원형이 되었다. 기억 상실, 검사, 인간 골반 부위에 대한 집착, 조그만 회색 인간형 외계인, 커다란 검은 눈. 간단히 말해 베티와 바니 힐은 외계인들이 어떤 모습인지 우리에게 말해 주었다.

고대의 외계인

칼 세이건은 사이비 과학 이야기에 소환당할 만한 인물은 아니지만, 외계인들이 그저 지구를 찾아온 정도가 아니라 이미 수천 년 전에 찾아오기 시작했다는 이론을 발전시킨 책들이 홍수처럼 쏟아지는 데 그가 뜻하지 않게 한몫한 것은 사실이다. 천체물리학자인 칼 세이건과 이오시프 슈클로프스키Iosif Schklovsky는 저서 《우주의 지적 생명체Intelligent Life in the Universe》(1966)의 한 챕터에서 과거에 고대 우주 비행사들이 지구를 방문했을 가능성을 배척하지 말라고 천문학계에 촉구했다. 그런 일이 실제로 일어났다고 주장한 게 아니라, 그저 가능성으로 고려해 볼 만하다고 한 것이다. 한편 다른 작가들은 그들만큼 조심스럽지 않았다.

에리히 폰 데니켄Erich von Däniken은 스위스의 작가로, 대중의 의식 속에 고대의 우주 비행사라는 개념을 강하게 심어 준 인물로 인정받고 있다. 그가 1968년에 발표한 《신들의 전차Chariots of Gods》는 대성공을 거두어 오늘날까지 약 2000만 권이나 팔렸으며, 그가 쓴 책들 중 20권이 영어로 출간되었다. 그런데 그는 사기와 절도로 세 번이나 감옥을 드나든 바가 있었다. 전과가 있다고 해서 그 사람의 생각을 듣기도 전에 무시해도 되는 것은 아니지만, 폰 데니켄의 주장이 좀 허황된 이야기다 보니, 사기를 포함한 전과가 아마 전혀 무관하다고는 할 수 없을 것이다.

그 책들의 핵심 논지는 고고학과 역사의 기록에 외계인의 방문에 관한 증거들이 어마어마하게 많다는 것이다. 그는 성경에 나오는 에제키

엘의 전차 이야기가 청동기 시대의 UFO 목격담이라는 설을 제시한다. 마야 왕의 석관 뚜껑은 우주 비행사가 비행선을 모는 모습을 그린 것으로 해석했다. (이집트) 기자Giza의 거대 피라미드에서 페루 나스카Nasca의 지상화들, 스톤헨지Stonehenge, 이스터 섬의 거대한 두상들까지, 고대의 흥미로운 커다란 기념비들 중 그의 고찰을 피한 것은 많지 않다.

고고학자들은 폰 데니켄의 이론을 거의 또는 전혀 신뢰하지 않는다. 그의 주장은 대부분 거짓으로 밝혀졌고, 일부는 가짜 또는 꾸며낸 것이었거나 아니면 나중에 가짜임을 알게 되었다고 인터뷰와 다큐멘터리에서 폰 데니켄 스스로 인정했다. 여기에 몇 가지 예가 있다. 《신들의 전차》에는 우주선의 활주로와 정차 구역의 흔적이라는 사진이 실려 있다. 더 자세히 알아보니 그 사진은 무척 오해하기 쉬운 방식으로 잘라낸 것이었고, 정차 구역은 뭔가를 주차하기에는 너무 작았다. '활주로' 너비가 약 2.4~3.1m인데, '주차장'은 그보다 그리 크지 않았다. 《신들의 전차》에는 그가 현장 답사를 갔다가 금, 조상들 그리고 에콰도르의 한 동굴 안에 있는 도서관들로 안내되어 갔다는 이야기가 실려 있다.

폰 데니켄은 〈플레이보이Palyboy〉 1974년 12월호 인터뷰와 1978년에 방영된 〈노바Nova〉의 "고대 우주 비행사 이야기" 편에서 자신이 직접 그 동굴에 다녀온 것은 아니고 더 흥미롭게 들리도록 지어낸 이야기라고 인정했다. 동일한 다큐멘터리에서 그는 한 박물관에 몇천 년이나 된 조각들이 소장되어 있다고 주장한다. 그러나 다큐멘터리 제작진이 찾아낸 그 지역 조각가는 자기가 그 조각들을 만들었다며, 촬영을 위해 그 조각들 중 일부를 다시 만들었다. 아무래도 그곳의 사업가가 돈을 노리고 꾸민 사기극이었던 것 같다. 폰 데니켄이 그 사기에 가담하지 않았다는 점은 짚고 넘어가야 하겠지만, 그는 확실히 진실 때문에 좋은 이야깃거리를 포기할 만한 사람이 아니다.

〈플레이보이〉 인터뷰는 폰 데니켄 팬들이 꼭 읽어 보아야 하는데, 그것은 그가 연구의 전문성에 얼마나 무신경한지를 충격적일 만큼 명확히 보여 주기 때문이다. 폰 데니켄은 책에 실린 자신의 주장들 중 다수가 심지어 간단한 검증도 통과하지 못한다는 사실을 인정했지만, 그 이후로 나온 개정판들은 여전히 수정되지 않았다. 이런 책들에서는 성실한 연구가 중요한 주안점이 아닌 것이다.

그의 주장들이 진실이든 아니든 폰 데니켄의 책들이 대중에게 어마어마한 영향을 미쳤다는 것만큼은 의심할 여지가 없다. 그 영향력은 그의 책을 바탕으로 한 독일 영화 〈신들의 전차〉 덕분에 더욱 증폭되었다. 이후 영어로 더빙되고 편집된 이 영화는 1973년에 〈고대 우주 비행사들을 찾아서In Search of Ancient Astronauts〉라는 제목으로 미국 텔레비전에서 방영되었는데, 〈환상 특급Twilight Zone〉의 로드 설링Rod Serling＊이 내레이션을 맡았다.

폰 데니켄 이외에도 고대 지구에 외계인이 다녀갔다고 생각한 작가들이 있었다. 로버트 템플Robert Temple은 1976년에 출간한 《시리우스 미

＊　극작가이자 TV 프로듀서인 로드 설링(1924~1975)은 자신이 제작한 〈환상 특급〉에서 내레이션을 맡았다.

스터리The Sirius Mystery》에서 아프리카 말리의 도곤족이 오래전부터 시리우스 별 주위를 50여 년 주기로 공전하는 동반자 별이 있다는 것을 알고 있었다고 주장한다. 서구 천문학계에서는 1862년에 맨눈으로는 보이지 않는 흐릿한 동반자 별을 발견했다. 공교롭게도 이 별은 공전 주기가 약 50년이었다. 템플은 이 흥미로운 정보를 가져다 거기에 고대 이집트와 그리스 문화의 기원에 대한 주장들을 비롯해 이것저것을 잔뜩 보탰다. 템플은 이전에 발견되지 않은, 발전된 기술을 지닌 인간 문화만이 풀 수 있는 그 수수께끼를 도곤족에게 전해 준 것이 고대 우주 비행사들이라고 단언하지는 않았다.

당연히 일부 인류학자들은 템플이 집필을 할 때 참고한 민족지학적 연구들을 비판한다. 도곤족이 몇 세기 전부터 시리우스에 매혹되었다는 이야기는 사실이 아니라는 것이다. 다른 이들은 도곤족이 시리우스 B*에 관해 알게 된 계기가 문화 간의 교배, 구체적으로 유럽과의 (그리고 아마도 원래의 민족지학자와의) 교류라고 주장한다. 템플의 책은 폰 데니켄의 책처럼 대중의 의식에 폭넓게 침투하지 않았으므로 더 깊이 다루지는 않겠다.

고대 우주 비행사라는 생각은 확실히 대중의 의식에 스며들었다. 영화 〈스타게이트Stargate〉(1994)에서도 그러한 생각을 볼 수 있는데, 영화에 따르면 고대 이집트 문명의 기반을 세운 것은 몇천 년 전에 지구를 방문한 외계인들이었다. 그 영화는 총 세 시즌에 250편도 넘는 TV

* 시리우스 별은 쌍성으로, 시리우스 A와 시리우스 B로 구분한다.

드라마로 만들어져 14년에 걸쳐 방영되었다. 우리는 4장에서 그 이야기들을 살펴볼 것이다.

오늘날의 외계인

이 장에서 우리는 '외계인학Alien-ology'이라고 부를 만한 것을 훑어보았다. 여기 나온 사건들은 지금껏 있었던 외계인들과의 접촉에 관한 유일한 이야기이기는커녕 최초의 이야기도 아니다. 다만 대중의 이목을 끌고 우리의 집단적 시각을 형성한 이야기들을 택했을 뿐이다.

일부에서는 여기서 다룬 이야기들만이 아니라 더 허황된 것들까지 여전히 믿고 있다. 다음 두 장에서 우리는 허구 속 외계인들의 이야기를 접하게 될 것이고, 그 허구의 이야기들을 진짜 외계인들과 접촉했다고 주장하는 이 이야기들과 관련지어 다룰 것이다. 하지만 그전에 UFO 집회를 연다면 만나게 될 법한 외계인들의 가장 흔한 형태를 목록으로 정리해 두면 도움이 될 것이다. (다음 장의 마지막 부분에서 SF 장르에 일반적으로 등장하는 외계인들의 모습을 포함해 다시 한 번 복습해 보자.) 전형적인 외계 생명체들은 다음과 같다.

조그만 녹색 인간   이들은 예전에는 엄청나게 흔했지만 이제는 그렇지 않고 주로 20세기 초 소설들에서 볼 수 있다. 조그만 녹색 인간들은 인간형으로 아주 왜소하고 가끔은 안테나가 달렸다. 그들은 회색이의 선조다.

회색이grays   회색이들은 베티와 바니 힐의 외계인이다. 왜소한 인간형으로, 회색 피부에 머리가 크고 코는 없고 턱이 뾰족하며, 아몬드 모양의 크고 텅 빈 검은 눈을 가졌다. (베티의 꿈속에 등장하는 코 큰 외계인들은 시간이 지나면서 이제는 우리에게 친숙한 회색이들로 변형되었다.) 그들은 인간을 납치해 주로 골반 부위를 의학적으로 검사한다.

노르딕＊계   우주형제단이라고도 불리는 이들 외계인은 인간보다 크고 용모가 아름다우며 영적인 면을 중시한다. 그들이 인류에게 접촉하는 이유는 오로지 우리에게 평화로운 우주 공동체의 조화로운 삶을 가르치기 위해서다. 이들은 애덤스키의 외계인이지만, 사실 원래 애덤스키가 만난 우주형제단은 인간보다 크지 않았다.

파충류   이들은 비교적 덜 유명하므로 단독으로 다루지 않는다. 인간보다 훨씬 크고(신장 152~366cm) 피를 마시며 변신을 할 수 있다. 영국 작가 데이비드 이크David Icke에 따르면 이들은 지구의 지하 본부에서 살면서 인간과의 혼종을 만들어 왔다. 전 미국 대통령 조지 W. 부시와 영국의 엘리자베스 여왕을 비롯해 세계의 지도자들 중 다수는 이 혼종들이다. 이들은 외계인이 약간 파충류 비슷한 외양을 가졌고 제복에 날개 달린 뱀 배지를 달고 있었다는 1967년의 납치 경험담에서 유래했다.

＊ 큰 키, 푸른 눈, 금발을 특징으로 하는 유럽 인종을 말한다.

이 장에서 지난 60년간 외계인들에 관한 서구 문화의 개념을 만든 사건들을 묘사했다. 나는 개인적으로 그 사건들 중 어떤 것도 믿지 않지만 그렇다고 일부러 회의론자가 되려고 애쓴 것은 아니다. 이런 만남들이 진짜인가, 의도적인 사기인가, 아니면 악의는 없지만 착각한 것인가 하는 물음은 우리의 목적에 중요하지 않다. 중요한 것은 이런 일화들이 외계인에 대한 사회의 시각을 규정해 왔다는 점이다.

회의론자들은 다양한 반증들을 제시하는데, 예를 들어 힐 부부가 최면 상태에서 치료사에게 외계인들이 눈이 크고 코가 없다고 말하기 겨우 12일 전에 방영된 〈아우터 리미츠〉에 등장한 외계인의 모습이 부부가 보고한 것과 무척 비슷하다는 것이다. 회의론자들은 또한 케네스 아놀드가 그 현상을 이야기할 때 '비행접시'를 보았다고 말하지 않았다는 점을 지적할 것이다. 사실은 기사를 쓴 기자가 오해한 것이었지만 이후 다른 사람들의 목격담에서는 아놀드가 본 모양이 아니라 접시 모양이 등장했다. 그리고 물론, 애덤스키는 고전적인 예언자 이야기를 자기 멋대로 가져다 썼고, 폰 데니켄의 고고학에 대한 무심함은 놀라울 정도다. 외계인 이야기의 허구를 까발리는 책들과 기사들은 셀 수 없을 만큼 많고, 여러분이 회의론자라면 그것은 전적으로 정확하다.

그렇지만 그건 중요하지 않다. 이들은 우리 모두에게 그간 외계인들이 어떤 모습인지 알려 준 사람들과 이야기들이니까 말이다.

3장

허구

인간만큼, 또는 인간보다 사고력이 뛰어나지만 인간과는 다른 방식
으로 생각하는 동물이 있다면 제게 알려 주십시오.

— 존 W. 캠벨, 〈어스타운딩 스토리즈〉 편집인

문학은 인류가 낳은 수많은 훌륭한 창조물 중 하나다. 허구의 이야기를
쓰는 작가는 한 번도 가본 적 없는 곳으로 우리를 데려가거나 한 번도
생각해 본 적 없는 상황을 보여 주기도 한다. 좋은 이야기는 친숙한 주
제를 친숙하지 않은 배경에서 보여 줄 수 있고, 잘만 하면 매력적인 은
유가 될 수 있다. 메시지를 직접적으로 말하지 않으면서도 명확하게 전
하는 것이다.

지난 수천 년간 발전해 온 모든 유형의 문학 중에서도 SF는 유독
독특하다. SF는 다른 장르에서는 가능하지 않은 플롯들을 허용한다.
SF의 유일한 경쟁자는 판타지 장르이지만, 판타지에도 최소한 어느 정
도 구조는 있다. 하지만 SF에서는 거의 모든 것이 허용되며, 다른 형태

의 문학을 무척 비현실적인 배경 안에 아우를 수 있다. 말하자면 베텔게우스에서 일어난 외계 광선으로 인한 살인 사건이나 서로 다른 별에서 태어난 비운의 연인 이야기를 다룰 수 있는 것이다.

다시 말하지만 이 책의 주제는 외계인에 대한 인류 시각의 진화이다. 따라서 로봇 공학의 영향, 미래의 디스토피아, 텅 빈 은하계로 떠나는 우주 여행(예를 들어 아이작 아시모프Isaac Asimov의 대작 《파운데이션 Foundation》 시리즈) 같은 SF 장르의 하위 주제는 우리 토론에 적합한 주제가 아니다. 게다가 좀 더 본격적인 SF 팬들이 가장 중요하다고 여기는 이야기들(예를 들어 《파운데이션》이나 프랭크 허버트Frank Herbert의 《듄Dune》이나 로버트 A. 하인라인Robert A. Heinlein의 라자루스 롱 이야기들)이 늘 대중에 크나큰 영향을 미치지는 않는다. 대중의 사고에 영향을 미치는 이야기들은 가장 널리 퍼진 것들이고, 그것은 라디오, 텔레비전, 또는 영화를 뜻한다. 펄프 잡지들과 SF 인류학만을 보금자리로 삼고 있는 유쾌하고 창의성이 풍부한 이야기들은 소규모 집단만 읽을 때가 많다.

따라서 이 장과 다음 장에서 우리는 영향력이 크고 많은 사람들이 접할 수 있는 이야기들에 초점을 맞춰 그것들이 대중적이 될 수 있었던 요인들을 알아볼 것이다. 이것은 결코 단순한 작업이 아니다. 과학과 SF는 상호작용하고 있어서 쉽게 구분할 수 없다. 마찬가지로, 대중적인 영화는 다른 영화들을 낳을 수 있다. 이것은 다시 SF 문학에 영향을 미칠 수 있으므로, 이야기가 맨 처음 어떻게 시작되었는지를 파악하기가 어려워진다.

우리는 20세기 초를 시작 지점으로 잡아 외계인에 대한 우리의 현대적 사고가 어떻게 발전했는지를 이해하기 위해 그 몇십 년의 역사를 훑어가면서 책과 펄프 잡지들과 라디오 드라마와 연작 단편 영화와 장편 영화와 TV 시리즈를 살펴볼 것이다. 그 결과 외계인에 관한 생각들이 널리 퍼지는 현상은 매스 미디어의 존재 및 성장과 밀접히 얽혀 있음을 보게 될 것이다. 1835년의 달 사기극이 그토록 널리 확산되는 데 페니 프레스가 필요했듯이, 우리의 현대적 관점들은 시각 미디어, 특히 TV와 영화의 성장에 크게 의지했다.

쥘 베른Jules Verne은 비록 최초로 과학적 지식 — 또는 이론 — 을 스토리텔링과 결합한 사람이 아니지만, SF의 진정한 아버지라고 부른다 해도 크게 무리는 없을 것이다. 1870년대에 발표된 그의 소설 중에는 《해저 2만 리》와 《지구 속 여행》 같은 유명한 작품들도 있다. 그러나 그의 작품 중 외계로의 여행을 다룬 것은 《지구에서 달까지》와 그 속편인 《달 근처》뿐이다. 거대 대포를 통해 달로 발사된 한 승무원단이 달을 한 바퀴 돌고 지구로 돌아온다는 내용이다. 그렇지만 베른의 이야기에는 외계인과의 조우가 등장하지 않으므로 우리는 다른 곳으로 눈길을 돌린다.

최초의 화성 침공

외계인 소설의 아버지는 H. G. 웰스라 해도 무방할 것이다. 웰스는 과학 교사로 일했고 한창 화성 운하 열풍이 불던 시기에 과학 전문지인 〈네이처〉에서 편집자로 일했다. 그가 1898년에 발표한 《우주 전쟁》은 지구가 속수무책으로 화성인에게 침공을 당한다는 내용으로, 퍼시벌 로웰의 주장과 비슷한 생각을 보여 준다. 어떤 이야기가 훌륭하고 시의적절한지는 그것이 어느 시대에나 사랑받는 것을 보면 알 수 있다. 《우주 전쟁》은 죽어 가는 화성으로 시작한다. 더 오래되고 기술적으로 더 진보한 문명을 지닌 화성인은 거대 대포로 지구를 향해 원통형 우주선을 발사한다. 그 원통들은 영국에 착륙하고, 화성인들은 우주선 밖으로 잠깐 나왔다 이내 다시 들어가지만 나중에 커다란 삼각대를 타고 재등장한다. 삼각대란 '웬만한 주택보다 높은' 세 개의 긴 다리 위에 균형을 잡고 있는 조그만 비행선이다. 그 비행선은 또한 물체를 움켜쥘 수 있는 관절이 있는 촉수들과, 닿기만 하면 무엇이든 해체해 버릴 수 있는 열 광선을 가지고 있다. 무시무시한 죽음과 파괴의 기나긴 이야기가 펼쳐진 후 화성인들은 결국 죽는다. 그것은 겨우 지구의 한 병원균 때문이었다. 지구는 요행히 화성인이 질병에 면역이 없었던 덕분에 살아남는다.

이 소설의 대부분을 차지하는 것은 기술적으로 진보한 화성인들의 삼각대와 무력한 인간들 사이의 전투에 관한 묘사이고, 화성인 자체에 관한 소개는 간략하다. 화자는 인간과 비슷한 존재를 기대했다. "모두 인간이 나올 거라고 기대했다. 어쩌면 우리 지구인과는 약간 다르다 해도 그래도 기본적으로 모든 면에서 인간과 동일한 존재 말이다." 하지만 화성인은 사실 인간과는 퍽 달랐다. 화성인은 크고 회색이고 둥글고 덩치가 곰만 하며 촉수로 뒤덮여 있다(그림 3.1). 그리고 두 다리와 어두운 눈, 헐떡대며 침을 흘리는 입을 가지고 있었다. 화자는 이렇게 말한다.

살아 있는 화성인을 한 번도 보지 못한 사람들은 그 외양이 얼마나 기묘하고 끔찍한지 상상도 못할 것이다. 쉴 새 없이 떨리는 입은 뾰족한 윗입술과 쐐기 모양 아랫입술로 기이한 V자 모양에다 촉수들이 고르곤처럼 뭉쳐 있고, 눈썹뼈와 턱이 없고, 폐는 기묘한 느낌으로 요란하게 숨을 쉬었으며 움직임은 지구의 더 큰 중력 에너지 때문에 눈에 띄게 무겁고 고통스러워 보였다. 무엇보다도, 거대한 눈의 기묘한 강렬함은 힘이 넘치고, 강렬하고, 비인간적이고, 괴상하고 괴물 같다. 그 기름진 갈색 살갗에는 무언가 곰팡이처럼 보이는 것이 있었고, 따분한 듯 서투른 듯한 움직임은 어딘가 말할 수 없이 기분 나빴다. 겨우 첫 만남인데도, 나는 첫 인상만으로도 역겨움과 공포에 기가 질리고 말았다.

웰스의 글은 1897년 〈피어슨스 매거진Pearson's Magazine〉에 연재 형식으로 발표되었고, 1898년 책으로 나왔다. 당시에 으레 그랬듯이 소설은 연재 형식이었고 독자들이 다음 호를 사 보도록 각 편은 아슬아슬

그림 3.1　앨빈 코레아Alvin Corréa의 이 그림들은 H. G. 웰스의《우주 전쟁》1906년판에 실린 것으로, 초기에 외계인과 우주선이 어떻게 묘사되었는지 보여 준다. 화성인은 문어 같은 생김새이고, 그들의 전투 기계는 무척추 동물들이 자연적으로 보이는 유체 같은 움직임을 가졌다. 화성보다 훨씬 더 큰 지구 중력은 화성인에게 불리하게 작용했다.

한 장면에서 끝났다. 그 소설은 슬슬 세기말('세기말'이라는 뜻인 프랑스어 **fin de siècle**은 20세기 말의 밀레니엄 버그 Y2K 우려와 비슷한 개념이다)을 걱정하기 시작한 독자들에게 반향을 불러일으켰다. 문명이 쇠락하고 있고 활력을 불어넣을 무언가가 필요하다는 생각이었다.

《우주 전쟁》은 1898년 영국에 미친 영향 때문만이 아니라, 대중문화에 침투했다는 점에서도 주목할 만하다. 1938년 핼러윈 때, 당시 스물세 살이던 오슨 웰스Orson Welles는 떠오르는 젊은 영화 감독이자 제작자였다. 또한 그는 역사상 가장 유명한 라디오 드라마를 방송할 참이었다. 텔레비전이 등장하기 전이었던 그 당시에 대부분의 가족은 라디오를 둘러싸고 모여 뉴스, 음악, 연예계 소식 등에 귀를 기울였다. CBS 라디오 드라마인 〈수성 극장The Mercury Theatre〉에서 웰스는 이제는 유명해진 《우주 전쟁》을 각색해 방송했다. 방송이 시작할 때 내레이터는 이야기의 배경을 1939년(즉 다음해)이라고 말했지만, 그 부분을 듣지 못한 사람들도 있었다. 동시간대의 라이벌 프로그램은 (그리고 더 유명했던) 에드거 버겐Edgar Bergen ★ /찰리 매카시Charlie McCarthy의 프로그램이었다. 그러나 우리가 오늘날 텔레비전 채널을 돌리듯이, 1930년대에는 라디오 채널이 이리저리 돌아갔다. 일부 사람들은 버겐/매카시 쇼를 듣다 말고 다른 채널에서 뭐가 나오고 있는지 알아보곤 했다. 그리고 그들의 귀에 들린 것은 무언가 낯선 방송이었는데, 화성인들이 뉴저지 주에 있는 그로버스 밀에 착륙해 공격을 해 오고 있다는 것이었다. 내무부 장관이

★   에드거 버겐(1903~1978)은 배우, 코미디언으로, 복화술로 진행하며 만든 캐릭터인 찰리 매카시와 함께한 프로그램으로 유명하다. 배우 캔디스 버겐의 아버지다.

다음과 같이 말했다고 했다.

조국의 시민 여러분. 저는 이 나라가 맞이한 상황의 심각함이나, 국민의 삶과 재산이 처해 있는 위험에 대한 정부의 우려를 애써 감추려 하지 않겠습니다. 그러나 저는 여러분에게 — 민간인과 공무원을 막론하고 여러분 모두에게 — 다음을 강조하고자 합니다. 침착하고 기지 넘치는 행동이 시급히 필요합니다. 다행히도 이 무서운 적은 아직 비교적 좁은 지역에 갇혀 있고, 우리의 군사력이 그들을 그곳에 붙잡아 둘 수 있다는 것은 믿어도 될 듯합니다. 그러는 동안 우리가 단결된 국가로서 용기를 갖고 이 파괴적인 적과 맞서 지상에서 인류의 위엄을 지킬 수 있도록 우리 한 사람 한 사람 모두가 신을 믿으며 각자 자기 의무를 다해야 합니다. 감사합니다.

무서운 이야기다.

그래도 다음과 같이 방송을 마무리한 것을 보면 웰스는 실제로 사람들 사이에 정신적 공황이 일어나는 것을 막으려고 애쓴 것 같다.

신사 숙녀 여러분, 저는 오슨 웰스입니다. 제 성미에는 맞지 않지만 청취자 여러분께 〈우주 전쟁〉이 애초에 특집 방송으로 제작된 것이고 다른 의미는 없음을 확실히 말씀드립니다. 이불을 뒤집어쓰고 덤불에서 튀어나와 "우왁!" 하고 놀라게 하는 장난을 〈수성 극장〉식으로 해 본 거지요. 지금부터 시작해도 저희는 내일 밤까지 여러분 모두의 집 창문에 비누칠을 하거나 여러분의 정원 문짝을 몽땅 훔쳐올 수 없습니다. 그러니 저희는 차선책을 택했습니다. 저희는 여러분의 바로 눈앞에서 세계를 전멸시키고 CBS를 완전히 파괴했습니다. 하지만 부디 안심하십시오, 정말 그랬다는 것이 아니니까요. 그리고 양쪽 다 아직 건재합니다. 그러니 안녕히 계십시오, 여러분. 그리고 부디 내일 하루 정도는 여러분이 오늘밤 배운 무시무시한 교훈을 기억해 주십시오. 씩 웃는 빛나는 공 모양의 침략자는 단지 여러분 거실의 호박등일 뿐입니다. 그리고 초인종이 울려서 나가 봤는데 아무도 보이지 않으면 화성인이 온 게 아닙니다. 그냥 핼러윈 장난입니다.

이 라디오 방송은 겨우 60분 정도였지만 뉴스를 보도하는 듯한 방식 때문에 사람들은 그 이야기를 실제 상황으로 믿었다. 그리고 믿은 사람들은 공황 상태에 빠졌다. 비록 그 소동이 실제로 어느 정도였느냐를 두고 이후 논란이 있긴 하지만 말이다. 그다음 달 그 방송의 영향을 논한 신문 기사가 1만 2000편쯤 실렸다. 어쩌면 미국은 전투와 파괴의 이야기를 기다리고 있었는지도 모른다. 12월 31일 〈뉴욕 타임스〉 석간 1면 톱기사는 "라디오 청취자들, 전쟁 드라마를 사실로 오인해 공황에 빠지다"였다. 한편 그 바로 오른편에 실린 기사는 "추방당한 유대인들이 국경 체류 후 폴란드로 피신하다"였다. 히틀러와 나치의 준동이 시작되고 있었다. 오스트리아와 독일의 합병은 1938년 3월에 일어났다. 체코슬로바키아의 주덴테 지방이 서구 열강들에게 버림받은 후 나치에 점령당한 것은 1938년 10월 초였다. 전쟁의 북소리가 울리고 있었고, 미국 본토 침공은 오늘날처럼 그렇게 터무니없는 이야기로 들리지 않았다.

《우주 전쟁》은 1953년에 각색되어 영화로도 만들어졌는데, 영화 속 화성인들은 남부 캘리포니아에 착륙했고 그들의 기술은 원자 폭탄에 저항할 수 있을 정도로까지 진화했다. 줄거리는 원작과 비슷하고, 화성인들이 죽은 것은 이번에도 지구 미생물들에 대한 치명적인 민감성 때문이었다. 이 SF 영화는 상업적으로 가장 큰 성공을 거두었고, 그해 특수 효과를 포함해 세 부문에서 아카데미상을 수상했다. 이 영화는 1940년대 말의 UFO 열풍 직후, 비행접시들과 우주와 외계인들에 관한 영화가 인기를 끌던 시기에 개봉되었다. 〈우주 전쟁〉은 이후 수많은 영화 대본들의 소재가 되었는데, 가장 최근 것은 2005년 개봉되어 성공을 거둔 스티븐 스필버그Steven Spielberg의 작품이다.

다음 세기로 넘어온 《우주 전쟁》의 인기는 화성인들에 관한 묘사보다는 드라마와 적에 대한 인류의 대응에 관한 묘사 덕분이 더 크다. 이 소설은 세월이 흘러도 대중에게 반향을 일으킬 때마다 표면으로 떠올라 인기를 얻곤 했다.

바숨

《우주 전쟁》은 우리에게 외계인에 대해 그리 많은 것을 말해 주지는 않는다. 소설의 대부분에서 침략자들은 얼굴 없는 적들로, 비행선 안에 안락하게 자리 잡은 채 전장을 유린하고 다닌다. 강력한 열선 대포로 무장한 걸어 다니는 삼각대는 그보다 나중에 등장한 나치의 기습 공격용 기갑부대와 급강하 폭격기나 아니면 최근 미국이 이라크를 공격한 '충격과 공포' 작전의 은유로 볼 수 있다. 얼굴 없는, 기계화된 적들은 거의 아무런 방해도 받지 않고 활보했다. 그 삼각대들 대신 로봇을 넣어도 의미가 통했을 것이다.

이제 화성인에 대한 다른 시각을 보여 주는 작가로 에드거 라이스 버로스를 살펴볼 필요가 있다. 시카고 출신의 버로스는 한동안 애리조나 주 미 육군에 있었다. 그 후 의사 제대를 하고 몇 년간 육체노동을 하면서 떠돌이 생활을 했다. 1911년에는 연필 깎기를 팔고 있었다. 글을 쓰기 시작한 것은 그 무렵이었다. 첫 작품은 "화성의 달 아래Under the Moons of Mars"라는 제목으로 월간 펄프 잡지인 〈올 스토리All-Story〉에 연재한 소설이었다. 이 연재물은 몇 년 후 《화성의 공주》라는 제목을 달고 책으로 묶여 나왔다. 버로스는 달 이야기를 연재하는 동시에 최초의 타잔 시리즈도 집필하고 있었는데, 그것 역시 같은 잡지에 발표되었다. 버로스는 결국 70권 정도의 책을 썼고 하나의 이야기를 책, 신문 연재, 만화, 영화 등 수많은 미디어로 활용한다는 개념의 선구자가 되었다. 대중은 타잔을 아무리 보아도 질리지 않았고, 오늘날 우리 역시 타잔 이야기를 잘 알고 있다.

버로스의 작품 중 지구의 자매 행성의 생명체를 다룬 것은 《화성의 공주》다. 그는 결국 자신의 이름을 단 바숨 시리즈를 총 11권 발표했고, 그의 아들이 쓴 것도 추가로 몇 권 있다. 애초에 진지한 문학 작품을 목표로 한 것이 아닌 이 책들은 마치 진짜 실화인 것처럼 쓰였다. 버로스는 주인공인 존 카터가 자기 집안 친구이며, 21년간 출간하지 말라는 지침과 함께 그에게 원고를 넘겼다고 서술했다.

대강의 줄거리는 이렇다. 존 카터 대위는 남북 전쟁 당시 남부군 측에서 싸웠다. 그는 188cm의 건장한 남자로 전형적인 영웅이었다. 그는 자기가 항상 서른 살이고, 어린 시절에 대한 기억이 없다고 말한다. 주위 사람들은 늙어 가지만 그는 결코 나이를 먹지 않는다.

남부군에서 차출된 카터는 한 군대 동료와 힘을 합쳐 훗날 애리조나로 불리게 될 지역에서 황금을 찾기 시작했다. 카터와 동료는 부자가 되었지만 동료는 아파치 인디언들의 공격에 목숨을 잃었다. 동굴로 몸을 피한 카터는 그곳에서 연기에 질식해 죽는다. 재미있는 것은 그다음부터다.

카터는 화성에서 깨어나는데, 토착민들은 그곳을 바숨이라고 부른다. 버로스가 그린 바숨은 퍼시벌 로웰의 화성을 기억하는 사람들에게는 친숙하게 느껴질 것이다. 100만 년 전 바숨은 대양으로 둘러싸인 비옥한 땅이었다. 하지만 세월이 흐르면서 물이 우주로 증발해 사라졌다. 바숨은 건조한 모래투성이의, 죽어 가는 행성이었다. 주민들은 근근이 생명을 부지하면서 극지방의 만년설에서 적도 지역으로 물을 운반할 운하를 건설하기 위해 열심히 일했다. 바숨의 주민들은 단순히 인간과 유사한 형태가 아니라 호모 사피엔스와 무척 비슷했는데, 차이점은 알을 낳는 난생卵生 동물이라는 점뿐이었다. 알을 낳는데도 무슨 이유에서인지 배꼽과 젖가슴이 있어서, 덕분에 당시 펄프 시리즈의 전형적인, 눈길을 확 사로잡는 표지를 장식할 수 있었다. 그들의 수명은 최소 1000년이고, 그보다 더 오래 살 수도 있었다. 나이가 1000세가 되면 이스 강으로 여행하는 것이 화성의 문화였다. 보통 그 여행의 종착지는 낙원인데, 우리가 앞으로 보게 되겠지만, 그 여행길은 그다지 쾌적하지만은 않았다.

화성인은 피부색이 제각각이고 기질도 제각각이다. 피부색은 각각 붉은색과 녹색, 황색과 흰색과 검은색이 있었고, 정치 체제는 보통 신정 체제이거나 왕정 체제였다. 붉은 화성인은 바숨을 지배했지만, 그렇다고 전역을 다스리는 단일 정부가 있다는 뜻은 아니다. 바숨은 서로 경쟁하는 몇몇 도시 국가들로 이루어졌다. 첫 권에서는 헬륨이라는 정부 형태가 가장 중요했다. 붉은 화성인은 고도로 문명화되었고 엄격한 규율이 있었다. 사유 재산과 가족 제도와 집단의 결속을 존중했다. (특히 버로스가 그린 지구에 비하면) 훨씬 진보된 기술을 보유했으며 민간용 비행기와 중무장한 전투용 비행기도 있었다. 바숨의 과학자들은 유전 공학, 의료 이식술, 팩스와 텔레비전 기술 등을 터득했고 라듐을 이용해 원격 무기도 만들었다. 라듐은 1898년에 발견되었고 1910년에 최초로 금속 형태로 추출되었으므로 당시로서는 최첨단 물질이었다.

붉은 화성인은 갈수록 건조해지는 바숨의 환경에서 더 잘 살아남을 수 있도록 개량된 강인한 종족이었다. 그들은 거의 사멸한 황색 화성인과 백색 화성인, 그리고 검은 화성인들의 혼혈이었다. 화성인은 진보된 기술을 터득했으면서도 검이나 그 비슷한 무기를 사용하는 일대일 전투 방식을 선호했다. 덕분에 책에는 짜릿하고 생생한 전투 장면이 그려질 수 있었다.

녹색 화성인은 야만인으로 그려진다. 남성은 키가 457cm이고 여성은 366cm이며, 유전 실험의 실패로 생겨난 돌연변이 같은 모습이다. 그들은 유목민이고 호전적이다. 녹색 화성인은 적을 사로잡으면 상대를 가리지 않고 고문하고 죽이기 일쑤다. 사회적 신분 상승에는 늘 전투가 따르고, 서로 전쟁을 벌이는 다양한 부족들 가운데에서 우두머리가 되려면 목숨을 건 전투에서 승리하는 수밖에 없다. 녹색 화성 문명에 가족 제도는 없다. 충성의 대상은 오로지 부족뿐이다.

황색 화성인은 북극 근처에 있는 몇 곳의 작은 돔형 도시들에 산다. 그들은 유달리 잔인하고 지나가는 비행선을 트랙터 빔으로 끌어내려 승무원들을 노예로 삼으려 한다. 이 종족은 시리즈에 거의 등장하지 않는다.

백색 화성인은 한때 바숨의 지배 종족이었다. 이 종족은 멸종했다고 여겨졌지만 11권의 이야기가 전개되는 과정에서 여러 지역에 퍼져 고립된 문명을 구축한 것으로 드러난다. 그중 한 무리는 로사리안이라고 불리는데, 다른 모든 화성인들과 떨어져 살면서 철학 담론으로 소일하는 은둔적인 지성인으로 진화했다. 다른 집단은 테른으로, 이들은 이스 강의 종착지인 도르 계곡에 산다. 그 계곡에는 실제로 테른의 통제를 받는 사악한 생물들이 살고 있다. 이 생물들은 낙원으로 여행하는 바숨인들을 잡아먹었다.

검은 화성인은 남극 근처의 숨겨진 성채에 살았다. 그들은 자신들을 '장자를'라고 불렀고 자신들이 화성인들 가운데 독특한 존재라고 여겼다. 가끔 테른을 기습했지만 시리즈에 자주 등장하지는 않는다.

바숨 이야기들의 플롯은 그다지 복잡하지 않다. 고귀하고 용감한 남자 주인공이 피치 못할 사정 때문에 먼 곳으로 떠나 사랑하는 여인을 구한다. 그 여인은 성적이고 정치적인 목적을 위해 자신을 손에 넣으려 하는 강한 남자에게 붙잡혀 간다. 그 길에서 주인공은 많은 모험들을 하게 된다. 싸우다 잡혀서 포로가 되고 탈출하는 등, 액션이 기본이고 섬세함은 찾기 어렵다.

버로스의 바숨 이야기들은 20세기 초의 독자들에게 와 닿는 많은 주제들을 가지고 있다. 문명화된 유럽/미국 출신 주인공이 야만의 세계에 들어간다는 이야기에서는 키플링의 서아시아 이야기나 아프리카 정복 또는 미국 서부 이야기들과의 관련성을 쉽게 찾아볼 수 있다. 1912

년 무렵은 개척 시대가 저물어 가면서 미국인들이 자신들의 역사를 낭만화하기 시작하던 시기였다. '스파게티 웨스턴'* 이라는 용어가 등장하려면 아직 반세기는 더 있어야 하지만, 버로스의 독자들은 클린트 이스트우드 영화에서 흔히 볼 법한, 인간적인 약점은 있을지언정 근본적으로 용감하고 고귀한 주인공, 명백히 사악한 악당, 그리고 용감하지만 상처받기 쉬운 여주인공을 금세 알아보았을 것이다. 거친 남자들이 사는 무법 세계, 그리고 살아남기 위해 그 지역의 법에 따라야 하는 남자 주인공. '이름 없는 남자Man with No Name'**나 '존 카터의 화성,' 이는 이미 우리에게 친숙한 이야기다.

바숨 시리즈의 또 다른 지배적인 주제는 인종에 관한 것인데, 그것 역시 확실히 독자들에게 쉽게 받아들여질 만했다. 남북 전쟁이 끝난 지 겨우 50년밖에 지나지 않은 당시로서는 대다수 독자들이 우월한 인종과 야만적 인종이라는 개념을 전혀 어려움 없이 받아들일 수 있었다. 유럽의 식민주의의 시대는 하향세였고《화성의 달들 아래Under the Moons of Mars》가 출간되고 나서 겨우 2년 후에 시작된 1차 세계 대전의 여파로 극적인 변화를 겪고 있었다. 바숨 시리즈는 1943년에 출간되었는데, 서로 피부색이 다르고 차이점이 너무나 분명하며 각자 고유의 인종적 정체성을 가진 화성인 이야기는 역시 인종 문제로 씨름하고 있던 미국인에게 당연히 와 닿을 수밖에 없었을 것이다.

버로스의 바숨 시리즈는 외계인에 대한 대중의 시각에 간접적인

---

*　주로 1960년대에서 1970년대에 이탈리아에서 만들어져 인기를 끈 서부극을 말한다. 마카로니 웨스턴이라고도 한다.

**　세르지오 레오네 감독의 서부극에서 클린트 이스트우드가 연기한 캐릭터.

영향을 미쳤다. 그것은 결코 웰스의 작품처럼 대중적 인지도를 얻지는 못했지만 이후의 SF 작가들에게 어마어마한 영향을 미쳤다. 레이 브래드버리Ray Bradbury와 아이작 아시모프를 비롯한 수많은 유명 SF 작가들이 바숨 이야기를 읽으며 자랐다. 영화 〈아바타〉로 큰 성공을 거둔 제임스 캐머런James Cameron은 한 인터뷰에서 버로스에게서 그 영화의 영감을 받았다고 밝히기도 했다. 바숨을 배경으로 한 만화는 타잔 만화의 인기를 등에 업고 1940년대에 처음 등장한 일요일자 신문들에 잠깐씩 등장하곤 했다. 그리고 2012년에 나온 디즈니가 제작한 고예산 영화 〈존 카터John Carter〉는 완전히 새로운 세대의 독자들에게 바숨을 소개했다. 이 영화는 상업적으로는 제작자들에게 실망을 안겨 주었지만 그래도 덕분에 대중에게 미친 버로스의 영향력은 더 증가했을 것이다.

펄프 잡지

SF 장르는 세월이 지나면서 많은 단계를 거쳤다. 1920년대에서 1940년대 후기까지 SF 소설은 잡지 연재 형식이 흔했다. 우리가 이미 보았듯 에드거 라이스 버로스의 첫 소설은 연재 형식이었다. 그러나 그 소설이 발표된 잡지는 SF 잡지가 아니었다. SF 작품만을 수록한 첫 잡지는 1926년 4월 처음 발행된 〈어메이징 스토리즈Amazing Stories〉로, 편집자는 휴고 건스백Hugo Gernsback이었다. 1953년에 창설된 유명한 휴고상은 건스백이 SF에 기여한 공로를 기리기 위해 명명된 것이다.

〈어메이징 스토리스〉는 창간 후 약 80년 동안 몇 차례의 발행 중단 사태를 겪었다. 잡지가 창간된 직후에는 독자 수가 10만 명까지 치솟았다. 비록 1938년에는 겨우 1만 5000명으로 줄어들었지만 말이다. 그 수십 년 동안 이 잡지는 많은 편집자와 발행인과 수많은 비전들을 거쳤다. 이제 와서는 최초의 SF 잡지로 인정받고 있지만(사실 그때는 SF라는 용어 자체가 생기기 전이었다), 〈어메이징 스토리스〉는 곧 SF에서 선두 자리를 빼앗기게 된다.

〈어메이징 스토리스〉가 SF 혁명의 전위였다면 대표 주자는 〈어스타운딩 스토리스 오브 슈퍼 사이언스Astounding Stories of Super Science〉로, 이 잡지는 1929년 발행돼 오늘날까지 이어지고 있다. 그 오랜 세월에 걸쳐 여러 차례 제호가 바뀌어 이제는 〈아날로그: 사이언스 픽션 앤드 팩트Analog: Science Fiction and Fact〉다. 팬들은 간단히 〈아날로그〉라고 부른다. 일반적으로 존 캠벨이 편집을 맡은 1937년 말을 SF 황금기의 시작으로 보는데, 그 황금기는 1950년대 중반까지 이어졌다. 그러나 그 무렵 최고의 작가들 몇몇이 캠벨의 강한 성격에 불편함을 느껴 다른 잡지로 옮겨 가기 시작했다. 또한, 앞으로 보게 되겠지만, 1950년대 초에는 SF 환경이 달라졌다.

〈아날로그〉는 독자들에게 나중에 유명한 SF 작가가 될 신출내기 작가들을 소개했는데, (나중에 사이언톨로지를 창시하는) L. 론 허바드L. Ron Hubbard, 클리포드 시막Clifford Simak, L. 스프라그 드 캠프L. Sprague de Camp,

그리고 (내가 가장 좋아하는 작가로 손꼽는) 헨리 커트너Henry Kuttner와 그의 아내 C. L. 무어C. L. Moore가 그들이었다. 그 잡지를 통해 위대한 작가로 태어난 다른 신출내기 작가들로는 레스터 델 레이Lester del Rey, 시어도어 스터전Theodore Sturgeon, 아이작 아시모프, A. E. 반 보그트A. E. van Vogt, 로버트 A. 하인라인 등이 있다.

펄프 잡지들은 수많은 사춘기 독자들을 거느렸지만 그들의 부모들에게는 그리 인정받지 못했다. 많은 부모들은 괴물에게 잡아먹히기 직전, 절체절명의 위기에 처한 놋쇠 비키니를 입은 여성이나 이런저런 종류의 외계인들이 등장하는 펄프 잡지들의 야한 표지 때문에 SF 문학을 저질로 평가했다. 일부 펄프 잡지들이 좀 더 진지한 표지 그림들을 시도하긴 했지만, 그런 호들은 맨살을 많이 보여 주는 호들에 비해 판매고가 훨씬 더 떨어질 수밖에 없었다. 지금처럼 그때도 성적인 내용은 잘 팔렸고, 선정성이 높은 성과 위험이 결합된 내용은 그보다도 더 잘 팔렸다.

〈어메이징 스토리스〉와 〈아날로그〉 외에도 SF 잡지는 있었다. 세월이 흐르면서(그리고 특히 1930년대와 1940년대에) 사촌격인 공포 펄프 잡지들을 제해도 100종이 넘는 SF 잡지들이 간행되었다.

펄프 잡지들은 SF 열혈 독자들에게는 큰 인기를 누렸지만 정식 문학으로 인정받지는 못했고, 대중에 직접적으로 미친 영향도 비교적 미미했다. 진지한 사람들은 스펙터클한 소동을 다룬 이야기를 읽는 데 시간을 낭비하지 않았다. 그래도 과학자를 꿈꾸는 많은 청소년들은 어릴 적에 그런 펄프 잡지들을 즐겨 읽었다.

플래시와 벅

SF 작가들이 대중에 더 큰 영향을 미치려면 다른 미디어가 필요했다. 1920년에서 1940년까지의 매스 미디어는 신문, 라디오, 뉴스릴이었다. 이런 영역들로 처음 진출한 SF물로는 우선 벅 로저스, 그다음으로는 플래시 고든을 꼽을 수 있다.

벅 로저스는 1928년 8월호 〈어메이징 스토리스〉에 실린 "아마게돈 2419 A.D."에 처음 소개되었다. 이 글은 1929년 1월《서기 25세기의 벅 로저스》라는 연재 만화로 만들어지는데, 바로 그 달에 우연히도《타잔》역시 같은 달에 신문 만화로 연재되기 시작한다. 원작 벅 로저스 이야기는 세계 종말 후 지구에서 벌어지는 전투를 다루었지만, 시간이 지나면서 이야기의 판이 커졌다. 1930년대 무렵에는 1933~1934년의 세계 박람회에서 상영될 단편 영화들이 제작 중이었는데, 그중에는 〈25세기의 벅 로저스: 화성의 호랑이 남자들과의 항성 간 전투〉라는 작품도 있었다. 그것은 곧 시리즈로 만들어진다.

벅 로저스가 이 장르에서 최초였다면 플래시 고든은 외계인의 세계로 가는 길에 앞장섰다. 플래시 고든은 1934년에 시작된 SF 만화의 주인공으로 대중에 첫 선을 보였다. 그 만화는 앞서 성공을 거둔 벅 로저스 만화에서 영감을 받았고, 노골적으로 그것과 경쟁할 의도로 만들어졌다. 지구가 유성의 폭격을 당하자 플래시 고든은 동료인 데일 아든과 한스 자르코프 박사와 함께 사건을 조사하러 떠난다. 그들은 자르코프 박사가 유성의 출처를 알아내려고 만든 로켓을 타고 우주로 날아간다. 원래는 자르코프가 플래시와 데일을 납치한 상황이었지만 플래시가 곧 그들의 우두머리가 되었다.

유성들은 무자비한 독재자인 밍 더 머시리스가 다스리는 몽고 행성에서 온 것이었다. 밍은 명목만 외계인이지 옷을 특이하게 입은 인간이나 다름없고, 검은 피부에 검은 턱수염을 말끔히 다듬은 모습은 전통적인 페르시아인(이란인)을 연상시킨다. 원작 〈스타 트렉〉 시리즈의 팬들은 밍이 고전적인 (말하자면 원작의) 클링온과 닮은꼴임을 알아볼 것이다. 밍 더 머시리스는 플래시 고든의 가장 유명한 적이지만, 세 일행은 몇 년간 몽고를 여행하면서 상어인간, 매인간 그리고 사자인간과도 마주친다.

플래시 고든은 1935년에 만화를 각색한 〈플래시 고든의 놀라운 행성 간 모험〉이라는 제목의 라디오 드라마로도 만들어졌다. 버스터 크래브를 주인공으로 한 시리즈 영화 세 편 — 〈플래시 고든Flash Gordon〉(1936), 〈플래시 고든의 화성 여행Flash Gordon's Trip to Mars〉(1938), 〈플래시 고든 우주를 정복하다Flash Gordon Conquers the Universe〉(1940) — 도 제작되었다.

1930년대부터 만들어진 이 시리즈 영화들은 약 10분 길이의 단편 영화로, 한 회차의 이야기를 들려준 후 아슬아슬한 장면에서 끝났다. 다음 회차는 그다음 주에 볼 수 있었다. 영화관에 간 사람들은 뉴스릴을 포함한 두 편 정도의 단편 영화를 보고 그 뒤에는 그 주의 주된 흥밋거리나 동시 상영물을 보았다. 당시에는 텔레비전이 없었으므로 오락을 원하는 사람들은 흔히 극장을 찾았다. 그러니 플래시 고든이나 벅 로저스에 관심이 없는 사람들도 그 시리즈를 볼 수 있었다. SF는 이런 신문 만화, 영화 시리즈, 라디오 프로그램 등을 통해 대중에게 알려졌다.

1930년대는 세계의 암흑기였다. 1929년 주식 시장의 붕괴는 대공황의 시작을 알렸다. 그리고 10년간의 전쟁이 그 뒤를 따랐다. 당시의 영화들은 그 가혹한 시대에 도피처를 제공했다. SF는 순수한 도피, 현실 세계와는 전혀 관련이 없는 모험의 세계였다.

외계인과 철의 장막

2차 세계 대전 동안 사람들은 외부 우주에서 일어나는 일들보다는 독일과 일본을 무찌르는 일에 더 관심이 쏠렸다. 그러나 전쟁 때문에 모든 사람의 관심사가 바뀐 것은 아니었다. 당시 레이더 교관이자 나중에 선구적인 SF 작가가 되는 아서 C. 클라크Arthur C. Clarke는 자신이 사랑하는 〈아날로그〉(당시엔 〈어스타운딩 스토리스〉)를 미국에서 영국으로 배송을 받지 못하게 되자 하소연했다. "전쟁이 일어나는 바람에 멍청한 영국 집권층이 〈어스타운딩 스토리스〉를 실을 공간을 다른 데 쓰면 더 유용할 거라는 망상에 빠져 정기 배송을 중단시켰다."

그러나 전쟁 동안 인류는 푸 파이터 이야기를 접했다. 1940년대 말 언론에 등장한 수백 편의 비행접시 관련 기사들을 감안하면, 상상의 외계인이 대중의 눈에 들어오기 시작한 것은 더없이 자연스러운 일이었다. SF는 전보다 훨씬 주류에 가까이 다가서고 있었다.

1940년대 말과 1950년대는 부를 쌓아 가는 시기였지만 한편으로는 불안이 고조되는 시대이기도 했다. 1946년 3월 윈스턴 처칠은 유명한 '철의 장막' 연설을 했다. "발트 해의 스테틴에서 아드리아 해의 트리에스테까지, 대륙에는 '철의 장막'이 드리웠습니다…… 저는 그것을 소비에트 반구라고 부를 수밖에 없는데, 그곳은 모두 어떤 형태로든 소비에트의 영향력만이 아니라 모스크바의 통제에 복종하고 있으며, 그 통제는 무척 강력하고 일부에서는 점차 세를 키우고 있습니다." 붉은 공포의 시대가 시작되었다. 잠시 1950년대 사람들이 어떤 시대에 살고 있었는지 살펴보자.

독일과 일본은 패배했다. 그렇지만 이제 인류는 핵의 시대를 맞이했다. 폭탄 하나가 한 도시를 말끔히 지워 버릴 수도 있는 시대였다. 미국은 1952년 첫 수소 폭탄 실험을 했는데, 그 폭탄은 히로시마와 나가사키에 떨어진 것들보다 위력이 다섯 배는 더 높았다. 소련은 1949년 첫 원자 폭탄을 터뜨렸고, 1953년에는 수소 폭탄이 그 뒤를 따랐다. 지상의 두 강대국이 원자의 핵에 저장된 힘을 풀어놓으면 100만 명의 목숨을 한순간에 앗아갈 수도 있었다. 그 두 강대국은 서로 동맹이었을까 적이었을까?

소련과 미국이 서로 적이라는 이야기는 그다지 정확하다고 할 수 없지만, 둘은 확실히 경쟁 관계였고 잠재적인 교전 상대였다. 그들의 사고는 (각자의 이득만이 아니라) 정반대의 정치적이고 경제적인 시각을 바탕으로 했고, 상대를 '올바른' 삶의 방식을 따르고자 하는 사람들을 침략해 멸망시키고 싶어 하는 사악한 적으로 윤색하는 선전을 펼쳤다. 1948년에는 베를린이 봉쇄되었고 1950년에는 한국에서 대리전이 벌어졌다. 또한 1950년에 별로 눈에 띄지 않던 조지프 매카시라는 위스콘신 상원의원이 엄청난 발언을 했다. "국무부에 있는, 공산당의 일원이자 간첩망의 일원으로 밝혀진 모든 사람들의 이름을 열거하기에는 시간이 모자라지만, 여기 제 손에는 205명의 명단이 있습니다." 그 후 여러 해 동안 미국 정치는 마녀사냥의 지배를 받았다. 수많은 사람들이 공산주의 동조자로 고발당해 인생을 망쳤으며, 온 사방에 붉은 위협이 있다고 여겨졌다.

1950년대 고전 외계인 영화

그러니 외부 세계와 호전적인 침입자들은 어디에나 있을 수 있었다. 핵전쟁은 수백만의 사람들을 한순간에 증발시킬 수 있었고 비행접시의 기억은 생생했다. 이런 문제들은 1950년대 SF 영화를 접한 관객의 마음속 깊숙이에 있었다.

그리고 그 세계는 어떠한 세계였는가. 1950년대에는 수십 편의 외계인 영화들이 나타났다. 비행접시와 침략을 다룬 많은 'B급' 영화들이 그 시대에 등장했다. 이 영화들은 그 후로 오랫동안 잊혀졌지만 몇 편은 상징적인 작품들로 오늘날까지 기억되고 있다. 그중 몇 편에 관해 개봉 연도 순서대로 이야기해 보자.

〈지구 최후의 날〉　　　　　1950년대에 처음 등장한 외계인 영화 중 최초는 〈지구 최후의 날〉(1951)로, 핵전쟁의 위험을 다룬 교훈적인 내용이었다. 영화는 높은 고도에서 시속 6437km로 지구를 감싸고 빙 도는 레이더의 깜빡이는 신호로 급박하게 시작된다. 오프닝 시퀀스에서는 높은 고도에 떠 있는 물체가 보내는 메시지가 온 세계에 즉각적으로 퍼지고, 인도, 영국, 미국 등지의 라디오 아나운서들이 그 상황에 관해 이야기하는 모습이 보인다. 미국인 아나운서는 이렇게 말한다. "이것은 그저 흔한 비행접시 소동이 아닙니다. 과학자들과 군인들이 확인했습니다. 뭔지는 몰라도, 이건 현실입니다." 우리는 그때가 2차 세계 대전 중 군사 목적으로 레이더가 개발된 지 채 10년도 안 된 때임을 염두에 두어야 한다. 더구나 1947년의 비행접시 열풍은 그로부터 겨우 몇 년 전의 일이었다. 영화는 첨단 기술을 느낄 수 있는 요소들을 시의적절하게 가미했다.

깜빡이던 레이더 신호가 워싱턴 D.C.에서 멈추자, 바닥은 납작하고 위쪽은 뭉개진 종처럼 완만하게 굽은 전형적인 비행접시가 모습을 드러낸다. 알루미늄 색깔에 줄이 가 있는 그 비행접시는 워싱턴 몰 근처 야구장들이 드문드문 보이는 점점이 찍힌 공원 들판에 착륙한다.

탱크, 밀폐 대포들, 그리고 대규모 병력이 현실과는 다른 정부 조직의 효율성을 보여 주면서 순식간에 비행접시를 에워싸는데, 그것이 영화의 첫 배경이다. 착륙 두 시간 후 접시가 열리고 인간과 비슷한 형태를 한 누군가가 걸어 나오는데, 그는 점프슈트를 입고 있다. 긴장감을 이기지 못한 한 병사가 방아쇠를 당기고, 총성과 함께 총알이 외계인의 어깨에 명중한다.

외계인이 땅에 쓰러질 때 접시의 문간에는 다른 누군가의 모습이 나타난다. 고트라는 이름의 그 은색 로봇은 240cm가 넘는 장신에 어딘가 불길한 기운이 보인다. 고트는 얼굴 가리개를 했는데, 가리개를 열면 무기 역할을 하는 레이저를 쏠 수 있다. 고트는 소총들과 밀폐 대포와 탱크 한 대를 빔으로 쏘아 모조리 공중분해시킨다.

자신을 클라투라고 소개한 외계인은 이제 부축을 받아 일어서 있다. 그가 고트의 파괴 행위를 멈추게 하자 로봇은 전원이 꺼져 일종의 보초 모드로 들어가는 듯하다. 클라투는 병원으로 옮겨지고, 이제 비행접시는 문이 닫혀 안을 엿보는 인간의 눈길을 차단한다.

병원에 입원한 외계인은 찾아온 미국 대통령의 대변인에게 세계의 모든 지도자들과 이야기하겠다고 요청하지만, 그런 일이 이루어질 가능성은 낮다는 대답을 듣는다. 클라투가 자신의 메시지는 단순히 한 집단에게만 전하기에는 너무 중요하다고 고집하자, 대변인은 그에게 "우리 세계는 긴장과 의혹으로 가득합니다"라고 말한다. 실제 세계의 냉전이 영화에도 반영된 것이다.

그 후 병원을 몰래 빠져나간 클라투는 양복을 훔쳐 입고 사람들 사이로 섞여든다. 하숙집에 방을 빌린 그는 2차 세계 대전에서 남편을 잃은 젊은 여자와 그녀 아들과 친구가 된다. 그 후 며칠간 클라투는 어떤 물리학 교수를 현존 인물 중 가장 영리한 남자로 지목하고 간신히 그와 만나기로 약속한다. 물리학 교수와 만난 클라투는 자신의 정체를 밝히고 다시금 세계 지도자들과의 회동을 준비하도록 도와달라고 요청하지만, 교수는 그렇게 할 자신이 없다며 과학자들은 무시당하기 일쑤라고 말한다. 클라투는 자신이 지도자들과 이야기를 나누지 못하면 지구가 파괴될 위험이 있다고 알린다. 그들은 무해한 방식으로 클라투의 힘을 과시하기로 한다. 클라투는 병원과 공중의 비행기들을 제외하고, 전 지구의 전기를 30분간 무력화시킨다.

과학자들과의 회동이 성사되지만, 회동 장소로 가는 도중에 클라투는 목숨을 잃는다. 죽기 전에 그는 친구가 된 여자에게 고트라는 로봇에게 전할 말을 남긴다. 여자가 접시에 도달했을 때 고트는 이미 깨어나서 자신을 감시하던 두 병사를 죽인 후였다. 고트가 다가가자 그녀는

그림 3.2　영화 〈지구 최후의 날〉의 결말 부분에서 클라투와 로봇 고트는 비행접시 위에 서서 인류에게 지구의 갈등을 우주로 확대하면 어떤 위험이 닥칠지 경고한다.　20th Century Fox

SF 영화의 대사 중에서 가장 유명한 말을 말한다. "클라투 바라다 니크투Klaatu barada niktu." 영화에서 이 말은 끝까지 번역되지 않지만, 일종의 '안전을 보장하는 암호'인 듯하다. 그 말을 들은 고트는 그녀를 접시로 데려간다. 고트는 그 후 클라투의 시신을 수습해 일시적으로 되살려낸다. 클라투는 그녀에게 부활은 오로지 일시적일 뿐이고, 생명의 힘은 '더 높은 영혼을 위해' 저장되어 있다고 말한다.

영화는 극적인 결말에 도달하고, 클라투는 고트를 호위병으로 데리고 여자와 함께 비행접시에서 나와 운집한 청중에게 연설을 한다(그림 3.2). 그는 청중에게 지구 내부의 문제는 지구인의 문제지만, 전쟁을 우주로까지 확대한다면 외계 공동체가 좌시하지 않을 거라고 말한다. 외계 공동체는 우주 경찰 로봇을 만들었고, 그 힘은 강력하다. 우주를 항해하는 문명화된 인종들의 집단은 로봇들이 즉각적이고 무시무시한 응징을 가할 것을 알고 무기와 전쟁을 포기했다. 영화는 클라투의 다음과 같은 대사로 끝난다. "저는 여러분에게 이 사실들을 전하고자 여기 왔습니다. 여러분이 자신의 행성을 어떻게 운영하든 그건 우리의 관심사가 아닙니다. 하지만 여러분이 폭력의 범위를 넓힐 위험이 있다면, 여러분의 이 지구는 불타버린 잿더미가 될 것입니다. 여러분의 선택은 단순합니다. 우리와 함께 손을 잡고 평화롭게 살든가, 아니면 여러분이 지금 걷는 길을 계속 밟아서 파멸을 마주하십시오. 여러분의 답을 기다리고 있겠습니다. 결정은 여러분의 몫입니다."

이야기는 단순명료하다. 1950년의 인류는 당장 멸망의 벼랑 앞에 있었다. 소련과 미국은 둘 다 수소 폭탄으로 무장한 채 세계의 지배권을 놓고 경쟁 중이었다. 문명의 소멸은 현실적이고 시급한 관심사였다. 세계는 수천만 명이 죽은 사상 가장 끔찍한 전쟁을 막 끝냈다. 공산주의의 회색 망령은 현실의 위험이었고, 세계 대전의 기억은 선명하기 그지없었다. 영화가 이런 우려들을 반영했다는 사실은 놀라울 것도 없다. 한편 한 양호교사가 비행접시를 소련이 만든 게 아닐까 의심하는 것을 제외하면 공산주의자의 침투에 대한 우려가 영화의 핵심 주제가 아니라는 점도 흥미롭다. 매카시즘의 전반적인 영향은 아직 현실의 위험이 아니었다. 이 영화는 2008년 리메이크되었다.

⟨괴물⟩ 　　　　1951년에 개봉한 ⟨괴물The Thing from Another World⟩은 이전에 나온 괴물 영화들의 특징적인 캐릭터 유형을 SF로 가져왔다. 완고하고 의심 많은 군인들, 순진하고 거만한 과학자, 오로지 기삿거리를 손에 넣는 데만 혈안이 된 기자, 그리고 지원 부대의 구조를 받을 희망이 없는 고립된 집단을 포함해, 이들은 이제 쉽게 알아볼 수 있는 유형들이다. 이 영화는 당시 다른 대다수 영화들에 비해 훨씬 전개가 빠르고, 현대 영화에도 뒤지지 않을 만한 몰입도를 보여 준다. ⟨프랑켄슈타인Frankenstein⟩과 ⟨에일리언⟩을 뒤섞은 듯한 이 영화는 존 W. 캠벨이 1938년에 발표한 단편 소설 《거기 누구야?Who Goes There?》를 바탕으로 삼았

다. 영화와 원작 사이의 큰 차이는 소설에서는 외계인이 변신을 할 수 있다는 점이다.

이야기는 공군 비행단이 북극 근처에서 비행기가 추락했다는 보고를 받고 조사에 나서는 것으로 시작한다. 일행은 흥미로운 기삿거리를 찾는 기자를 데리고 멀리 떨어진 제6북극 탐험 기지로 날아간다. 그곳에서는 노벨상을 받은 뛰어난 과학자가 연구를 하고 있다. 추락한 물체는 금속성으로 판명되는데, 비행기라기에는 너무 크고 유성이라기에는 너무 빨랐다.

추락 현장에 도착한 공군 승무원단과 과학자들은 북극 얼음 속에서 녹았다가 다시 얼어붙은 듯 보이는 커다란 부분을 발견한다(그림 3.3). 정체를 알 수 없는 합금으로 만들어진 방향타가 얼음 밖으로 튀어나와 있다. 그 물체를 둘러싸고 흩어진 공군과 과학자들은 자신들이 원을 그리며 서 있음을 깨닫는다. 한 공군 병사가 외친다. "이런 세상에! 우리가 찾아냈어! 우리가 비행접시를 찾아냈어요!" 이 영화가 비행접시 열풍이 일어난 지 겨우 4년 후에 개봉했다는 사실을 떠올려 보자.

대위는 테르밋*을 이용해 얼음을 녹이기로 결정한다. 할리우드 영화에서 흔히 보는 과장된 방식으로 그들은 테르밋 폭탄 하나가 수백 톤의 얼음을 30초면 녹일 수 있다고 주장한다. 하지만 테르밋 때문에 피복에 불이 붙은 비행접시는 화르르 타버리고, 사람들은 경악한다. (영화에서는 그 이유를 설명하지 않지만, 원작 단편 소설에는 비행접시가 마그네슘으로 만

---

* 용접용, 소이탄용으로 쓰이며 섭씨 약 3000도의 고온을 내는 화학 물질인 터마이트의 상품명.

그림 3.3　　괴물의 우주선이 얼음 속에서 녹았다가 다시 언 모습을 보여 주는 〈괴물〉의 한 장면. 위의 사진에서는 우주선의 방향타를 볼 수 있고, 아래 사진에서는 우주선을 둘러싸고 서 있는 공군들을 통해 우주선의 둥근 모양을 짐작할 수 있다.　　Winchester Pictures Corporation

들어졌다는 설명이 나온다.)

비행접시가 파괴되는 바람에 모든 것이 수포로 돌아가는 듯했지만 일행은 가이거 계수기의 클릭 소리를 따라가 얼음 속에 얼어붙어 있는 **244cm** 크기의 시체를 찾아낸다. 공군은 시체를 에워싼 얼음 덩어리를 통째로 잘라내 비행기에 싣고 다가올 폭풍을 피해 기지로 돌아온다. 영화는 최근의 UFO 열풍과 그에 대한 629-49호 고시라고 알려진 공군의 유명한 대응을 오마주한다. 한 공군 대원이 이렇게 말한다. "공보원, 1949년 12월 27일, 629-49호 고시, 아이템 6700 관련, 발췌 74,131: 공군은 그들의 존재 증거가 없다는 사실을 바탕으로 비행접시 신고에 대한 조사와 평가를 중단했다. 공군은 모든 증거에 따라 UFO의 신고는 첫째, 다양한 일반적 물체들을 오해한 것, 둘째, 경미한 형태의 집단 히스테리, 셋째, 장난이라고 말했다." 영화 텍스트는 실제 고시를 직접 인용한 것은 아니지만 비슷한 메시지를 담고 있다.

극 기지로 돌아가서 과학자들의 대장과 대위 사이에 갈등이 빚어진다. 과학자는 얼음을 녹여 그 생물을 연구하겠다고 고집을 부리지만, 비행접시가 파괴된 이후로 소심해진 대위는 명령이 내려올 때까지 외계인을 냉동 상태로 두자고 고집한다. 대위는 군대와 대포를 가지고 있으니 군의 주장이 우세하다. 얼음 덩어리는 녹지 않도록 일부러 창문을 깨뜨린 저장고로 옮겨진다. 그리고 그 생물을 지키는 보초들은 당연히 매우 추울 터이니 더 편하게 경비를 설 수 있도록 전기담요를 지급받는다. 그런데 생물의 눈이 신경 쓰였던 한 경비병이 따뜻한 담요가 얼음에 어떤 영향을 미칠지 미처 생각지 못하고 그 생물을 담요로 덮어 놓는다. 얼음 덩어리가 녹으면서 똑똑 떨어지는 물방울이 관객의 극적인 긴장감을 더욱 높인다.

일부 외계인들은 냉동으로 인한 영향을 전혀 받지 않는 모양인지, 얼음이 충분히 녹자 그 생물은 되살아나 경비병에게 다가온다. 당황한 경비병은 권총으로 생물을 몇 발 쏘고 도망친다. 총탄은 생물에게 아무런 해도 미치지 못하는 듯하고, 경비병이 더 많은 사람들을 데리고 돌아왔을 때는 이미 그 생물이 사라진 다음이다. 바깥에서 들리는 소리를 확인하러 나간 그들은 무언가가 썰매 개들과 싸우는 것을 본다. 외계인은 마치 일진광풍처럼 개들의 발기발기 찢어진 시체를 사방으로 내팽개치고 도망친다. 그 대학살 현장을 확인해 보니 개 두 마리는 죽었고 하나는 사라졌지만, 그 생물의 팔과 집게발 비슷한 손도 발견된다.

다음 장면은 과학자들이 그 손을 찔러 보는 것으로 시작한다. 과학자들은 그 생물이 동물이 아니라고 결론 내린다. 그것은 식물이고, 심지어 팔에서는 꼬투리까지 발견된다. 그 생물이 식물이라는 이야기를 도저히 믿지 못한 기자가 한마디 한다. "이게 무슨 슈퍼 당근이라도 된다는 겁니까?" 기지의 대장 과학자는 "당신 말마따나 이 당근은 우리가 아직 알지 못하는 힘을 동력원으로 쓰는, 수백만 마일을 날 수 있는 비행기를 만들었소"라고 대꾸한다.

그러는 사이 대장 과학자는 그 꼬투리를 몰래 가져다 인간 혈장으로 그것에 '물을 주었다.' 그러자 식물이 자라기 시작한다. 과학자들 사이에서는 이러한 행동이 과연 현명한가를 놓고 의견이 분분하지만 그 과학자는 이 일을 군인들에게 비밀로 하라고 말한다. 그는 이 생물을 죽일 것이 아니라 그것과 접촉해야 한다는 확고한 의지를 갖고 있다. 극적인 순간, 외계인을 죽여서는 안 된다고 명령하는 공군 장군의 무전이 도착한다.

대위는 그것이 어리석은 명령이라고 믿고 부하들과 그것을 어떻게 죽일지 의논한다. 남자들이 식물을 죽이는 방법을 논하고 있는데, 한 여자가 끓이거나 볶는 방법을 제안한다. (당시는 1950년대라 남자들이 요리를 하는 시대가 아니었다.) 그들은 이 충고를 받아들여 불을 쓰는 방법이 적절하겠다고 결정한다. 등유를 모으고 있는데, 그러는 사이 가이거 계수기가 다시 똑딱거리기 시작한다. 그 괴물이 (말 그대로) 피를 찾아 돌아오고 있다. 괴물이 창문을 깨뜨리자 실루엣이 보이는데, 고전적인 프랑켄슈타인의 괴물처럼 보인다. 공군은 괴물에게 등유를 던져 불을 붙인다. 괴물은 창문을 깨뜨려 탈출에 성공하고 몸에 붙은 불도 꺼 버린다.

불이 기껏해야 미미한 저지책밖에 안 되는 상황을 본 공군은 전기 처형이 더 효과적일 거라고 판단한다. 계획을 행동으로 옮기려 하는데, 괴물이 히터로 가는 연료를 차단한다. 이로써 괴물이 지능을 가졌음을 보여 준다. 괴물의 다음번 과녁이 발전기임을 눈치챈 병사들은 그곳에

배수의 진을 치기로 결정하고 전기 덫을 놓는다.

다시 공격해 온 외계인은 번개에 맞아 쓰러져 연기를 뿜는 덩어리로 변한다. 공군은 그 후 과학자들의 메모와 아직 연구실에 남아 있는 묘목을 몽땅 태워 없애 버린다. 이제는 그 생물의 존재를 입증할 것이 아무것도 남지 않는다.

악천후가 걷히기 시작해 무선 통신이 재개된다. 영화 처음부터 끝까지 기사를 보내지 못하는 상황에 대한 앓는 소리로 일관하던 기자는 마침내 마이크를 잡고 이야기할 기회를 얻는다. 영화는 그의 보도로 끝난다. "여러분에게 전투의 자세한 내용을 말씀드리기 전에 경고를 하나 하겠습니다. 제 목소리에 귀를 기울이고 있는 여러분 한 분 한 분이 세상에 말씀하십시오. 모두에게 말씀하십시오. 어디든 여러분이 있는 곳에서 하늘을 감시하십시오. 모든 곳을 계속 지켜보십시오. 계속 하늘을 감시하십시오." 결국, 비행접시가 한 대 나타났다면 여러 대가 있을 수도 있는 것이다.

〈괴물〉은 많은 현상을 건드렸다. 1947년의 비행접시 열풍은 기억 속에 생생히 남아 있었고, 2차 세계 대전에 종지부를 찍은 원자 폭탄 역시 그러했으며, 소련의 무기 개발이 그 뒤를 따랐다. 원자력은 아직 미래의 것으로 여겨졌지만 원자력 무기의 힘과 위험은 잘 알려져 있었다. 영화 제작자들이 외계인과 관련해 방사능을 들고 나온 것은 놀라운 일이 아니다. 게다가 외계인은 비행접시를 타고 등장했다. 그로부터 한참 후에 나온 〈에일리언〉 영화들처럼, 외부 우주에서 온 생물은 싸워 이길 수 없을 만큼 강력하며 철저히 낯선 존재였다. 일대일 전투에서 자신을 지킬 방법이 거의 없는 인류는 먹잇감이 되었다. 이는 외계라는 요소를 넣어 살짝 비튼 고전적인 괴물 영화다. 영화는 1982년(〈괴물The Thing〉, 감독 존 카펜터), 그리고 2011년(감독 매터스 반 헤이니켄 주니어)에 리메이크되었다.

〈붉은 행성 화성〉　　　　　　　　〈붉은 행성 화성Red Planet Mars〉(1952)은 공산주의를 가장 노골적으로 관련시킨 외계인 영화다. 붉은 행성이라는 제목조차 명확히 소련의 붉은 위협을 중의적으로 가리키고 있다. 영화에서 나치 과학자 한 사람이 무선의 성능을 화성과 교신할 수 있을 정도로 끌어올릴 '수소 밸브'를 발명한다. 그는 미처 그 도구를 만들기 전에 소련의 감옥에 갇힌다. 뉘른베르크 파일을 통해 그 계획을 알아낸 한 미국인 과학자가 화성인들과 교신을 하기로 마음먹고 그런 무전 기기를 만든다. 그 과학자는 화성에 운하와 거대한 만년설이 존재한다는 한 천문학자의 관측을 바탕으로 화성에 지적인 생명체가 있다고 굳게 믿고 있다. 그다음 2차 화성 관측 결과, 만년설이 녹아 운하들이 물로 가득 차 있음이 밝혀진다. 이 대목에서 반세기 후에도 미치는 퍼시벌 로웰의 영향력을 볼 수 있다(그림 3.4).

그러나 외계인과의 교신 노력은 순조롭지 못한데, 그때 미국인 과

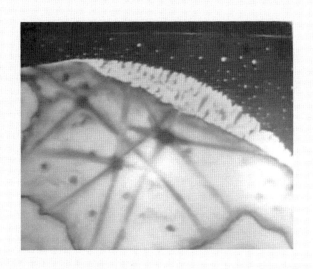

그림 3.4　〈붉은 행성 화성〉은 로웰의 화성 운하들(그림 1.2를 볼 것)이 과학적으로 신빙성을 잃은 지 수십 년 후에도 그 영향력이 사라지지 않았음을 명확히 보여 준다. 이 장면에는 운하들과 극의 만년설이 보이는데, 그 후 만년설이 녹아 운하는 물로 채워졌다.

Melaby Pictures Corporation

학자의 아들이 파이 값을 사용하라고 알려준다. (그의 아들은 마지막 남은 파이 조각을 먹다가 그 생각을 떠올린다.) 과학자는 3.1415를 송신한다. 화성인들이 3.1415926을 회신하자 그는 교신이 가능하다는 것을 확신한다. 화성인들은 과학자들에게 자신들이 300세까지 살고, 0.5에이커(2023m²)의 토지로 1000명을 먹여 살리며, 우주의 광선에서 동력을 얻을 수 있다고 말한다. 이 소식은 서구 문명의 경제를 완전히 뒤엎어 버린다.

그러는 사이, 안데스에 있는 나치 과학자가 등장하는데, 그는 [구소련의] 국가보안위원회(KGB)의 자금과 보급을 이용해 자신이 이전에 만든 장비를 복제했다. 그는 화성과 직접 교신할 수는 없지만 미국의 송신 내용을 감시할 수는 있다. 국가보안위원회는 그를 찾아내어 화성과의 교신에 성공하지 못하면 가만 두지 않겠다고 위협한다.

화성인이 자신들의 철학을 이야기하고 심지어 예수의 골고다 산 설교까지 인용하자 상황은 더욱 기묘해진다. 이 일은 서구 사회에 엄청난 영향을 미치지만, 철의 장막 뒤편에는 그보다도 더 큰 영향을 미친다. 소련에서는 종교가 부활해 정부가 무너진다.

나중에, 나치 과학자는 미국인들과 교신한 것이 화성인이 아니라 안데스에서 그의 장비를 사용한 나치들이었음을 밝히기 위해 미국의 연구실로 향한다. 그의 의도는 서구와 소련의 정부를 무너뜨리려는 것이었다. 그러나 그가 교신한 내용은 오로지 경제에 관한 부분이 전부였음이 밝혀진다. 철학적이고 종교적인 이야기는 실제로 화성에서 왔던 것이다. 헷갈리는 플롯의 반전이 있은 후, 독일 과학자가 수소 밸브를 총으로 쏘자 가스가 새어나와 실험실은 폭발한다.

〈붉은 행성 화성〉은 화성인을 보여 주지 않고, 그들을 평화로운 민족으로 그린다는 것이 독특한 점이다. 당시의 많은 다른 영화들은 화성인을 침략자나 적어도 적이 될 가능성이 있는 상대로 묘사했다. 화성인과의 교신을 플롯 장치로 삼았다는 점(그리고 로웰의 영향을 인정한 점)을 제외하면, 이 영화는 외계인보다는 1950년대 지구인의 관심사를 더 많이 다룬다.

〈화성에서 온 침입자〉　　　　　　〈화성에서 온 침입자Invaders from Mars〉
(1953)는 외계인이 침략자라는 생각을 소개하면서 그 시대의 관심사를 훨씬 더 섬세하게 그린다. 그들은 친숙해 보이지만 명확히 적들이다. 한 어린 소년이 한밤중 뒷마당에 빛나는 비행접시가 착륙하는 것을 본다. 소년의 이야기를 듣고 밖으로 나간 아버지는 아침까지 돌아오지 않는다. 이윽고 돌아온 아버지는 다른 사람이 되어 있다. 우리는 아직 그 사실을 모르지만, 화성인이 그의 목에 행동을 제어하는 전극을 심어 놓았다.

결국 몇 사람들이 더 변하는데, 그것은 간접적으로 표현된다. 비행접시는 이제 모래 구덩이 아래에 묻혀 있고, 그 위로 사람이 걸어가면 갑자기 모래에 구멍이 생기는데, 그리하여 지하로 떨어진 사람들은 납치되는 듯하다. 한 매력적인 여성 심리학자와 그 친구인 남성 천체물리학자가 그 소년의 말을 들어주기 전까지는 무슨 일인가가 일어나고 있다는 걸 믿어 주는 사람이 아무도 없다. 알고 보니 그 천체물리학자는 최근 비행접시들이 레이더에 포착된 사실을 알고 있었다. 그들은 지구인이 로켓을 개발하기 시작하자 화성인이 그에 맞서 선제공격으로 침략을 개시한 것이 아닐까 짐작하고 군대에 연락을 취한다.

결국 땅 밑에 비행접시가 있다는 사실을 확인한 군대가 특공대와 함께 침투한다. 당연히 그 어린 소년과 심리학자 역시 비행접시를 발견하고 외계인들에게 납치되는데, 이들은 덩치가 큰 인간 형태로 느릿느릿 움직인다. 이들은 다른 형태의 외계인의 지시에 반응하는 것으로 보아 아마도 지각이 없는 듯하다. 후자의 외계인은 인간과 약간 비슷한 머리가 한 무더기의 촉수들 꼭대기에 자리 잡고 있는 모습이다. 이 외계인은 커다랗고 투명한 구 안에 살며, 느릿느릿 움직이는 외계인들에 의해 움직인다(그림 3.5). 비록 인간과 비슷한 특징들이 있긴 하지만 엄밀히 인간 형태는 아니라는 점이 흥미롭다. 그 거대한 머리를 보면 지능이 있음을 추측할 수 있는데, 역설적인 것은 이 인간 비슷한 특징들로 인해 관객은 그것이 외계인의 우두머리임을 짐작할 수 있다는 점이다. 그것이 나무, 오징어, 혹은 이끼 덩어리 비슷한 생김새였다면 관객은 그것이 외계인인지 쉽게 알아보지 못했을 것이다.

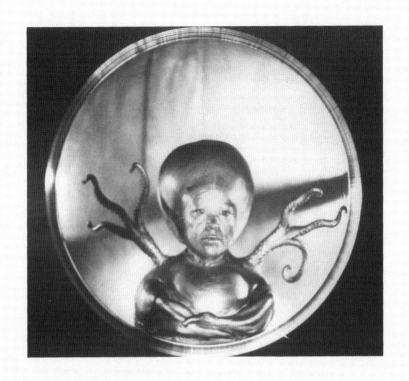

그림 3.5   〈화성에서 온 침입자〉의 지배층 외계인은 커다란 머리가 달려 있어 지능을 가졌음을
짐작할 수 있는데, 아마도 느릿느릿한 노동자 외계인들을 텔레파시로 통제하는 듯하다. 조그만 몸
통에 촉수들이 달려 있다. '손 촉수들'을 꿀렁꿀렁 흔드는 끈들을 눈여겨보자.

National Pictures Corporation

특공대는 심리학자를 찾아내고, 소년을 포함한 모두는 탈출에 성공하는데, 탈출하기 전에 폭파 장치를 설치한다. 외계인은 날아서 도망치지만 그들의 비행접시는 공중에서 폭파된다.

〈화성에서 온 침입자〉는 내 이웃의 누가 내 적일지 알 수 없는 시대의 피해망상을 보여 준다. 또한 인간형 외계인과 원래는 인간이었던 외계인, 그리고 겨우 2년 전쯤 언론에 등장한 고전적인 비행접시를 보여 준다. 비행접시에 관한 신문 기사는 영화 각본가들에게 외계 우주선을 어떤 모습으로 그려야 할지 알려 주었다. 이 영화는 1986년 같은 제목으로 리메이크되었다(감독 토브 후프).

〈금단의 행성〉 '우주를 배경으로 한 셰익스피어의 《폭풍우》'라고들 하는 〈금단의 행성Forbidden Planet〉(1956)은 그보다 1996년에 방영된 TV 시리즈 〈스타 트렉〉의 파일럿 프로그램이라고 해도 어색하지 않을 듯싶다. 견우성 4에 착륙한 우주선의 교신이 끊어진 몇 년 후, 확인을 위해 지구에서는 군사 우주선인 연합 행성 크루저 C57-D를 파견한다. 이 우주선은 고전적인 UFO로, 지구 출신이라는 점을 제외하면 여러분이 예상할 법한 바로 그런 비행접시다(그림 3.6).

견우성 4에 도착해서 표면과 무선 교신을 시도한 군인들은 떠나라는 경고를 듣는다. 그 행성은 위험하다. 비행접시는 이 충고를 무시하고 (수송기 없이) 착륙하고, 로비라는 이름의 로봇이 대위, 1등 항해사, 그리

그림 3.6　　영화 〈금단의 행성〉의 행성 연합 크루저 C57-D는 비행접시의 교과서적 본보기다.
착륙할 때는 층계 역할을 하는 세 개의 다리가 내려온다.　　　Metro-Goldwyn-Mayer Studios

고 의사의 안내를 맡아 그들을 첫 우주선의 유일하게 살아남은 승객에게로 데려간다. 명민한 과학자인 그 승객에게는 지구를 떠난 뒤 태어난 아름다운 딸이 있다. 과학자는 다른 승객들이 죽은 정황을 알려주고, 자신은 탈출하려고 애썼지만 우주선이 날아가 버렸다고 한다.

아름다운 딸과 대위 사이의 로맨틱한 긴장을 한참 보여 준 후, 견우성 4에 예전에 크렐이라는 인종이 살았다는 사실이 밝혀진다. 크렐의 기술은 인류가 개발한 것보다 훨씬 우월했지만, 어떤 이유에서인지 2000세기 전의 어느 날 자신들의 기술에 의해 하룻밤 새 멸망하고 말았다. 그 과학자는 그들의 장비 중 일부를 찾아내고 작동시키는 방법도 알아냈다.

그러는 사이 승무원들이 무언가에 죽임을 당한다. 결국 불길 같은 큰 생물이 C57-D의 힘의 장force field으로 들어오려고 한다. 대위는 행성을 탈출하기로 마음먹고 과학자와 그의 딸을 데리러 돌아온다. 과학자의 기지가 공격당하고, 결국 괴물의 정체는 과학자의 무의식이 크렐의 막대한 힘에 의해 증폭되고 인간화된 것으로 밝혀진다. 과학자는 우주선의 승객들을 죽인 것이 자신이라는 죄의식에 짓눌려 크렐이 설치한 자기 파괴 장치를 작동시키고 그 후 죽는다. 대위는 딸과 로비와 함께 도망치고 C57-D는 행성을 뒤흔드는 폭발을 피해 먼 곳으로 도망친다.

〈스타 트렉〉의 팬들은 〈금단의 행성〉이 〈스타 트렉〉의 전형적인 줄거리를 따르는 이야기라는 사실을 눈치챌 것이다. 〈스타 트렉〉을 창조한 진 로든베리Gene Roddenberry는 자서전에서 자신이 만든 인기 TV 시리즈가 〈금단의 행성〉에서 어느 정도 영감을 받았다는 사실을 시인했다. 한편 우리는 우리의 관심사인 크렐인을 끝까지 만나지 못한다. 그저 그들이 초강력 인종이며, 그들 자신의 기술과 자만심 때문에 멸망했다는 것을 알 수 있을 따름이다. 그리고 C57-D는 비행접시의 대표적인 본보기로, 케네스 아놀드의 첫 UFO 목격담을 각본가가 창조적으로 해석해 만든 이미지를 관객의 마음에 각인시켰다.

〈지구 대 비행접시〉 〈지구 대 비행접시Earth vs. Flying Saucers〉(1956)는 대중의 마음속에 존재하는 비행접시의 또 다른 예를 보여 준다. 제목을 보면 짐작할 수 있겠지만 이 영화는 지구와 외계인 사이에 벌어지는 고전적인 총격전을 그린다. 영화는 신혼부부가 인적 없는 고속도로를 달리는 장면으로 시작하는데, 한 비행접시가 윙윙거리며 그들을 뒤쫓고 있다. 약간 베티와 바니 힐이 떠오르는 대목이지만 이 영화는 그들의 경험보다 5년 앞서 개봉되었고, 기억 상실과도 전혀 관련이 없다. 남편은 인공 위성을 우주로 발진시키는 스카이후크 프로젝트라는 정부 프로그램을 지휘하는 과학자로, 운전을 하면서 테이프 녹음기에 자신의 노트를 구술하고 있다. 비행접시는 높은 음조의 곤충 같은 윙윙소리를 내면서 차를 따라가는데, 그 소리는 테이프에 녹음된다.

부부는 위성이 발진된 기지로 계속 가고 있다. 이전의 10호 위성이 격추당했음이 밝혀진 후 과학자들은 11호 위성을 발진시키는데, 그것 또한 자취를 감춘다. 이 마지막 위성 발진 직후 기지에 비행접시가 착륙하고 세 명의 인간형 외계인들이 나온다. 그들 중 하나가 한 병사의 총에 맞자, 외계인들은 광선총을 쏘아 복수한다. 그 후 비행접시는 스카이후크 프로젝트를 주관하는 기지를 파괴한다. 부부는 지하에 갇히고, 숨이 막혀 오자 남편은 유언을 남길 생각으로 녹음을 한다. 배터리가 얼마 안 남았을 때 그는 비행접시가 내는 소리를 듣고, 그것이 외계인들이 스카이후크 프로젝트 기지에 착륙할 거라는 긴급 공지였음을 알아낸다.

구조된 부부는 워싱턴 D.C.로 가서 그 일을 알린다. 외계인들은 과학자에게 자기들과 접촉할 방법을 무전으로 알리고, 과학자는 미국 관료들의 명령을 어기고 외계인을 만나러 간다. 과학자의 아내는 그들을 감시할 의무를 맡은 한 군 소령에게 그 사실을 알리고, 두 사람은 전속력으로 차를 몰고 가는 과학자를 따라간다. 아내와 소령이 과학자를 따라잡아, 세 사람은 함께 비행접시에 탑승한다. 외계인은 지구를 정복하려는 의도를 밝히고, 자신들이 인간의 마음을 읽고 그 사람이 아는 모든 것을 습득할 수 있는 능력을 가졌음을 보여 준다.

외계인은 과학자에게 56일의 말미를 주고 그동안 세계의 지도자들을 만나 워싱턴 D.C.로 모여 외계인에게 항복할 것을 권하게 한다. 그

그림 3.7　영화 〈지구 대 비행접시〉에서, 고전적 비행접시의 함대가 워싱턴 D.C.를 난장판으로 만든다. 여기서 비행접시들은 링컨 기념관 위로 날아간다.　　　　　Clover Productions

후 과학자와 아내와 소령은 풀려난다. 그 과학자는 두 가지 무기를 만들었는데, 첫째는 미미한 파괴력을 지닌 음속 광선이고, 둘째는 비행접시의 자기 추진 장치를 교란하는 전기 빔이다. 이 전기 빔들은 다양한 형태로 군용 트럭들에 구축되고 설치된다.

약속의 날, 비행접시들은 미국의 수도로 다가와 파괴를 시작한다 (그림 3.7). 지구인들은 맞서 싸우고 결국 비행접시들을 쏘아 떨어뜨린다. 그보다 한참 나중에 나온 영화 〈인디펜던스 데이〉의 전투 장면에서 외계인이 워싱턴 D.C.를 파괴하는 방식은 어쩌면 〈지구 대 비행접시〉에서 빌려온 것일 수도 있다.

〈지구 대 비행접시〉는 노골적으로 정치적인 영화는 아니지만, 선한 사람과 악당 사이의 고전적인 갈등을 그린다. 비행접시들은 매우 전형적인 디자인이지만 다시금 비행접시의 이미지가 문화에 얼마나 깊이 침투했는지를 보여 준다. 외계인들과 비행접시들은 이제 확고히 주류가 되었다.

1950년대에 쏟아져 나온 UFO 영화들은 그 10년이 끝나기 전, 소련이 1957년에 스푸트니크를 발진한 직후에 하락세를 타기 시작했다. 비행접시들을 넘치는 상상력으로 묘사하려는 욕구는 사라지고 무척 현실적인, 지구 출신의 우주 인종이 그 자리를 차지했다. 인류가 우주를 정복할 수 있음을 깨달은 사람들에게, 우주에 있는 외계인을 이야기한다는 것은 어쩐지 시대에 뒤떨어진 것처럼 여겨졌던 것이다. 다음 장에서 우리는 1960년에서 현재까지의 시기를 다룰 것이다. 반세기가 넘는 세월 동안, SF 장르의 등장 인물은 바뀌어 버렸다. 강렬한 블록버스터의 시대가 이미 다가와 있었다. SF 장르는 1970년대부터 줄곧 TV와 영화 산업의 주류로 자리를 굳혔다. 외계인은 늘 진지하게 다루어진 것은 아니었지만 어디에나 등장했다. 영화 제작자와 관객 모두 외계인을 의식적으로 우리 자신의, 지구의 관심사를 표출하는 방식으로 취급하게 되었다. 근본적으로, 외계인은 더 이상 낯설지 않다. 과거 몇십 년은 인류의 정신에 폭넓게 침투한 강렬한 영화와 TV 프랜차이즈들을 낳았다. 다음 장에서 우리는 그들에 관해 이야기할 것이다.

4장

블록버스터

그렇지만 부디 잊지 마시길. 이 소설은 그저 허구일 뿐이다. 진실은 늘 허구보다 훨씬 기묘하다.

— 아서 C. 클라크, 《2001 스페이스 오디세이》

1950년대에는 1947년에 시작된 비행접시 열풍에 영향을 받은 영화들이 수십 편씩 만들어졌다. 여기에는 냉전과 더불어 비롯된 우려들도 한몫했다. 한편 요 몇십 년간 만들어진 블록버스터 영화들은 그와는 사뭇 다르다. 이 새로운 유형의 SF 영화들은 막대한 광고 예산과 전문적 마케팅에 힘입어 외계인에 대한 대중의 시각을 바꾸어 놓았다. 근래 들어 케이블 방송국이 우후죽순으로 생겼고 그렇게 만들어진 수백 개의 채널을 채울 프로그램이 필요했다. 이러한 영향으로 저예산 SF 영화 제작자들과 열광적인 SF 팬이 서로 만나게 되는 새로운 틈새 시장을 형성하게 된다. 그 한 예로, 이름부터 문법에 맞지 않는 SyFy 방송사는 에드 우드Ed Wood가 봐도 낯을 붉힐 만한 영화들을 만들었다. (SF 장르를 잘 모르는 독자들을 위해 설명하자면, 에드 우드는 형편없는 SF 영화들로 악명 높은 감독이다.) 그렇지만 이런 새로운 'B급 영화들'은 대중에 그다지 큰 영향을 미치지 못했다. 그보다는 영화관의 대형 화면에서 현대적인 외계인들을 보는 사람들이 대부분이었다. 이 장에서 우리는 지난 몇십 년간 큰 영향을 미친 영화와 TV 드라마들을 다룰 것이다.

1960년대에는 종류를 막론하고 외계인을 다룬 영화가 많지 않다. 그 시기의 가장 중요한 영화는 1968년에 만들어진 예술성 높은 스탠리 큐브릭 감독Stanley Kubrick의 〈2001 스페이스 오디세이2001: A Space Odyssey〉다. 여기서 외계인의 존재는 암시적으로만 다루어지지만 납작한 석판(모노리스)이 계속 등장한다. 최초의 모노리스는 채집 생활을 하고 겁이 많은 인류의 시조들 앞에 나타나서 그들을 변화시킨다. 변화된 무리는 경쟁 상대인 무리의 우두머리를 죽이고 호모 사피엔스로 이어지는 혈통의 시조가 된다. 그 후 영화는 2001년으로 건너뛰어 달로 간 과학자들이 달에서 모노리스를 발견하는 장면을 보여 준다. 모노리스는 과학자들을 감지하고 목성으로 신호를 보낸다. 그 뒤로는 할HAL이라는 이름의 고집 센 컴퓨터와 함께 목성으로 가는 우주 여행 과정이 상세하게 그려진다. 그러다 목성 부근에서 또 다른 모노리스가 등장해 작동을 시작하더니 시간을 빨리 흐르게 해서 한 우주 비행사가 노화 과정을 거치게 한 후 엄청난 빛의 쇼를 보여 준다. 그리고 마지막으로 그 우주 비행사는 지구를 마주보는 빛나는 배아 같은 구체 안에 감싸인다. 아마도 인류가 다시금 변화되었고 새로운 발달 단계에 들어간 것으로 짐작된다.

〈2001 스페이스 오디세이〉에서 외계인은 끝까지 모습을 보이지 않는다. 거기에는 칼 세이건의 조언이 있었다. 세이건은 영화 제작진에게 진짜 외계인이 있다면 인간 형태가 아닐 거라고 말했다. 당시 영화 제작상의 한계를 생각해 보면, 컴퓨터 그래픽이 무척 원시적 수준이어서 인간 배우들이 직접 외계인을 연기해야 했을 것이다. 따라서 감독은 외계인을 아예 보여 주지 않는 편을 택했다. 1997년 영화 〈콘택트Contact〉(감독 로버트 저메키스)는 이 기법을 그대로 따라했다. 대본은 칼 세이건이 아내인 앤 드루얀Ann Druyan과 함께 썼다. 세이건은 사람들에게 외계인이 우리와 다르게 생겼다는 사실을 깨우쳐 준 대표적인 과학자다. 〈콘택트〉는 종교적인 함의를 담고 있는데, 여기서 거론되는 외계인은 우리보다 너무나 진보한 존재라 신처럼 보이기도 한다.

그 이후로 1960년대에는 외계인을 그린 영화들을 찾아보기 힘들다. 이 시대는 베티와 바니 힐의 시대였다. 그리고 이런 외계인에 관한 새로운 생각들이 할리우드에 영향을 미치게 되는 것은 그로부터 한참 후다. 하지만 텔레비전이라면 이야기가 다르다. 1960년대 텔레비전에서는 영국의 장수 드라마인 〈닥터 후Doctor Who〉와 컬트 드라마의 고전인 〈로스트 인 스페이스Lost in Space〉 그리고 (외계인이 이따금씩 등장한) 〈환상특급〉 같은 시리즈들이 방영되었다. 그렇지만 누가 뭐래도 이 시대 SF 최고의 명가는 진 로든베리의 〈스타 트렉〉이다.

〈스타 트렉〉

"최후의 변경인 우주. 이 이야기들은 우주선 엔터프라이즈호의 여행기다. 엔터프라이즈는 5년간 낯설고 새로운 세계를 탐험하고, 새로운 생명과 새로운 문명을 찾는다는 임무를 띠고 인간이 전에는 가보지 못한 곳으로 용감하게 떠난다." 이는 오늘날까지 최장수 SF TV 시리즈인 〈스타 트렉〉의 서두다. 〈스타 트렉〉은 1966년에 그리 길지 않은, 세 시즌짜리 작품으로 처음 등장했다. 보통은 그냥 잠깐 성공을 거두고 잊혀질 그저 그런 드라마가 되었을 것이다. 그러나 〈스타 트렉〉은 그렇지 않았다. 〈스타 트렉〉의 팬들은 트레키Trekkies라고 불리게 되었다. 몇 년간 방송국들을 돌며 재방영된 드라마는 1979년 장편 영화로 옷을 갈아입었고, 그 이후로 드라마로 다섯 시리즈가 더 만들어졌다. 1987년에는 처음 방영한 〈스타 트렉〉으로부터 1세기 후의 이야기를 그린 〈스타 트렉: 더 넥스트 제너레이션Star Trek: The Next Generation〉이라는 시리즈가 새로운 시청자들을 만났다.

트레키들은 이제 1966년판 〈스타 트렉〉을 〈스타 트렉: 오리지널 시리즈Star Treck: The Original Series〉(또는 TOS)라고 부른다. 그 뒤에 나온 드라마인 〈스타 트렉: 더 넥스트 제너레이션〉은 넥스젠 또는 TNG(1987~1994)라는 약자로 부른다. 〈스타 트렉: 딥 스페이스 나인Star Trek: Deep Space Nine〉(DSN, 1993~1999)과 〈스타 트렉: 보이저Star Trek: Voyager〉(보이저, 1995~2001)가 그 뒤를 따라 나왔다. DSN과 보이저는 넥스젠과 같은 시대를 그리고 있어서 이따금씩 스토리가 서로 교차하기도 한다. 마지막으로 〈엔터프라이즈Enterprise〉(2001~2005)라고 불리는, 그 이전 이야기를 다룬 속편 시리즈는 동일한 우주를 배경으로 인류가 처음 성간 비행을 시작한 시대를 상세히 그려냈다. 여기다 열두 편의 장편 영화, 만화 시리즈(1973~1974), 수백 권의 책과 만화책, 그리고 다른 파생 상품들까지 더하면 어마어마한 시장이 된다.

그런 방대한 양의 자료를 여기서 단 몇 페이지에 모두 설명하기란 불가능한 노릇이다. 그러므로 여기서는 〈스타 트렉〉 세계의 대표적인 외계인 유형과 줄거리를 몇 가지만 다룬다.

원작 시리즈　　　　원작 〈스타 트렉〉은 1960년대의 정치적 격동 속에서 태어났다. 당시 미국 대중의 주된 관심사는 인종 차별 폐지, 성 평등 문제, 그리고 냉전 체제의 대리전이었다. 이 시리즈는 이런 문제들을 다루는 참신한 방법을 보여 주었다. 은하계를 빛보다 빠른 속도로 날아다니는 엔터프라이즈호의 선장은 미국 중서부 출신의 제임스 T. 커크이지만 승무원 중에는 우후라라는 이름의 흑인 여성 통신 장교도 있었다. 게다가 조타수인 술루는 아시아인, 조종사인 체호프는 러시아인, 기술자인 스코티는 스코틀랜드인, 군의관인 매코이는 미국 남부 출신이었고 일등항해사 스팍은 지구인과 벌컨인의 혼혈이었다. 벌컨인들은 원래는 전투 종족이지만 논리 숭배와 실천으로 그 본능을 길들인 사람들이었다. 벌컨인은 감정을 '비논리적'이라는 이유로 거부하는데, 드라마에는 매코이와 스팍이 감정이 하는 올바른 역할을 두고 말로 결투를 벌이는 부차적인 스토리가 반복 등장한다. 엔터프라이즈호의 승무원들은 다민족으로 구성되어 있고 유능하며 행복하다. 그 외에도 이 드라마는 1960년대 미국의 다양한 문제들을 암묵적으로 다루고 있다.

매 회는 시작 부분에서 엔터프라이즈호가 어떤 문제를 겪고, 끝에 가서 그 문제가 해결되는 형식으로 구성되었다. 따라서 각 에피소드는 대체로 독립적이다. 총 78편의 에피소드는 1960년대의 많은 사회적 이슈들을 다루었다. 예를 들어 "최후의 전장"은 한 행성에 사는 몸 왼쪽이 검은색이고 오른쪽이 흰색인 외계인들과 몸 오른쪽이 검은색이고 왼쪽이 흰색인 외계인들이 서로 싸우는 이야기를 그린다. 이 서로 별다를 것도 없는 두 집단의 내전으로 행성은 멸망하고 말았다. 끝부분에서 두 외계인들은 고향 행성으로 돌아가 죽을 때까지 전투를 계속한다. 이 스토리는 분명히 당시 미국에서 벌어지고 있던 인종 문제를 이야기하고 있었다. 평론가들은 메시지가 너무 빤해서 좀 유치하다고 보았지만, 그것은 TOS에서도 볼 수 있는 공통적인 플롯이었다.

엔터프라이즈호는 행성 연합(보통은 그냥 '연합')이라고 불리는 정치 조직의 기함이다. 행성 연합은 자발적으로 서로 손을 잡은 행성들과 인종들의 협력 단체다. 광속보다 빠른 기술을 터득하고, 평화롭고, 다른 인종들과의 대외 관계에서 민주적 원칙을 고수할 수 있는 행성은 연합에 가입할 수 있었다. 그렇지만 다른 행성의 내적인 정치적, 사회적 조직에 대한 규제는 없었다. 연합의 주적은 클링온과 로뮬런 제국이다. TOS에서 클링온은 인간과 무척 비슷한 모습으로 등장하는데, 거무스름한 피부에 깔끔하게 다듬은 풍성한 턱수염을 기른 모습은 얼핏 과거의 페르시아인을 연상시킨다. 아마도 그런 설정은 〈플래시 고든〉의 밍더 머시리스에 바치는 오마주일 수도 있다. 클링온은 미국인이라면 군대 구호로 들어보았을 '불명예보다는 죽음을 택한다'는 신조를 온 몸으로 보여 준다. 로뮬런 역시 인간 배우들이 연기한 까닭에 인간과 비슷한 외양을 하고 있지만, 뾰족한 귀를 가졌고 혈액의 성분이 구리라는 점이 다르다. 로뮬런은 교활한 모사꾼들이다. 그들은 옛날 로마제국의 이미지에다 명나라의 이미지를 약간 가미한 듯한 모습으로 그려진다.

넥스트 제너레이션　　　　배경은 원작보다 한 세기 후로, 우주선은 이제 엔터프라이즈 모델 D다. 장 뤽 피카드 대위는 다문화적 구성의 승무원들을 이끌고 일련의 모험을 겪는다. 승무원은 지구의 성과 인종이 뒤섞여 구성되어 있고, 주요 등장 인물 중에는 새로운 외계인 몇 명이 끼어 있다. 디애나 트로이는 인간과 동일한 생김새에 텔레파시 능력을 지닌 베타조이드 종족과 인간 사이의 혼혈이다. 게다가 그 시대에는 정치적 변화들이 일어나 클링온들이 더는 적이 아니라 동맹이 되어 있다. 엔터프라이즈 D호의 보안 장교는 워프로, 그는 인간 부부에게 입양되어 키워진 클링온이다. TOS에서 넥스젠으로 넘어가면서 클링온의 이미지는 재창조되어, 그들은 이제 이마에 한 쌍의 뼈 같은 이랑을 붙여 분장을 한 거대한 인간들로 그려진다. 드라마는 끝날 때까지 그런 변화의 이유를 설명하지 않지만 드라마의 제작자들이 승인한 책들과 팬들이 만든 팩션에서는 그것을 거론했다. 공식 설명은 DSN에서 제공했다. 그 원인은 실패한 유전 공학 실험 때문이었다. 넥스젠의 클링온들이 진짜 클링온이었다. 창작물이라는 관점에서 볼 때 넥스젠의 클링온들은 더 잘 개발되었다. 그들의 사회는 전투를 통한 명예와 진보에 초점을 맞추었다.

클링온들이 이제 동맹이 되었으니 새로운 종이 적으로 등장해야 하는데, 그중에는 DSN에서 핵심 역할을 하는 카다시안들이 있다. 그들 역시 인간형으로 목의 이랑이 튀어나와 있으며 전체주의적 문화를 지녔다. 그리고 사이보그인 보그도 있었다. 보그는 어떤 특정한 한 인종이 아니라 자신들이 만나는 모든 생명 형태들을 융합했다. 새로운 종을 만나면 그들은 이렇게 알린다. "우리는 보그다. 너희는 동화될 것이다. 우리는 너희의 기술적이고 유전적인 특색들을 우리의 것에 추가하겠다. 저항은 소용없다." 그들은 강력한 집단이었고 그들이 만나는 종족들은 실상 자주 동화되었다. 그러나 우리는 비용 절감의 필요 때문에, 그리고 드라마 제작자들이 사용할 수 있는 기술의 한계 때문에 인간형 보그만을 만나게 된다.

넥스젠에 자주 등장하는 또 다른 독립체는 Q라고 불린다. 우리는 원래 단일한 독립체인 Q가 실제로 초강력한, 근본적으로 신 같은 힘을 지닌 종족이었음을 알게 된다. Q는 순식간에 현실을 바꾸고, 시간을 여행하고, 행성과 항성들을 파괴하고, 사람들을 죽이거나 되살릴 수 있었다. Q가 왜 자신에 비하면 원시적인 연합에 전혀 관심을 갖지 않는지는 끝까지 충분히 설명되지 않았다.

〈스타 트렉〉 외전　　　　　DSN, 보이저, 엔터프라이즈는 새로운 종족과 정치적 상황을 보여 주었다. 이 시리즈들은 외계인들이 더는 1950년대의 영화에서 그랬듯이 새로운 존재가 아니고, 그보다는 그저 플롯을 전개하는 데 필요한 캐릭터로 사용되는 사례임을 보여 주었다. 어떤 의미에서, 다양한 시리즈는 그저 호메로스의 《오디세이아》나 조너선 스위프트의 《걸리버 여행기》로 거슬러 올라간 것뿐이었다. 마주치는 외계인 종족들은 흥미로웠고, 그들과 인류의 차이점이 자주 이야기의 토대가 되었다. 그러나 외계인을 만나는 것은 평범한 일이었다. 얼싸안든 뒷걸음질 치든, 배움의 기회를 제공하는 다양성의 한 유형일 뿐이었다.

누가 뭐래도 〈스타 트렉〉의 팬덤 — 트레키라는 별명이 붙었고 자신들을 트레커라고 부르는 — 은 SF 장르 전체에서 가장 유명하다. 2013년에 또 다른 영화(〈스타 트렉 다크니스Star Trek into Darkness〉, 감독 J. J. 에이브럼스)가 나왔고, 이 글을 쓰는 지금 〈스타 트렉〉의 문학 제국은 46주년을 맞았다. 이 시리즈는 아직도 팔팔하고, 나는 그것이 스팍의 말마따나 계속해서 '장수하고 번영하기를' 바란다.

〈스타 워즈〉

〈스타 트렉〉에 지적인 요소가 있었다면, 〈스타 워즈〉는 순전히 재미 위주였다. 〈스타 워즈〉는 〈스타 트렉〉과는 전혀 달리, 자신이 왕자임을 알지 못하는 소년, 슬픔에 빠진 공주, 그리고 강력하고 사악한 적이 등장하는 고전적인 모험 이야기를 들려주는 것이 목표였다. 〈스타 워즈〉는 '오래전, 머나먼 한 은하계'를 배경으로 삼은, 세월의 영향을 받지 않는 이야기다.

　〈스타 워즈〉의 시초는 1977년 조지 루카스George Lucas 감독이 만든 작품이다. 줄거리는 사악한 제국으로부터 훔쳐낸 중요한 설계도를 둘러싸고 전개된다. 그것은 행성 하나를 통째로 날려 버리기 충분한 힘을 가진 이동식 전투 기지인 '죽음의 별'의 설계도다. 레아라는 이름의 공주가 제국에 맞서 반란을 일으킬 계획을 품고 군대를 찾아가고 있다. 공주가 사악한 다스 베이더에게 사로잡히기 전에, 그 설계도는 (영화에서 드로이드라고 불리는) 로봇에게 이식되어 루크 스카이워커라는 시골 농장 소년의 손에 들어간다. 소년은 오비완 케노비라고 불리는 제다이 기사와 한편이 된다. 제다이는 철학자인 동시에 전사로, 과거에는 트레이드마크인 광선검을 휘둘러 은하계의 평화를 지키는 수호자였다. 그들은 한 솔로(해리슨 포드)라는 이름의 밀수업자와 그의 부조종사인 츄바카를 조력자로 삼는다. 츄바카는 워키인데, 워키는 영화의 주요 등장 인물 중 처음으로 등장하는 외계인으로, 키 214cm에 털북숭이이고 인간형으로 빅풋을 연상시킨다. 한 등장 인물은 츄바카를 '걸어 다니는 양탄자'라고 부른다.

일행은 루크의 고향 행성을 탈출하지만, 우주선은 트랙터 빔에 붙들려 죽음의 별로 끌려간다. 그들은 트랙터 빔을 무력화할 방법을 찾아내 탈출한다. 그러나 탈출 전에 오비완 케노비는 다스 베이더와 목숨을 건 전투를 벌인 끝에 패배하고 만다. 루크 일행은 레아 공주가 죽음의 별에 갇혀 있다는 것을 알아내고 그녀를 풀어준다.

우주선은 남은 주민들을 태우고 죽음의 별을 탈출한다. 그들은 죽음의 별의 설계도를 반군에게 가져가지만, 제국이 우주선에 몰래 설치한 자동 유도 장치가 죽음의 별을 반군 기지로 인도하는 바람에 기지는 파괴될 위험에 처한다. 반군 전사들은 수적 열세를 극복하고 결국 죽음의 별 공격에 성공을 거두고, 죽음의 별은 파괴된다.

〈스타 워즈〉의 놀라운 점은 외계인들이 특별히 낯선 존재로 그려지지 않는다는 점이다. 그들은 그저 등장 인물일 뿐이다. 츄바카가 외계인이라는 점은 전혀 관심거리가 아니다. 단골들, 예능인들, 그리고 노동자들은 근본적으로 모두 외계인들이고 다양성을 보여 주기 위해 존재할 뿐이다. 외계인이라는 것은 근본적으로 우리의 종 개념과 동일하다. 분명히 존재하지만 거의 언급되지 않는다. 우리 중 적어도 한층 코스모폴리탄적이고 자유주의적인 사람들 사이에서는 말이다.

원작 영화는 한 편으로도 충분히 완결성이 있었지만, 엄청난 상업적 성공 때문에 후속작이 나올 수밖에 없었다. 2편 제목은 〈제국의 역습The Empire Strikes Back〉(1980)이었고 그 후 〈제다이의 귀환Return of the Jedi〉(1983)이 나왔다. 이 두 영화는 실상 루크가 명예를 얻고 자신의 아버지가 다스 베이더임을 깨닫는 이야기를 그린 한 편의 장편 영화를 둘로 나눈 것이나 다름없었다. 〈제국의 역습〉에는 요다가 등장하는데, 제다이 기사의 스승인 그는 제국에 숨어 살고 있었다. 요다는 확실히 30년 전부터 어른이나 아이나 한눈에 알아볼 수 있는 특징적인 외계인이 되었다. 이 세 편의 영화는 황제와 제국이 멸망하는 권선징악의 이야기를 그린다. 그 이야기는 젊은 독자들과 열혈 SF 팬들에게 큰 인기를 끈 수백 권의 책들을 낳았다.

이 시리즈는 1999년에 리부트된다. 조지 루카스가 다스 베이더의 과거를 들려주기로 마음먹은 것이다.* 영화 〈스타 워즈 에피소드 I: 보이지 않는 위험Star Wars: Episode I — The Phantom Menace〉은 루크의 아버지인 아나킨 스카이워커가 어린 소년일 때 제다이를 만나고 그 후 가장 강한 제다이 기사들 중 하나가 된 이야기로 시작한다. 후속작인 〈스타 워즈 에피소드 II: 클론의 습격Star Wars: Episode II — Attack Of The Clones〉(2002)과 〈스타 워즈 에피소드 III: 시스의 복수Star Wars: Episode III — Revenge Of The Sith〉

---

* 리부트된 시리즈로 인해 첫 〈스타 워즈〉는 〈스타 워즈 에피소드 IV: 새로운 희망〉, 이후 작품은 〈스타 워즈 에피소드 V: 제국의 역습〉, 〈스타 워즈 에피소드 VI: 제다이의 귀환〉으로 불린다.

(2005)는 제다이의 힘을 터득한 아나킨이 서서히 부패하다 악으로 변하고, 결국 다스 베이더가 되기까지의 이야기를 들려준다.

〈스타 워즈〉에서는 많은 외계인들을 볼 수 있다. 이미 말했듯이, 요다는 키 작은 녹색 외계인이고, 츄바카는 기본적으로 설인이다. 우리는 자바 더 헛을 만나게 되는데, 그는 커다란 민달팽이 비슷하게 생긴 종족이다. 헛족은 기본적으로 갱단인데, 그것이 그 종족의 특성인지 아니면 그저 영화에 등장하는 집안의 특성일 뿐인지는 분명하지 않다. 건간족은 양서류 종족이다.

〈스타 워즈 에피소드 I: 보이지 않는 위험〉에서 우리는 확실히 지구인의 흔한 스테레오타입을 보여 주는 외계인들을 만난다. 이 스테레오타입화된 캐릭터들은 더없이 예의 바르고 호감 가는 이들은 아닌데, 영화 제작자들은 그 캐릭터들을 창조하면서 어떤 스테레오타입을 묘사하려는 의도는 전혀 없었다고 했다. 그래도 건간족은 아프리카계 카리브인을 너무 티 나게 희화화했다 하여 비판받는다. 또한 니모이드족인 누트 건레이라는 캐릭터는 2차 세계 대전 영화들에서 흔히 볼 수 있는 아시아인들에 대한 희화화 ― 일종의 푸 만추Fu Manchu[*] ― 를 보여 준다. 토이다리아인인 와토라는 캐릭터는 중고품 가게 주인인데, 마찬가지로 아랍이나 유대인 상점 주인을 희화화했다고 비판받아 왔다. (개인적으로 보기에는 유대인을 희화화했다기보다는 좀 수상한 구석은 있지만 갱단은 아닌, 이민 온 지 얼마 안 된 이탈리아인을 영화에서 고전적으로 묘사해 온 방식 같았다.)

---

[*] 영국 작가 색스 로머Sax Rohmer의 '푸 만추' 시리즈에 등장한 중국인 악당으로, 서양인이 아시아인에 대해 가지고 있는 '부정적인 스테레오타입'의 전형을 보여 준다.

그럴 뜻이 없었다는 영화 제작자의 항변을 수용하자면 그저 단순히 역사적으로 영화에서 겁쟁이거나 탐욕스럽거나 비굴한 캐릭터를 그릴 때 반복해 써 온 구체적인 특징들을 이용했다고 볼 수도 있다.

어쩌면 외계인들이 지구의 스테레오타입들을 연상시킨다는 사실 자체가 대중의 마음속에서 외계인이 그만큼 진화했음을 입증한다고까지 말할 수 있을지도 모르겠다. 그것은 〈스타 워즈〉의 외계인들이 실상은 그다지 외계인이 아니라는 점을 부각시킨다. 우리는 그들의 형태를 보자마자 외계인임을 알아보지만 그들의 행동은 실제로 영화 관객들에게 매우 친숙하며, 우리는 낯선 겉모습 아래에서도 고전 할리우드의 스테레오타입들을 알아볼 수 있다. 이것은 외계인이 우리 문화에 어느 정도로까지 녹아들었는지, 그리고 〈스타 워즈〉 영화 제작자들이 할리우드에서 흔히 쓰이는 희화화를 어느 정도까지 녹여 넣었는지에 관해 많은 것을 말해 준다. (인플레이션을 감안해 조정하면) 20억 달러도 넘게 벌어들인 이 영화의 시리즈는 외계인들이 '그저 사람들'로 받아들여지는 영화가 상업적으로 성공할 수 있으며 어쩌면 대중에게 외계인들이 우리와 무척 비슷하다고 생각하게 할 수 있음을 보여 준다. 이는 현실과 다를 가능성이 높지만, 할리우드가 우리에게 보여 주는 영화에서는 그렇지 않다.

〈에일리언〉

〈스타 워즈〉 시리즈가 외계인을 명확히 인간으로 제시했다면, 영화 〈에일리언〉은 그와는 무척 다른 무언가를 그려 낸다. 〈에일리언〉의 외계인은 이름 없이 제노모프xenomorph(타형)라고 불린다. 보편적인 의미의 지성이라는 말을 이 외계인에게 적용할 수 있을지는 애매하다. 그 외계인은 사회성 종으로, 기본적으로 (집을 짓고 수만 마리가 모여 사는) 말벌과 같은 군집 개념을 바탕으로 한다. 그들의 '사회'(더 적절한 표현이 없으므로)는 알을 낳는 여왕 하나와 전사 계급으로 이루어진다. 1979년 리들리 스콧Ridley Scott 감독이 〈에일리언〉을 만든 이후, 세 편의 후속편이 따라 나왔다. 〈에일리언 2Aliens〉(1986), 〈에일리언 3Alien 3〉(1992), 그리고 〈에일리언 부활Alien Resurrection〉(1997)이다. 거기다 〈에일리언〉의 외계 우주와 〈프레데터Predator〉 시리즈를 연결하는 영화 두 편이 더 있다.

〈에일리언〉의 플롯은 지극히 기본적이다. 제노모프는 최고의 사냥꾼이고, 인간들은 단순히 먹잇감이거나 타형의 번식을 위한 숙주일 뿐이다. 여왕이 낳은 알은 게와 비슷한 형태의 외계인으로 성장하여 인간의 얼굴을 붙잡고 입을 통해 배아를 이식한다. 얼굴을 움켜쥔 외계인의 형체는 떨어져 나가고, 배아는 자란다. 결국 그 배아가 가슴팍을 뚫고 나오면서 인간은 죽는다. 제노모프는 대형으로 성장하고, 그러면 다시 외계인들을 새로 잉태하기 위해 알이 있는 곳으로 인간을 잡아 온다(그림 4.1).

그림 4.1   영화 〈에일리언〉의 외계인이 인간형인 것은 당시의 영화 제작자들이 오늘날의 컴퓨터 그래픽 기술을 가지고 있지 않아서 인간 배우가 외계인을 연기해야 했기 때문이다. 그렇지만 이 외계인의 행동은 전혀 인간 같지 않다. 그것은 인류의 어두운 마음속에서 나온 굶주린 괴물이다.

20th Century Fox

무기를 갖추지 않은 인간은 제노모프들에게 모든 면에서 상대도 되지 않는다는 것이 영화 전편의 주제다. 기나긴 악몽 그 자체인 이 시리즈에서는 엄청난 대학살극이 벌어진다. 시리즈 전편에 걸쳐 우리의 응원을 받는 주인공은 리플리(시고니 위버)라는 이름의 독신 인간 여성으로, 그녀는 각 편에서 적을 무찌르는 데 성공한다. 〈에일리언〉 시리즈는 분명히 외계인에 관한 영화이긴 하지만 실은 그저 공포 영화일 뿐이고, 영화 〈죠스〉와 동일한 종류의 공포를 다룬다. 인간들이 무력한 희생자가 되는 영화는 확실히 무서울 수밖에 없다.

〈스타게이트〉

〈스타게이트〉 거대 제국은 영화 한 편과 확장된 TV 시리즈로 이루어지는데, 그 외에 DVD로만 출시된 영화 두 편도 있다. 원작 영화에서 영감을 받아 만들어진 TV 드라마는 서로 독립적인 세 시리즈로 약 14년에 걸쳐 방영되었다.

원작 영화(1994)의 전제는 고고학자들이 1928년 기자에서 커다란 '스타게이트'를 찾아낸다는 것이다. 그 스타게이트는 상형 문자가 빙 둘러 쓰여 있는 커다란 고리다. 이 고리가 뭔지는 몰라도 외계 기술의 산물이라는 사실은 1994년에 가서야 밝혀진다. 사람들은 크릭 산에 위치한 미국의 군사 기지로 고리를 옮겨 전력을 공급한다. 그것의 역할이 무엇인지 아무도 알지 못하다가, 드디어 한 고고학자가 상형 문자를 해독

하고 고리를 금고의 조합 자물쇠처럼 특정한 순서로 돌릴 수 있다는 것을 알아낸다. 제대로 돌리자 스타게이트가 열리고, 우리 세계를 다른 세계에 있는 다른 스타게이트와 연결한다.

고고학자를 대동한 군사 작전팀이 게이트 너머로 파견되는데, 그들은 고대 이집트와 무척 비슷한, 모래투성이 사막으로 이루어진 세계에 들어선다. 일행은 거기서 예전에 지구에서 이집트의 신인 라로 살았던 강력한 외계인을 만난다. 그는 인간들을 노예로 만들어 자신을 섬기게 했고, 이 불사의 외계인이 고대 이집트 문화의 창시자임이 드러난다. 특수 부대원들은 노예들을 선동해 반란을 일으키고, 라는 어떻게 봐도 이집트 피라미드로 보이는 우주선을 타고 탈출한다. 그러나 부대원들에게는 지구가 위험해질 상황이 오면 그 세계를 폭파시킬 전략으로 가져온 핵무기가 있었다. 그들은 라의 우주선에 그 무기를 설치해 두었고, 우주선이 행성의 대기를 떠나는 순간 무기는 폭발한다. 작전팀은 고고학자를 남겨 두고 스타게이트를 통해 지구로 돌아온다.

이집트 문화가 고대 외계인들의 영향을 받았다는 것은 이미 친숙한 개념으로, 에리히 폰 데니켄 덕분에 널리 알려져 있었다. 대중이 《신들의 전차》 같은 책들을 통해 미리 그 생각을 받아들일 준비가 되어 있지 않았다면 이 시리즈가 과연 얼마나 성공을 거두었을지는 알 수 없는 노릇이다.

원작 영화는 약 2억 달러를 벌어들여 상업적 성공을 거두었다. 그 성공은 TV 드라마로 이어져 〈스타게이트 SG-1Stargate SG-1〉(1997~2007)은 214편, 〈스타게이트 아틀란티스Stargate Atlantis〉(2004~2009)는 100편, 〈스타게이트 유니버스Stargate Universe〉(2009~2011)는 40편이나 만들어졌다. 그러니 작가들에게는 다양한 드라마를 통해 〈스타게이트〉 세계와 거기서 볼 수 있는 주민들에 대한 시각을 넓힐 시간이 충분했다. 매주 에피소드가 어딘가로 가서 어떤 문제를 겪고 그것을 해결하는 내용이라는 점에서 플롯은 〈스타 트렉〉과 다소 비슷하다. 그 와중에 주인공들은 어지럽도록 다양한 외계인들을 만난다. 모든 종들과 그들의 다양한 상호관계들을 여기서 다루는 것은 거의 불가능하다. 그러니 이전에 만나본 스테레오타입과 관련이 있는 종족을 자세히 살펴보기로 하자.

원작 영화에는 가우울드라는 외계인 종족이 등장한다. 양성적 인간이었던 라는 알고 보니 진짜 외계인인 가우울드의 인간 숙주일 뿐이었다. 가우울드는 인간의 뇌간에 들러붙어 숙주를 제어할 수 있는 뱀 같은 기생충이다. 숙주는 공생 관계 덕분에 긴 수명을 얻지만 그 대가로 자아를 잃는다. 가우울드는 무자비하며 은하계 지배를 원한다. 이들은 우리 책과 관련해 주목할 만한 가치가 있는데, 이 특정한 종류의 외계인은 폰 데니켄이 제시한(비록 폰 데니켄은 세부 사항을 꽤나 대충 넘겼지만) 가설에서처럼 지구의 과거 역사에 존재했기 때문이다. 〈스타게이트〉의 신화학에 따르면 가우울드의 기술이 없었다면 인간은 피라미드를 지을

그림 4.2　〈스타게이트〉의 아스가르드는 '회색이' 외계인의 전형적인 특징을 많이 가졌다.

MGM Television Worldwide Productions.

수 없었다.

〈스타게이트〉 우주의 또 다른 주요 외계인은 아스가르드다. 아스가르드는 유성 생식 능력을 잃어버리고 소멸해 가는 종족으로, 살아남으려면 자신들을 복제해야 한다. 그들은 비록 먼 과거에는 인간의 외양을 가졌지만, 반복된 복제로 인해 형태가 퇴화했다. 아스가르드는 이제 고전이 된 베티와 바니 힐 이야기에서 볼 수 있는 '회색이' 외계인들이다(그림 4.2). 아스가르드는 지구 선사 시대에 바이킹들을 포함한 초기 북유럽 부족들을 찾아갔다. 사실 그 시리즈에 등장하는 아스가르드인들 중 중요한 인물로는 토르가 있는데, 토르는 원래 고대 노르웨이의 천둥신이다. 아스가르드는 기술적으로 발전해 있었고 가우울드와 싸웠다. 또한 아스가르드는 다른 종들을 공격하고 그들의 기술을 동화시키는 로봇 외계인 종족인 레플리케이터에게 공격을 당했다. 레플리케이터는 〈스타 트렉〉의 보그와 약간 비슷하다.

〈스타게이트〉 우주에서는 많은 외계인들을 만나게 되는데, 줄거리의 대부분은 그들이 어떻게 지구 역사를 만들었는가와 크게 관련되어 있다. 몇 년에 걸친 시리즈 중에는 아서 왕 전설에 나오는 멀린과 관련이 있는 외계인 종족이 등장하기도 한다. 〈스타게이트〉의 외계인들은 전반적으로 인간이 이해할 만한 행동 동기 — 정복, 공격, 갈등, 그리고 방어 같은 것 — 가 있다. 이처럼 그들은 우리와 무척 비슷한 동기를 지녔기 때문에 공감을 살 수 있다.

〈X 파일〉

2장 첫머리에서 TV 시리즈 〈X 파일〉을 언급했는데, 이제 그것으로 돌아가 보자. 우리가 지금까지 이야기해 온 영화와 TV 드라마에서 등장하는 외계인들의 표본은 확실히 허구적이었고, 애초에 실제 존재하는 것처럼 보이게 하려는 의도도 없었다. 그러나 허구의 외계인을 사람들이 외계인의 '진짜 생김새'라고 믿는 것에 훨씬 더 가깝게 묘사한 영화들과 TV 드라마들이 있다. 여기서는 그중 둘을 이야기한다. 먼저 이야기할 작품은 〈X 파일〉이다.

〈X 파일〉은 1993년 9월 처음 전파를 탄 후 2002년 아홉 시즌까지 방영되었다. 2007년의 〈스타게이트 SG-1〉에게 추월당하긴 했지만 전성기에 미국 TV 역사상 단일 SF 시리즈로서는 최장수 드라마 기록을 세웠다. 〈X 파일〉은 워터게이트와 이란-콘트라 사건*을 겪고 정부와 그 배후에 큰 의혹을 품고 있던 국민에게 큰 반향을 불러일으켰다. 더욱이 〈X 파일〉은 폭스 방송사에서 우리에게 가짜 로스웰 외계인 해부를 보여 준 것과 동일한 배경에서 태어났다.

〈X 파일〉이 정부에 대한 미국인의 불신 덕분에 성공했다는 사실은 그 드라마의 광고 문구를 보면 알 수 있다. "아무도 믿지 말라," "나는 믿고 싶다," 그리고 "진실은 저 너머에 있다"(그림 4.3). 〈X 파일〉은 연방수사국의 두 요원(폭스 멀더와 데이나 스컬리)이 흥미롭지만 풀리지 않는 사건들을 조사하는 과정을 따라간다. 한 예로, 이 시리즈의 신화에

---

* 미국 레이건 정부가 스스로 적성 국가라 부르던 이란에게 무기를 불법 판매하고 그 이익으로 니카라과의 산디니스타 정부와 싸우는 콘트라 반군을 지원한 것이 드러나면서 벌어진 1987년에 일어난 정치 스캔들을 말한다.

그림 4.3   TV 드라마 〈X 파일〉의 광고는 외계인이 지구를 찾아온 적이 있으며 정부가 아는 사실을 우리에게 감추고 있다는 미국인들의 마음속 저변에 깔린 믿음을 건드렸다.

20th Centry Fox

따르면 첫 X 파일은 1946년에 FBI 국장인 J. 에드거 후버에 의해 시작되었다. 그 파일 내용은 2차 세계 대전 때 미국 북서부에서 일어난 연쇄 살인에 관한 것이었다. 희생자들은 살해당하고, 갈기갈기 찢기고, 잡아먹혔다. 큰 동물들에게 공격당한 듯한 모습이었지만 시신들은 자택에서 발견되었고 강제 침입의 흔적은 전혀 없어서, 마치 살인자에게 들어오라고 초대한 것 같았다. 그 살인 사건들을 조사하는 요원들은 가해자로 의심되는 동물을 한 오두막에 몰아넣어 죽였다. 그러나 그 안에 들어가 보니 아무런 동물도 보이지 않았고, 리처드 왓킨스라는 남자의 시신이 있을 뿐이었다. 후버는 그 사건을 미제로 결론짓고 파일로 정리해 치워 버렸다. 이 이야기는 물론 허구이고, 늑대인간 이야기를 연상시킨다. 비록 〈X 파일〉에 비하면 한참 못 미치는 성공을 거두긴 했지만 1974년에 방영한 TV 드라마 〈콜책: 밤의 스토커Kolchak: The Night Stalker〉역시 그와 약간 비슷한 구석이 있다. 원래의 X 파일에 외계인들은 등장하지 않지만, 그들은 머지않아 나타났다.

〈X 파일〉에는 기본 플롯이 두 가지 있는데, 첫째는 '금주의 괴물'로 늑대인간과 흡혈귀를 비롯한 초자연적 존재들을 수사하는 것이다. 이 드라마는 각 편을 따로 보아도 별 무리 없는 줄거리를 가지고 있었다. 그러나 드라마 전체적으로는 외계인과 외계인의 방문 이야기가 자주 등장했으며, 정부가 우리에게 무언가를 감추고 있다는 생각이 깔려 있었다. 로스웰의 편집증은 이 TV 시리즈에서 잘 표현되었다.

드라마에서 멀더는 초자연과 외계인들을 굳게 믿는 반면 스컬리는 회의적인 과학자다. 여러 편에서 스컬리는 그들이 찾아 낸 증거를 합리적으로 설명할 수 있지만 그것은 결코 완벽한 설명이 아니다. 시리즈가 진행되면서 스컬리는 자신이 그 증거들을 설명하지 못하는 데 갈수록 불만을 느낀다. 그녀는 끝까지 멀더처럼 신봉자가 되지는 않지만, 그의 폭넓은 이론에 좀 더 신뢰를 주려 한다.

외계인들이 존재한다는 멀더의 믿음의 토대는 그가 열두 살 때 누이동생이 납치당했다는 사실이다. 이 사건은 시리즈 전반에 걸쳐 전개된다. 멀더와 스컬리는 신디케이트라는 한 불길한 음지의 정부 조직에 맞서 동맹이 된다. 그 조직은 전형적인 '맨 인 블랙,' 즉 검은 양복을 입은 요원들들로 구성되는데, 그들은 정부가 대중에게 감추고 싶어 하는 불편한 사건들을 덮는 요원들이다. 멀더와 스컬리의 주적은 '담배 피우는 남자'라고만 알려진 한 요원이다. 그는 피도 눈물도 없는 살인자로 막강한 인맥을 지녔다. 단축 번호에 일루미나티Illuminati*가 저장되어 있을 법한 남자라고 할 수 있다.

신디케이트는 지구를 정복할 의도를 품은 인류와 외계인들의 집단이다. 이 그림자 속 인물들은 미국 정부만이 아니라 온 세계의 정부에 침투해 왔다. 그들은 세계의 '진짜' 권력이다. 이 주제를 보면 그 시리즈가 왜 그렇게 음모론자들에게 인기가 많은지 알 수 있다.

시리즈의 결말에서 멀더는 최고 기밀 군사 기지에 잠입해 외계인의

---

* 음모론에서 거론되는 권력 뒤에 있는 세력으로, 정부와 기업 등을 조정해 세계를 지배하려는 비밀 결사 조직을 말한다.

침공과 지구 정복을 위한 계획들을 보았다는 혐의로 기밀 군사 법원에 세워진다. 멀더는 유죄 판결을 받지만 다른 요원들의 도움을 받아 탈출하고, 그와 스컬리는 도망자가 된다.

〈X 파일〉 드라마가 미친 영향은 한마디로 평가하기 어렵다. 드라마는 한편으로는 허구이지만 다른 한편으로는 우리 사회에 존재하는 생각들을 강화한다. 세상에는 위에서 우리에게 믿으라고 하는 것보다 더 많은 일들이 일어나고 있다고 주장하는 사람들이 많다. JFK 암살, 9·11 테러 사건, 일루미나티 등등에 관련된 이 같은 음모론들을 어떤 사람들은 믿고 어떤 사람들은 의심한다. 우리는 실제로 정부가 원하는 방향으로 우리를 이끌기 위해 정보를 감추거나 조작한 사건들을 알고 있다. 이 드라마의 슬로건인 "아무도 믿지 말라"는 우리의 집단 편집증을 강화한다.

과학자로서 내가 걱정하는 것은 그보다 더 치명적인 효과다. 〈X 파일〉에서 두 주인공은 신봉자와 회의론자를 대변한다. 드라마가 전개되면서 회의론자는 신봉자가 되어, 알고 보니 신봉자가 옳았음을 보여준다. 드라마의 등장 인물들은 이것을 합리적인 전개로 만드는 데이터를 손에 넣지만, 결국 그것은 허구일 뿐이다. 나는 이런 유형의 드라마들이 비합리적인 사람들이 합리적인 사람들보다 더 합리적이라는 위험한 생각을 강화할까 봐 걱정스럽다. 열린 사고를 가질 수는 있다. 하지만 말 그대로의 늑대인간이 진짜로 존재할 가능성이 있다고 생각하는 것은 열린 사고와는 무관한 이야기다.

　그래도 허구의 작품으로 보면 〈X 파일〉은 탁월한 드라마였고, 우리 문화에서 공통적으로 찾을 수 있는 외계인에 대한 특정한 시각을 반영한다. 베티와 바니 힐과 로스웰의 전설은 생생하게 살아 있다.

〈미지와의 조우〉

〈미지와의 조우〉(1977)는 외계와 접촉했다고 주장하는 사람들이 보고한 '진짜' 현상들을 영화에 담았다는 점에서 더 잘 만든 외계인 영화에 속한다. 이 영화는 너무나 많은 고전적인 외계인 이야기들을 건드리고 있으므로, 다른 영화들에 비해 좀 더 자세히 묘사하고 내러티브에서 나타나는 상징적 외계 요소들을 짚어 보겠다.

　이 영화에는 1945년의 푸 파이터들을 나타내는 작고 빛나는, 붉은 도깨비불이 보인다. 고전적 UFO라 할 수 있는 여러 가지 색의 빛을 발하며 공중을 날아다니는 다수의 비행선들도 나오며 운항 중인 항공기의 승객들이 그것을 목격하는 장면도 보여 준다. 그 날아다니는 빛들을 접한 사람들은 특정한 시간에 특정한 장소에 가야 한다는 의무감을 느낀다(조지 애덤스키가 보고한 경험담에서처럼). 사람들은 납치당하고, 정부는 알고 있는 것을 모두 밝히지 않는다. 외계인 이야기 중 우리가 2장에서 다루지 않은 한 가지 요소가 그려진다. 비행 임무 중에 '홀연히 사라졌던' 군 조종사들이 돌아오는 것이다. 나중에 만나게 되는 외계인들은 베티와 힐의 '회색이'들로 밝혀진다. 영화는 화려한 스펙터클과 거장 감독(스티븐 스필버그)의 예술성을 보여 준다.

이야기는 현대 시대(1977)의 멕시코 소노라 사막에서 시작하는데, 멕시코 군인과 경찰이 2차 세계 대전 당시 것임을 알 수 있는 전투 비행기들이 완벽한 상태로 원을 그린 채 늘어서 있는 것을 발견한다. 상황을 살피러 온 미국인 조사팀은 비행기들이 바로 시동이 걸린다는 것을 알게 된다. 엔진 블록의 일련번호를 확인하자 그것들은 1945년에 플로리다 해안에서 사라진 '제19비행편대'로 밝혀진다. (사실: 제19비행편대는 1945년 12월 5일 포트 로더데일 해군 공군 기지에서 그러먼 어벤저 폭격기 다섯 대와 함께 이륙했다. 그들을 찾으러 간 수상 비행기 한 대를 포함해 모든 비행기가 사라졌다. UFO 신봉자들은 그 비행기들이 버뮤다 삼각지대에서 사라졌음을 오래전부터 주목해 왔다.)

사막에 있는 동안 우리는 프랑스어를 하는 UFO 전문가(우리는 아직 그가 누군지 모르지만)와 그의 통역을 만나는데, 통역은 지도 제작자다. 그들이 만난 한 늙은 남자는 그 비행기들이 한밤중에 갑자기 나타났다고 설명한다. 볕에 심하게 그을린 그 노인은 그들에게 말한다. "어젯밤 태양이 떠서 내게 노래를 불러 주었다오."

일련의 짤막한 장면들을 통해 감독은 인디애나폴리스 외곽을 배경으로 한 UFO와 TWA(미국 항공사) 비행기의 조우를 보여 준다. 먼시 근교의 한 시골집에 배리라는 소년이 잠들어 있는데, 아이의 전기 장난감이 갑자기 미쳐 날뛴다. 잠에서 깬 배리가 창밖의 번쩍이는 불빛들을 보고 아래층으로 내려가 보니 집의 가전제품들이 모두 켜져 있다. 배리는 그 빛을 보려고 밖으로 향한다. 어머니인 질리언도 번쩍이는 빛과 움직이는 장난감들 때문에 잠에서 깨어 아들을 찾으러 바깥으로 나간다.

다음 장면에는 주인공인 로이가 등장하는데, 그는 인디애나폴리스 근교의 전력 회사에서 일하고 있다. 온 사방에서 전기가 나갔다는 신고 전화가 걸려온다. 로이는 장비를 다시 켤 수 있는지 확인하러 특정한 구역으로 보내진다. 처음에 그는 튀어오르는 우편함 더미와 거칠게 흔들리는 철도 횡단 표지판을 본다. 그 후 그의 트럭 배터리와 등이 나간다. 밝은 빛이 트럭을 내리쬐어, 올려다보고 있던 그의 얼굴 반쪽을 그을린다. 빛은 꺼지고, 그는 어두운 UFO가 천천히 머리 위로 날아가는 것을 본다.

로이는 그 지방의 다른 지역으로부터 UFO에 대한 무전 보고를 듣고 그쪽으로 속도를 높이다 꼬마 배리를 거의 칠 뻔 하는데, 위기의 순간에 질리언이 아들을 구한다. 로이가 다친 사람이 없나 확인하는 도중에 바람이 불어오더니 무척 화려한 UFO 몇 대가 날아간다. 그중에는 야구공 크기만큼 작은, 둥둥 떠가는 붉은 빛도 있다. 그 빛은 2차 세계 대전의 푸 파이터들을 매우 닮았다.

로이는 집으로 가서 아내와 아이들을 데리고 나와 더 많은 UFO들을 보여 주려 한다. 그들은 아무것도 보지 못하고, 아내는 그의 정신 상태를 의심하기 시작한다. 이튿날, 신문 톱기사는 "UFO가 세 카운티에서 목격되다"이지만, 아내는 그가 보지 못하도록 신문을 감춘다. 로이는 언덕처럼 봉긋한 물건들에 매혹을 느낀다. 면도용 크림, 베개, 진흙 더미, 으깬 감자 등등. 그는 그것들을 가지고 어떤 형상을 만들고 싶은 충동을 느끼지만 도무지 그 이유를 알 수 없다.

그 후 배경은 인도로 바뀌어, 큰 군중이 모여 앉아 전날 밤 하늘에서 들려왔던 5음조의 곡조를 반복적으로 읊조리는 장면을 보여 준다. 프랑스인 UFO 전문가와 통역은 그 곡조를 녹음하려고 그곳에 와 있다. 뒤이어 두 사람이 한 회담에 참가하는 장면이 나오고, 그다음 장소는 인도의 곡조와 비슷한 음조들을 수신한 전파 망원경 시설이다. 망원경에는 일련의 숫자들도 수신되고 있는데, 지도 제작자는 그것을 경도와 위도 좌표들로 해석한다. 지역은 와이오밍에 있는 데블스 타워다.

장면은 다시 바뀌어 질리언과 배리를 보여 준다. 배리는 장난감 실로폰으로 앞서와 동일한 5음계 곡조를 연주하고 있고 질리언은 산을 그리고 있다. 바깥은 폭풍의 조짐이 보이고 구름이 넘실대고 있다. 으스스하게 연출된 장면에서 UFO들이 집을 둘러싸고 배리는 납치된다.

미국의 UFO 전문가들은 프랑스인과 통역을 대동하고 데블스 타워로 답사를 와 있다. 그들은 그 지역 사람들을 대피시킬 계획을 세우고 거짓으로 치명적인 화학물질 배출 사건을 일으킨다. 군부대가 필요한 공급품들을 모아 트럭에 싣고 일반 운송품으로 위장해 와이오밍으로 보내는 장면이 나온다.

한편 로이는 좀 더 정상적인 생활로 되돌아가려고 애쓰고 있지만, 그의 행동은 여전히 아내의 신경을 거스른다. 그는 또 다른 언덕을 만들다 좌절하고 꼭대기에서 중단해 메사mesa*를 남긴다. 그러다 자신이 무얼 놓쳤는지가 퍼뜩 떠오른다. 그는 바깥으로 나가 마당에서 식물들과 덤불들을 뽑아 낸 뒤 부엌 창을 통해 집안으로 던지는데, 광기가 의심되는 상황이다. 그는 흙으로 가득한 삽들, 쓰레기통, 그리고 닭장들을 던진다. 그 광경에 기가 질린 아내는 아이들을 데리고 떠난다. 로이는 거실에 244cm 높이의 상세한 메사 모형을 만든다.

이야기는 정부가 그 가짜 화학물질 유출 사건을 텔레비전에 보도하면서 조각이 맞춰진다. 로이는 그것을 보고 자기가 만든 메사가 데블스 타워의 모형임을 확신한다. 그러는 사이 질리언 역시 동일한 뉴스 보도를 보고, 우리는 그녀가 메사를 그리고 있었음을 알게 된다. 로이와 질리언은 와이오밍으로 가야 한다는 것을 깨닫는다.

로이가 와이오밍에 다다르니 사람들이 대피하느라 난리법석을 벌이고 있다. 그는 질리언을 만나고, 화학물질 유출 사고가 위장이라는 것을 모르는 두 사람은 아수라장 속에서 행상들에게 방독면을 산다. 두 사람은 로이의 스테이션왜건을 타고 메사로 떠나 군 검문소를 우회해 데블스 타워로 향한다. 그러나 안타깝게도 그들은 군 수송대와 마주쳐 체포된다. 집결 장소로 끌려가자, 그곳에는 프랑스 UFO 전문가가

---

* 꼭대기는 평평하고 등성이는 벼랑으로 된 언덕으로, 미국 남서부 지역에서 흔히 볼 수 있다.

배치받아 와 있다. 로이는 심문을 받는다. UFO 전문가와 군 사령관이 논쟁을 벌이고, 군이 이긴다. 로이와 질리언은 (비슷한 이야기를 하는 다른 많은 사람들과 더불어) 헬리콥터에 태워져 그 지역에서 축출된다. 두 사람은 마지막 순간에 탈출을 시도해 메사를 향한다. 한 오르막길을 끝까지 올라가자 다른 편에 있는 기지가 보인다.

그 기지는 커다란 헬리콥터 이착륙지와 약간 비슷한데, 카메라들과 영화 촬영용 아크등으로 둘러싸여 있다. 기지 내 방송으로 레이더 교신이 왔다고 알리는 목소리가 들리고, 수십 명의 전문가들이 각자 자기들 자리를 찾아 가느라 기지 안은 북적거린다. 눈에 익은 UFO 전문가와 푸 파이터들이 도착한다. 그들이 헬리콥터 이착륙지 위를 돌고 있을 때, 인간들은 그 5음조를 연주한다. 그 음조들은 그들 뒤에 있는 커다란 화면 위의 빛들과 조응한다. 몇 번의 시도 후 UFO들은 같은 음조를 연주해 응답하지만, 그 후 떠나 버린다.

전문가들이 막 자축을 하려는 찰나 메사의 반대편에 넘실대는 거대한 구름들이 나타나 모선의 도착을 알린다(그림 4.4). 그 뒤에 이어지는 상황은 아마 '밴조banjo*의 결투'라고나 불러야 할 것이다. 인간들과 외계인들의 비행선이 서로를 따라 하며 잇따라 악절을 연주하는데, 화려한 빛들이 거기에 조응해 변화한다.

조명 쇼가 끝남과 동시에 모선 밑바닥이 열려 많은 인간들이 하선하는데, 2차 세계 대전의 제19비행편대 소속 비행사들도 포함된 듯하

---

* 딕시랜드 재즈나 컨트리 음악에서 자주 사용하는 현악기.

그림 4.4   〈미지와의 조우〉의 모선(왼쪽)은 거대하고 가로 길이가 수백 피트에 이르며, 외계인들 (오른쪽)은 고전적인 왜소한 회색이의 표본이다. 크기 비교를 위해 인간 두 명이 제시되었다. 흑백 으로 된 모선 사진은 축척이 맞지 않는다. 장관의 규모를 제대로 파악하려면 정말이지 영화를 직접 보는 수밖에 없다.   Columbia Pictures Corporation

다. 이들은 모두 전혀 나이가 들지 않았다. 배리 역시 내려서 어머니와 재회한다. 우주선 문이 닫혔다 다시 열리자 이번에는 외계인들이 등장한다. 처음 등장하는 이들은 친숙한 회색이 형태에 키가 크고 무척 말랐고, 그 뒤를 따라 좀 더 전통적인 회색이 수십 명이 나오는데, 키는 122cm 정도로 보인다(그림 4.4).

인간들은 외계인들과 함께 갈 수 있기를 기대하며 한 무리의 우주 비행사들에게 파견 준비를 갖추게 한다. 마지막 순간에 로이가 그들과 합류하도록 결정된다. 로이는 회색이들에게 두 팔 벌려 환영을 받고, 우주선으로 안내를 받는다. 명시되지는 않지만 그가 다른 우주 비행사들과 합류하리라는 것을 짐작할 수 있다. 외계인들은 모두 다시 승선하고 마지막으로 문이 닫힌다. 우주선이 장엄하게 하늘로 떠오를 때 배리가 "안녕!"이라고 말하면서 영화는 막을 내린다.

〈미지와의 조우〉는 UFO 팬들이 '올바른' 요소라고 믿는 것들을 많이 포함시켜 그쪽 세계에서 좋은 반응을 얻었다. 늘 그렇듯이 이런저런 트집을 잡는 순혈주의자들이 있긴 하지만 말이다. 영화는 막대한 상업적 성공을 거두어 전 세계적으로 3억 달러 이상을 거둬들였다.

영화 제목은 천문학자이자 UFO 연구자인 J. 앨런 하이넥J. Allen Hynek이 고안하고, 1972년에 발표한 《UFO 목격담: 과학 조사The UFO Experience: A Scientific Inquiry》를 통해 대중화시킨 분류 방식에서 온 것이다. 《UFO 목격담: 과학 조사》는 UFO 목격을 제1종 근접 조우로 분류하고 눌어붙은 자국이나 (베티와 바니 힐의) 잃어버린 시간 같은 물리적 증거 목격을 제2종으로 분류한다. 제3종 근접 조우는 UFO와 '움직이는 존재들'과 만나는 것이 있어야 한다. 그 이름은 어쩌면 UFO가 외계의 것이 아닐지 모를 가능성을 수용하기 위해 포괄적으로 선택되었다. 하이넥의 범주는 이후에 확장되었지만 이는 보편적으로 받아들여지지는 않는다. 제4종은 기억이 남아 있는 납치 경험이다. 제5종은 (애덤스키의 경험처럼) 정식 대화다. 제6종은 인간에게 부상이나 죽음을 야기하는 만남이다. 마지막으로, 제7종 근접 조우는 인간/외계 생명체의 짝짓기로 자손을 낳아야 하는데, 그 자손은 흔히 '별의 아이Star Child'로 불린다.

이 종간 짝짓기라는 생각은 베티와 바니 힐 이후에 일부 납치당했던 사람들을 통해서, 또한 폰 데니켄과 그의 동시대인들에 의해, 예를 들어 고대 이집트의 반인반수 신들에 대한 설명으로 제시되기도 했다. 유전공학에 대한 피상적인 지식만 있어도 이 개념이 얼마나 말이 안 되는지 알 수 있다. 생각해 보자. 인간과 오렌지는 같은 유전적 역사를 공유하며 놀라울 정도의 유전적 공통점이 있지만, 인간과 오렌지의 혼종은 어불성설이다. 그와는 대조적으로, 외계인과 인간은 아무런 유전적 역사를 공유하지 않는다. 실로 외계인의 유전 물질(형질)이 지구 기반 생명체의 DNA와 많이 닮았을 것 같지는 않다. 최근의 유전공학 발전을 통해 우리는 한 종의 유전 물질을 다른 종에 이식할 수 있음을 알지만, 인간과 외계인 유전 물질의 혼합은 가능성이 무척이나 낮아 보인다.

재밌는 외계인 이야기도 있다

우리는 문학, 라디오, 영화, 그리고 TV에서 묘사된 외계인의 모습을 논하느라 많은 시간을 들였지만, 우리가 애초에 진지하게 받아들일 필요가 없는 외계인들도 있다. 이들은 그저 우리에게 매혹적이거나 재미있는 이야기를 제공하기 위해 만들어진 표상들이다.

진지하지 않은 외계인 묘사 중에서 그나마 가장 진지한 것은 영화 〈ET E.T: the Extra-Terrestrial〉(1982)일 것이다. 지구의 식물 표본을 채집하고 있던 외계인 식물학자들이 깜짝 놀라 이륙하면서 한 동료를 빼놓고 간다. 그 외계인은 열 살짜리 소년을 만나게 되고 소년은 그를 도와 동족에게 돌아가게 해 준다. 영화는 외계인과의 접촉 이야기를 들려주기 위해 할리우드의 고전적 기법을 이용하는데, 예를 들어 정부가 개입해 실험을 위해 ET를 포획하려고 하는 것이다. 그러나 영화가 목표로 하는 관객을 생각하면, 그 영화에서 외계인을 진지하게 묘사하는 것은 어려운 일이다.

TV에서는 가끔 시트콤 소재로 외계인들을 써먹는다. 인간 사회가 돌아가는 방식을 전혀 모르는 생물들의 어이없는 행동은 쉽게 웃음을 끌어내는 방법이다. 〈모크와 민디 Mork and Mindy〉(1978~1982)에서 로빈 윌리엄스가 인간들과 어울려 살려고 애쓰는 외계인 모크 역을 맡아 미친 듯한 유머를 보여 주었다. 〈외계인 알프 Alf〉(1986)의 주인공 알프(Alf는 Alien Life Form으로, 즉 외계 생명 형태를 뜻한다)는 손가락 인형이 연기한다.

알프는 멜맥 행성의 동부 저지대 출신인데, 캘리포니아에 불시착해 한 가족을 만나고, 그들의 집에 얹혀살게 된다. 알프는 냉소적이고 잘난 체하는 성격으로, 틈만 나면 그 집에서 키우는 고양이를 잡아먹으려 한다. 1963년에 방영한 TV 드라마인 〈화성인 마틴My Favorite Martian〉도 그와 비슷한 전제를 깔고 있다. 화성인 인류학자가 지구에 불시착해 비행선을 수리하려 애쓰면서 그동안 한 인간의 집에 얹혀산다. 화성인이라는 그의 정체를 아는 사람은 그의 룸메이트뿐이다. 이 설정은 더 유명한 드라마인 〈아내는 요술쟁이Bewitched〉와 약간 비슷한데, 주인공 사만다는 인간 세상에 살고 있는 마녀로, 그 사실은 남편만 알고 있다.

진지하지 않은 외계인 중 가장 대표적인 존재는 화성인 마빈이다. 마빈은 1948년에 나온 만화인 〈헤어데블 헤어Haredevil Hare〉에서 벅스 버니의 상대로 첫 등장했다. 그는 화성이 로마의 전쟁신인 마르스라는 사실에 경의를 표하기 위해 로마 백인 대장의 복장을 하고 있다. 천문학자인 마빈은 툭하면 지구를 파괴하려 하는데, 그 이유는 '지구가 [그개] 금성을 보지 못하게 방해하기' 때문이다. 그가 지구를 파괴하려 하는 방법은 '일루듐 Pu-36 스페이스 모듈레이터'(가끔은 '일루듐 Q-36 스페이스 모듈레이터')를 이용하는 것이다. 벅스 버니와 갈등 관계인 모든 등장 인물들이 그렇듯, 마빈의 계획은 거의 실패로 돌아간다. 그가 지구를 날려 버리려다 실패했을 때 흔히 하는 말은 "왜 쾅 소리가 안 들리지? 지구를 뒤흔드는 쾅 소리가 들려야 하는데!"다. 화성인 마빈 만화들은 꽤 재미있었지만, 제작진은 그를 진짜 외계인을 대표하는 존재로 만들 의도가 전혀 없었다.

왠지 전혀 외계인으로 느껴지지 않는 다른 외계인으로는 슈퍼맨이 있다. 크립톤 행성의 칼엘로 태어난 슈퍼맨은 고향 행성이 폭발하기 전에 지구로 보내진다. 고중력 행성인 크립톤에서 태어난 덕분에 슈퍼맨은 무척 강력하다. "날아가는 총탄보다 빠르고, 기관차보다 강하고, 높은 건물들을 단번에 건너뛸 수 있다"는 말은 그의 능력을 있는 그대로 묘사한 것이지만, 이런 능력들은 시간이 흐르면서 슈퍼맨이 무적의 존재가 될 때까지 더해졌다. 슈퍼맨은 상징적인 외계인이라기보다는 초인적 영웅에 더 가깝다.

영화 〈맨 인 블랙Men in Black〉(1997)은 '진짜' 외계인들에 관한 몇 가지 민담들을 건드린다. 검은 양복을 입은 남자들이 소속된 최고 기밀 정부 조직이 지구에 살고 있는 외계인들의 활동을 통제한다. 우리들 사이에는 수많은 외계인들이 섞여 살고 있고, 외계인을 만난 사람들은 기억을 지우는 소형 광선총인 '뉴럴라이저'에 맞아 기억을 잃는다. 이 영화에는 잔치를 벌이는 한 무더기의 바퀴벌레들에서 뉴욕 전철에 맞먹는 거대한 지렁이에 이르기까지 수십 가지의 다양한 외계인들이 등장한다. 영화와 그 후속편들은 대단히 재미있다. 이제는 수많은 영화에서 외계인을 볼 수 있다. 그들은 외계인들이라기보다는 어떤 경찰/짝패 영화에 등장하는 신참과 머리 희끗한 파트너처럼, 또는 많은 로맨틱 코미디에서 만나기만 하면 싸우는 커플처럼 그저 플롯의 일부일 뿐이다. 외계인은 이제 전혀 참신하지 않게 여겨지는 지점까지 진화했다.

길고 긴 외계인 목록

SF는 워낙 풍요로운 장르다 보니 이 책에서 어떤 외계인을 언급하지 않았다는 이유로 못마땅해 하는 독자도 틀림없이 있을 것이다. 〈아바타〉 (2009)는 성공적인 블록버스터이자 매혹적인 영화지만 나비족이 대표적인 허구의 외계인 종족이 되기에는 아직 이르다. 〈닥터 후〉는 시간을 넘어 여행하는 능력을 지닌 외계인 종족의 일원인 '타임 로드'의 익살스러운 행동을 그리는 장편 시리즈다. 갈수록 열성 팬들을 늘려 가며 폭넓은 인기를 얻었지만, 영국 외의 대중에게 그리 크게 인식되지 못했다. 어떤 특정한 SF를 여기에 상세히 묘사하지 않는 것은 그 작품이 누구나 아는 것들이 아니기 때문이다. 〈트랜스포머Transfomers〉, 〈프레데터〉, 〈인디펜던스 데이〉, 〈솔로몬 가족은 외계인3rd Rock from the Sun〉, 〈콘헤드 대소동The Coneheads〉, 〈브이V〉, 〈배틀스타 갤럭티카Battlestar Galactica〉, 〈스타십 트루퍼스Starship Troopers〉, 〈블레이드 러너Blade Runner〉, 〈은하수를 여행하는 히치하이커를 위한 안내서The Hitchhiker's Guide to the Galaxy〉, 〈제5원소The Fifth Element〉, 〈듄Dune〉, 〈파이어플라이Firefly〉, 〈로스트 인 스페이스〉 등등. 이 목록은 한참 더 이어질 수 있다. 마찬가지로 여기서 언급되지 않은 탁월한 (그리고 현대의) 펄프 SF 작가와 작품들도 있다. 프레더

릭 폴Fredrick Pohl의 《히치Heechee》, 래리 니븐Larry Niven의 《알려진 우주의 이야기Tales of the Known Universe》, 로버트 A. 하인라인의 《신의 눈 속의 티끌The Mote in God's Eye》 등등, 이 목록 역시 길다.

나는 비디오 게임에 등장하는 외계인들도 언급하지 않았다. 원작 〈스페이스 인베이더Space Invaders〉에서 〈스타크래프트Starcraft〉, 〈퀘이크Quake〉, 〈헤일로Halo〉의 악당들까지, 비디오 게임에는 다양한 외계인들이 등장하지만 게임의 문제는 그들이 흔히 소수의 열성적인 게이머들에게만 알려져 있다는 것이다. 앞으로 어떤 비디오 게임의 외계인 종들이 대중에게 널리 유명해지지 말라는 법은 없지만, 아직 그런 일은 일어나지 않았다.

그러니 혹시나 여러분이 가장 좋아하는 외계인을 내가 언급하지 않았다면 사과하고 싶다. 나는 그들도 모두 좋아한다.

외계인의 전형

외계인의 역사에 관해, 그리고 우리가 그들을 어떻게 만났는지에 관해 이야기했으니 이제는 전형적인 외계인들을 정리해 보자. 이것은 이전에 살펴본 내용의 복습이지만 이번에는 우리가 허구와 '진짜' 외계인 이야기들에서 만나는 존재들이 모두 포함된다. 유형들은 다종다양하고, 우리는 이제 그들의 출처를 안다. 대부분은 허구에서 만나는 존재들이고, 일부만이 '진짜 외계인' 신화들의 주요 캐릭터들이다.

조그만 녹색 인간　　　　　이들은 펄프 픽션 시대에 좀 더 많이 등장한, 회색이들의 선조. 1950년대의 일부 UFO 영화에서 볼 수 있는데, 그 영화들은 흔히 흑백 영화이면서도 외계인들이 녹색이라는 것을 표현해 냈다. 녹색 외계인들은 〈토이 스토리〉 같은 아동 영화들에서 여전히 볼 수 있다.

회색이　　　　　이들은 접촉 보고와 외계인들이 실존하는 존재로 취급되는 모든 영화에서 가장 흔히 볼 수 있는 외계인 형태다. 이들은 피부색 때문에 '회색이'로 불린다. 전형적으로 머리가 크고 이마가 넓으며 하관이 짧고 코는 없고 눈은 검고 아몬드 모양이다. 이 외계인 종의 기원은 베티와 바니 힐 사건으로 보인다. 〈폴〉의 주인공 폴이 바로 이 유형의 외계인이고, 〈스타게이트〉의 아스가르드, 그리고 《커뮤니언 Communion》* 에 등장하는 방문자들Visitors과 〈미지와의 조우〉의 외계인들도 그렇다.

천사 같은 우주형제단　　　　　이런 유형의 외계인을 처음 만난 사람은 조지 애덤스키다. 그들은 약간 다양하지만 키가 크고 아름다운 노르웨이인과 비슷한 모습으로 묘사되며 대체로 머리카락이 길다. (사실 애덤스키의 외계인은 비교적 키가 작았다.) 이 외계인들은 영적인 면을 무척 중시하며, 우주의 조화에 관해 가르쳐 주려고 우리를 찾아왔다. 약간 거만한 편이고, 우리에게 접촉한 목적은 우리를 자멸로부터 구하려는 것이다. 그들은 더러 우리에게 우리 행성의 개선 방향을 경고하거나, 그

---

* 영국 작가 위틀리 스트리버Whitley Strieber의 1987년 작품으로, 외계인과의 직접적인 조우 경험을 바탕으로 썼다고 한다.

렇게 하기 위해 우리를 우주에 붙잡아 놓기도 한다. 일부 회의론자들은 이 변종 외계인이 종교가 좀 더 보편적으로 받아들여지던 사회에서 천사가 했던 역할과 무척 비슷하고, 실제로 천사와 동일하게 우리의 행실에 관해 객관적 가르침을 주는 역할을 한다는 점을 주목해 왔다. 우주 형제단을 실제로 믿는 사람들은 천사에 대한 전설들이 바로 그들이 과거에 지구를 방문했다는 증거라고 주장한다. 이런 외계인 유형의 표본은 〈지구 최후의 날〉의 클라투다.

사악한 곤충 이들은 지능의 정도가 제각각이고, 따라서 외계인이라고 할 수 있을지 아니면 단순한 외계 생명 형태라고 해야 할지 애매하다. 이들이 사악한지 아닌지는 이들이 어떤 의도를 품고 있느냐에 달려 있다. 이들은 전형적으로 사냥꾼이고 인간을 죽인다. 〈에일리언〉과 그 속편들의 외계인들이 지능을 가지고 있는지는 분명하지 않다. 그들은 그저 먹고 번식을 하기 위해 사냥을 하는 듯하다. 〈스타십 트루퍼스〉의 외계인들은 일종의 집단적 정신을 가진 듯한데, 일부는 무리를 지어 다니는 전사들로 보이고, 일부는 좀 더 지성적이다. 《엔더의 게임Ender's Game》*에 나오는 포믹도 여기 포함시킬 수 있다.

전사 이들은 명예, 전투에서의 용맹, 그리고 무엇보다도 공격성을 높이 치는 외계인들이다. 그들은 전투를 갈망하지 않는 생명 형태들을 나약한 존재로, 따라서 정복하고 멸종시키거나 노예로 삼아야 할 존재로 여긴다. 〈스타 트렉〉, 특히 〈스타 트렉: 넥스트 제너레이

---

* 미국의 작가 오슨 스콧 카드Orson Scott Card가 쓴 밀리터리 SF 소설이다.

선〉 이후로는 클링온이 이런 유형의 대표격이다. 또 다른 탁월한 표본으로는 에드거 라이스 버로스의 바숨의 녹색 화성인이 있다. 플래시 고든 만화의 호크맨은 전사이고, 래리 니븐의 《링월드Ringworld》 우주의 크진도 그렇다. 〈프레데터〉의 외계인인 프레데터는 그들 종족이 사냥꾼인지 아니면 휴식과 여가 활동을 즐기러 나온 전사인지는 좀 애매하지만 역시 거기에 포함될 수 있다. 이런 원형에서 나온 또 다른 형태는 더 큰 사회의 전투 계급인 외계인이다. 이런 유형은 사회의 지배 계급이 아닐 때가 많은데, 〈스타 트렉: 딥 스페이스 나인〉의 젬하다와 〈스타게이트〉의 자파가 이런 유형의 본보기다.

귀염둥이　　　　　이들은 흔히 우리의 자녀를 이용해 우리가 애써 번 돈을 뜯어 갈 목적으로 만들어진다. 그들은 귀엽고 따뜻하고 털복숭이이며, 애완동물이나 곰 인형처럼 꼭 껴안고 싶게 만드는 그리운 존재다. 〈제다이의 귀환〉의 이워크족, 〈스타 트렉〉의 트리블, 〈ET〉의 ET, 그리고 어쩌면 알프도 귀염둥이 외계인에 속한다.

양키 상인　　　　　과거의, 그리고 지구상의 양키 상인은 돈을 버는 데 관심이 있었다면, 이들의 외계인 버전은 단순히 소유욕이 강한 정도에서 문화적으로 돈을 중시하는 종족까지 다양하다. 〈스타 트렉〉 세계의 페렝기가 그 예이고, L. 론 허바드의 고전 펄프 소설인 《배틀필드 어스Battlefield Earth》에 나오는 사이클로도 그렇다.

변신술사　　　　　이 외계인들은 자연적으로 불특정한 형태를 가졌지만 잠입이나 더러는 사냥을 목적으로 타인의 외양을 흉내 낼 수 있다. 예로는 〈스타 워즈 에피소드 II: 클론의 습격〉의 암살자, 존 W. 캠벨의 《거기 누구야?》의 이름 없는 외계인, 〈신체 강탈자의 침입Invasion of the Body Snatchers〉의 꼬투리 인간, 〈스타 트렉: 딥 스페이스 나인〉의 오도가 속한 종족이 있다.

유기생명체를 증오하는 기계   이들은 기계적인 생명 형태이거나, 가끔은 유기체와 로봇 부품들이 합체되어 있는 경우도 있다. 이들은 흔히 유기체들을 멸망시키거나 노예로 만들려 한다. 그 예로는 〈스타 트렉〉의 보그가 있고, 〈배틀스타 갤럭티카〉의 사일론들도 해당한다. 〈스타 트렉: 오리지널 시리즈〉는 이런 형태의 외계인을 자주 등장시켰는데, "행성 파괴 기계"와 "체인질링" 같은 에피소드들이 그 예이고, 〈스타 트렉〉 영화판 첫 편에서 등장하는 비저 역시 그렇다. 〈닥터 후〉 팬들은 달렉들이 이런 유형의 외계인에 속한다는 것을 알 수 있을 것이다. 드물게 선한 로봇도 있긴 한데, 예를 들어 〈트랜스포머〉 만화와 영화들의 오토봇들이 거기 해당한다.

신   이 외계인들은 어찌나 강력한지 못하는 일이 없다. 이들은 성격이 변덕스러워서 때로는 악의적이고 때로는 양면적이다. 〈스타 트렉〉의 오르가니아인과 Q가 그 예이고, 〈스타게이트〉의 가우울드도 그렇다.

이제까지 우리가 상상하거나 심지어 꿈꾸어 온 외계인들을 살펴보았다. 이 외계인들은 우리 자신이 만들어 낸(또는 자신들이 어떻게 생겼는지 알려주기 위해 번거롭게도 몸소 우리를 찾아온) 존재이므로, 그들의 정체에 대한 결정권은 어느 정도 우리 손에 놓여 있다. 실제로 그들은 우리의 집단적 정서를 반영하는 거울일 때가 많다. 그러나 진짜 질문이 하나 있다. 우주에는 진짜 외계인들이 존재하는가? 우리가 태양계를 떠나 근처 항성들로 여행하기로 마음먹는다면 과연 무엇을 보게 될까? 우리는 혼자일까, 아니면 수많은 종들 중 그저 하나로서 언젠가는 저 넓은 은하계에 합류하게 될까?

막간

마크 트웨인은 일찍이 《푸딩헤드 윌슨의 새 달력Pudd'nhead Wilson's New Calendar》에서 "진실은 허구보다 더 기묘하다"라고 썼다. 외계 생명체에 대한 논의에서 이보다 더 진실한 말은 없을 것이다. 이 책은 지금까지 확인할 수 없는 허구와 이야기들을 다루어 왔다. 아놀드나 애덤스키나 힐 부부의 이야기들 중에는 어쩌면 진실이고 정확한 경험담이 하나 이상 있을지도 모르지만, 개인적 진술들은 아무리 솔깃하고 재미있다 하더라도 믿음직한 정보의 출처가 될 수 없다.

외계인들이 실제로 존재하는가 혹은 그들이 어떤 모습인가 하는 문제들에 관해서라면 우리는 과학에 의존해야 하고, 트웨인의 말을 적용하자면, 우리가 알아낸 것들은 허구보다 훨씬 기묘하다. 외계인들이 인간형일 가능성은 매우 낮다. 그들이 우리를 잡아먹을 가능성은 전무하다. 영화 제작 현실로 인한, 그리고 관객들이 이해할 수 있는 줄거리의 필요성으로 인한 한계에 비해 가능성의 범주는 너무나 넓다.

다음 몇 장에서 우리가 방향을 바꾸어 살펴볼 내용은 지구의 사회적 현상으로서의 외계인들보다는 물리적인 외계인들에 관해 훨씬 더 많은 것을 알려줄 것이다. 생물학자들은 지구상의 다양한 포유류, 조류, 파충류, 그리고 곤충들이 보여 주는 신체 구조에서 많은 가능성들을 연구해 왔다. 좀 더 최근의 과학 연구 덕분에 생명을 낳을 수 있는 다양한 생화학적 반응들이 훨씬 폭넓게 밝혀졌다. 산소를 호흡하고 이산화탄소를 내뿜는 것은 유기체의 생명을 유지하기에 탁월한 방식이지만, 유일한 방식은 아니다. 지구에는 인간이라면 결코 살아남을 수 없는 환경에서도 존재할 수 있는 생명 형태들이 있지만, 지구 환경의 범위는 그 어떤 지구상의 생명체도 살아남을 수 없는 다른 행성들의 환경 범위에 비하면 좁은 편이다. 그러나 과학자들은 다른 화학물질들이 결합하여 우리의 친숙한 호흡과 신진대사와 동일한 목적을 수행하는 방식들을 알고 있는데, 그중에는 여러분을 콩알만 한 크기로 압축해 버릴 만한 압력과, 공기를 완전히 고체로 얼려 버릴 만한 온도하에서 일어나는 것들도 있다. 생명 형태의 범주를 이해하려면 가능성의 범주를 탐사하고 물질 자체의 물리적이고 화학적인 법칙들이 지구에 가하는 제약들을 깊이 들여다보아야 한다. 다음 몇 장에서, 어떤 것들이 진짜 외계인들의 형태를 결정하는지를 탐구할 것이다.

    무언가가 물리적으로 가능하다고 해서 그것이 실제로 일어난다는 뜻은 아님을 유념해야 한다. 물리와 화학 법칙이 특정한 종류의 외계인을 허용한다 해도, 그 외계인은 먼 은하계에 존재할 수도 있고, 우리는 그를 끝끝내 만나지 못할 가능성이 높다. 우리가 은하계로 여행한다면 어떤 외계인들을 만나게 될지 궁금해 할 때, 우리는 다음의 단순한 질문을 던져야 한다. "그렇지만 우리의 이웃 별에는 (만약 존재한다면) 실제로 어떤 외계인이 존재할까?" 그것을 묻는 가장 확실한 방법은 단순히 그들에게 물어보는 것이다. 말 그대로, 여러분이 이 책을 읽고 있는 바로 지금, 지구 전역의 과학자들은 천체에서 들려오는 전파 잡음에 귀를 기울이면서 우리에게 이웃의 목소리를 들려줄 희미한 찌직거리는 소리를 잡아낼 수 있기를 바라고 있다. 우리는 이런 과학자들과 그들의 수십 년에 걸친 탐사에 관해서도 이야기할 것이다. 그러니 편하게 기대 앉아 과학이 외계인에 관해 가르쳐 주는 것들에 흠뻑 빠져 보자.

5장

생명의 형태

그냥 보는 것만으로도 많은 것을 알 수 있다.

— 요기 베라(전설적인 뉴욕 양키스의 포수)

책의 전반부에서 우리는 외계인에 관한 인류의 시각 변화를 역사적으로 살펴보았다. 오래전부터 우리 선조들이 이 주제에 관심을 가져 왔다는 사실을 금세 알 수 있듯이, 왜 이 주제가 계속 우리를 매혹시키는지도 금세 알 수 있을 것이다. 무엇보다 우주에서 우리가 유일한 존재인가 아닌가 하는 물음은 가장 매력적인 수수께끼다. 책의 후반부에서는 현대적이고 과학적인 사고를 탐구한다. 우리가 실제로 외계인을 만난다면 그 외계인은 어떤 모습일 가능성이 가장 높을까? 우리는 경험을 바탕으로 가장 그럴싸한 외계인의 모습을 알아낼 수 있을까?

외계인에 관해 진지하게 이야기하려 할 때 가장 먼저 해야 할 일은 그들의 고향으로 그들을 찾아 나서는 것이리라. 이제 나와 함께 이전에는 한 번도 인간의 눈에 드러난 적이 없던 세계로 떠나 보자. 앞으로 나아가 주위를 둘러보자. 내가 여행 가이드 역할을 맡아 독자 여러분이 보고 있는 광경을 들려주겠다.

이 외계의 땅에는 나무가 없다. 식물이나 적어도 식물처럼 보이는 것들은 있지만, 여러분이 보아 온 것들과는 전혀 다르다. 왼편에는 여러분 키보다 높이 자란 희귀한 에메랄드색 엽상체의 숲이 부드럽게 흔들리는데, 마치 수십 개의 녹색 리본들이 미풍에 흔들리는 듯하다. 이따금씩 바스락거리는 소리가 들려 와, 어쩌면 그들 사이에 무언가가 눈에 띄지 않은 채 움직이고 있지 않을까 짐작케 한다.

이것은 그 식물들의 가장 친숙한 모습이다. 오른쪽으로, 당근을 닮은 한 특이한 식물이 있는데, 녹색 나뭇잎은 떨어져 나가고 앙상한 끝부분만이 간신히 땅에 박혀 위태롭게 균형을 잡고 있다. 당근 같은 것은 모양뿐이고, 색깔과 질감은 창백한 딸기에 가까운데, 가시가 빽빽이 나 있는 것을 보면 토끼의 먹이가 되지는 못할 것 같다. 다른 식물들은 더욱 기묘하다. 하나는 선인장처럼 보이지만 다른 점은 기린 무늬가 찍혀 있고 꼭대기에는 일곱 개의 촉수 같은 무언가가 흔들리고 있다는 것인데, 위험할지 무해할지 짐작이 가지 않는다.

식물은 낯설다 싶을 정도지만, 동물은 아주 괴상하다. 이 녹색 리본 식물의 흔들림의 비밀은 정말 희한한 생물이 덤불에서 코를 삐죽 내밀면서 풀린다. 물론 '코'란 그저 지구인인 우리의 편견일 뿐이다. 그 생물이 모습을 더 드러내자 진면목이 보인다. 몸길이가 약 13~16cm인 그 동물은 뚱뚱한 지렁이를 닮았는데, 기둥에 흔히 새기는 중국식 용처럼 기다랗고, 굽혀지지 않는 일곱 쌍의 다리로 걷는다. 등에서는 **14**개의 길고 위험해 보이는 척추가 튀어나와 있는데, 이것을 보면 이 동물을 점심 식사거리로 여기는 다른 동물이 존재한다는 사실을 확실히 알 수 있다.

여러분에게 더 가까운 쪽 땅은 깨끗하고 흰 모래로 덮여 있다. 아마도 풀을 뜯으러, 아니면 그저 산책하러 나온 듯한 조그만 키틴질 생물이 여러분 발치를 돌아다닌다. 등에 마디가 져 있고 발이 없는 그 생물은 꼬리 없는 투구게가 아니면 단순히 거대한 딱정벌레처럼 보인다. 잠시 여러분의 발가락을 킁킁 냄새 맡은 후, 그것은 다시 불규칙하게 움직인다. 여러분의 눈은 이리저리 거니는 그 생물의 자취를 따라간다.

적어도 햇빛만은 우리에게 친숙하다. 맑고 파란 하늘에서 구름에 가려지지 않은 밝은 황백색 빛이 빛난다. 그림자가 한 번, 두 번 여러분 머리 위를 휙 스쳐 지나가자 여러분은 뭔지 보려고 고개를 든다. 그러자 눈가에 섬광이 반짝이더니 멀리 앞쪽 땅 위에서 꽥꽥대는 소리가 들린다. 그 방향으로 고개를 돌리자 그 그림자의 주인이 보인다. 모래돌풍 속에 땅 위로 솟아 있는 것은 커다란 외계의 동물인데, 색깔은 모래색 비슷한 회색이고, 반짝이며 줄기가 통통한 검은 버섯처럼 보이는 양 눈이 튀어나와 있다. 관절이 있는 코끼리 코 같은 코 두 개가 그 얼굴에서 솟아나와 여러분이 앞서 보았던 그 무력한 딱정벌레 비슷한 생물을 붙

그림 5.1　　캄브리아기의 식물과 동물의 모습은 많은 SF 영화 못지않게 낯설다. 실제 외계 생명체는 그보다도 훨씬 기묘할 가능성이 있지만, 우리가 그 가능성의 범주를 이해하기 위한 첫 발을 내디디려면 우선 지난 5억 년간 지구에 존재했던 엄청나게 다양한 생명체들을 살펴보아야 한다.

잡고 있다. 사냥꾼은 단단한 몸집에 양 옆구리에는 주름이 져 있는데, 여름이 되어 풀장에 첫 발을 담근 유치원생의 엉덩이를 연상시키는 주름이다. 옆구리로 마치 갑오징어처럼 파도타기를 하며 움직이는 포식자는 그 부드럽고 매혹적인 움직임으로 불운한 먹잇감을 데리고 사라진다. 이 외계 세계에 죽음이 드리웠다.

내가 여기서 보여 준 장면은 확실히 그 어떤 인간도 직접 본 적 없는 것이지만 그렇다고 허구는 아니다. 비록 식물과 동물의 색깔은 내 눈으로 본 것이 아니지만, 우리가 가진 가장 확실한 과학적 근거를 바탕으로 짐작한 것이다. 내가 여러분 앞에 펼쳐 놓은 장면은 지구 고대사에서, 캄브리아기의 얕은 바다 아래에서 가져온 것이다(그림 5.1). 우리가 생각하는 모습의 식물들은 아직 진화하지 않았다. 단 단세포 조류藻類는 한데 뭉쳐 식물 같은 구조를 형성했고, 그 시대의 해면체와 산호들은 현대인의 눈에는 초목처럼 보였을 것이다. 관절이 있는 딱정벌레는 삼엽충으로 많은 개별적인 종들이 있었고, 가시가 나 있고 14개의 다리를 가진 지렁이의 이름은 할루시제니아Hallucigenia(그림 5.2)다. 샴쌍둥이 코끼리처럼 두 개의 코를 가진 초기 대양의 무시무시한 포식자는 아노말로카리스Anomalocaris인데, 몸길이가 1m 정도까지도 자랄 수 있었다.

캄브리아기의 생물상은 브리티시컬럼비아의 캐나다 로키 산맥에 위치한 버지스 혈암Burgess Shale을 비롯해 전 세계의 여러 지역에 보존되어 있다. 그 층은 SF 장르에 등장하는 그 어떤 외계인 못지않게 기묘한

그림 5.2   캄브리아기의 대양에 살던 동물 중에는 절지동물 같은 할루시제니아(왼쪽)와 오파비
니아(오른쪽)처럼 오래전에 멸종한 신체 구조를 가진 것들도 있다.

생물들을 잔뜩 품고 있다. 오파비니아Opabinia(그림 5.2) ― 마디진 몸에 다섯 개의 눈, 현대의 제트 전투기 같은 꼬리, 그리고 나머지 몸통 길이 만큼 긴 구불구불한 뱀 같은 다리에서 뻗어 나와 먹이를 낚아채는 집게 같은 발 ― 는 멀리 떨어진 태양의 행성을 배경으로 한 할리우드 블록버스터 영화에 등장한다 해도 전혀 이상하지 않을 것이다.

생명의 기원이나 우리가 지난 5억 년간 보아 온 다양성을 만들어 낸 진화를 다루려는 것이 아니다. 그러나 우리가 우주에서 확실히 생명이 존재한다는 것을 알고 있는 유일한 행성은 지구뿐이다. 외계 생명체는 지구에서 태어난 생명과 전혀 다를 가능성이 매우 높지만, 우리가 '저 바깥에서' 마주칠지도 모르는 무언가를 탐사하고자 할 때 첫 단계는 지구에 존재해 온 생명의 형태들을 이해하는 것이다. 한 가지 확실히 해 두고 싶은 점이 있는데, 비록 나는 TV 드라마 〈스타 트렉〉과 그 외전들을 아끼고 사랑하지만, 그들이 그리는 우주는 전혀 사실적이지 않다. 인간 배우들이 등장 인물들을 연기해야 한다는 현실적인 문제 때문에 우주의 종족들은 절대적으로 인간적이다. 하지만 우리가 언젠가 만나게 될지 모르는 외계인이 그토록 친숙한 존재일 가능성은 근본적으로 전무하다. 선사 시대로의 방문은 외계 세계가 얼마나 이상할지를 보여 주는 가장 미미한 실마리일 뿐이다.

지구상의 생명이 주는 가르침

칼 폰 린네(Carl von Linné(1707 ~ 1778) 이전 시대의 과학자들은 생명 형태들을 분류할 때 지금과 다른 범주를 이용했다. 처음에는 세 과가 있었는데, 기본적으로 동물, 식물, 그리고 (비록 금방 제외되었지만) 광물이었다. 이 초기 분류는 그때까지 발견된 엄청나게 많은 생명 유형들을 다루기에는 너무 제한적이었다. 지금은 두 가지 분류법이 사용되는데, 우리의 이야기를 진행하기에는 (다양한 옹호자들이 그것을 놓고 아무리 열띤 논쟁을 벌인다 해도) 그 둘이 그리 다르지 않다.

생물학자들은 생물을 그들이 가진 특색에 따라 분류한다. 기준이 되는 특색은 유전적인 것일 수도 있고 형태적인 것일 수도 있는데, 그 두 체계는 완전히는 아니지만 상당히 겹친다. 이해를 돕기 위해 널리 쓰이고 있는 분류 체계 하나를 설명하겠다. 맨 위에 있는 분류는 역(域, domain)으로, 이것은 생명을 세균, 고세균, 진핵생물로 나눈다. 처음 두 범주는 함께 원핵생물로 뭉뚱그려지는데, 원핵생물이란 세포에 핵이 없다는 뜻이다. 반대로 진핵생물은 그 유기체의 세포에 핵이 있다는 뜻이다. 여러분이 창밖을 내다볼 때 볼 수 있는 종류의 생명들이 여기 포함된다. 식물, 동물, 그리고 균(菌)은 진핵 생물 역에서 각자 다른 계(界)kingdom를 차지한다. 이 계들은 다시 차례대로 하위 분류인 문, 강, 목, 과, 속, 종으로 나뉜다. 각 분류에 속한 것들이 서로 어떻게 다른지를 대충이나마 파악할 수 있도록 우리 자신, 인간 종이 어떻게 분류되는지 살펴보도록 하자. 우선 우리는 동물계에 속하고, 그 후 척삭동물문에 속한다(척삭이란 신경이 지나갈 수 있는 속이 빈 통로, 특히 척수를 뜻한다). 다음 하위 분류는 강이고, 우리는 포유강에 속한다. 이것은 (다른 무엇보다도) 우리가 피가 따뜻하고 털이 나 있는 척추동물이며 암컷이 젖을 분비한다는 뜻이다. 이다음 분류로 우리는 영장목에 속하고 그다음은 사람과, 마지막으로 사람속, 그리고 사람종에 속한다. 생명의 형태를 개략적으로 나누는 분류의 마지막 세부 사항들은 여기서 그리 중요하지 않다.

생물학자라면 수세기에 걸친 노력의 결과로 어렵게 만들어진 그 복잡한 체계를 이처럼 무신경하게 묘사하는 것을 보고 인상을 찌푸리고 언짢아할 것이다. 물론 온 세계의 종들을 고생해 가며 서로 연결 짓고, 어느 것이 여기에 들어맞고 어느 것이 저기에 들어맞는지 찾아낸다는 것은 놀라운 업적이다. 실로 생명의 태피스트리와 종들이 어떻게 생겨나서 살아가다 사라지게 되었는가를 이해하는 것은 마땅히 과학의 가장 성공적인 업적 중 하나로 인정되어야 한다. 좀 더 최근의 유전적 연구까지 아우른다면, 이 행성에 존재해 온 생명의 역사에 경탄할 수밖에 없다. 인류가 그중 많은 부분을 알아낼 수 있었다는 사실은 더욱 경탄할 만하다.

그러나 여기서는 그토록 장대한 업적을 다루려는 게 아니다. 우리의 관심 대상은 외계인이지 외계 생명 그 자체가 아니다. 여기서 (단순히 외계 생물이 아닌) '외계인'은 우주선을 설계하고 만들고 비행할 수 있는 생물,

그리고 원칙적으로 언젠가 은하계 지배를 놓고 인류와 경쟁할지도 모를 생물을 뜻한다. 기술 수준이 우리와 비교할 만한지는 중요하지 않고, 그들이 우주선을 실제로 만드는지도 중요하지 않다. 지구를 침략하기 위해 UFO를 보내는 존재라면 우리가 말하는 외계인의 본보기가 될 수 있지만, 제임스 캐머런의 〈아바타〉의 나비족은 그렇지 않다. 그러니 외계인은 이동할 수 있고 지적이며 주변의 세계를 조작할 수 있어야 한다. 결국 그들은 반드시 원칙적으로는 우주선을 조종할 수 있어야 한다. 그저 다른 행성에 존재하는 진화한 생명체라는 것만으로는 충분치 않다.

따라서 우리는 지구의 침팬지에 해당하는 외계 생물에 관해서는 몰라도 되고, 외계 행성에 오징어 같은 생물이 있는지 없는지도 알 필요 없다. 우리가 알고 싶은 것은 우리가 외계 생명체를 만날 때, 그 형태가 취할 수 있는 가능성의 범위가 어디서부터 어디까지인가다. 우리는 그것에 관해 훨씬 더 폭넓은 문제들을 생각해 보아야 한다. 외계인은 어떤 골격을 지녔을까? 우리처럼 내골격일까, 아니면 바닷가재처럼 외골격일까? 온혈 동물일까 냉혈 동물일까? 성별이 나뉘어 있을까, 그렇다면 몇 가지로 나뉘어 있을까? 우리가 지구의 생물을 연구함으로써 알아내고 싶어 하는 것은 이와 같은 물음들에 대한 답이다. 결국 우리는 지구상에 이런 종류의 문제들에 대한 답들이 많이 존재한다는 것을 안다. 세세한 점에서는 무척 다를 가능성이 높지만, 우리는 그저 주변을 둘러보기만 해도 어떤 것들이 가능한지를 많이 알 수 있다.

그래서 우리는 역과 계를 연구하는 것으로 탐사의 첫 발을 디딘다. 세 역 중에서 고세균역은 다음 장으로 미룰 것이다. 고세균역의 생물은 다른 생물과 신진대사 체제가 급격히 다르므로, 우리에게 가장 익숙한 환경과는 무척 다른 환경에서 존재하는 생물을 이야기할 때 같이 다루는 편이 더 적절하다.

우리가 논할 역 중 첫째는 세균역인데, 세균은 전형적으로 단세포이고 핵이 없다. 외계인이 진화한 세균을 기반으로 한 생명일 수도 있을까? (여기서 나는 세균의 구조를 지닌 세포들로 형성된 다세포 생물을 말하는 것이다.) 그 답은 아마도 아니다일 것이다. 문제는 에너지다. 에너지는 세포벽에서 형성되는데, 세균은 세포의 구성 요소가 훨씬 단순하다. 결국 세포가 지적인 외계인을 형성하기 위해 해야 하는 일들을 하기에는 에너지가 한참 모자라게 된다. 아무리 세균이 한데 뭉쳐 협력한다 해도, 이 특정한 생명 형태가 생성할 수 있는 에너지는 외계인을 만들 벽돌이 되기에는 불충분하다.

사실, 이제는 어떤 신체 구조나 생화학적 방식이 외계인을 만드는 데 가장 그럴듯할까를 따져볼 시점이다. 가장 기본적인 요소는 에너지다. 진화와 환경이 가하는 압박은 생명의 방향성을 결정할 수 있고 실제로 조형하지만, 그런 변화도 적절한 에너지가 없다면 발생하지 않는다. 에너지가 충분치 않다면 그 어떤 일도 일어날 수 없다. 그것은 자동차와 약간 비슷하다. T 모델들(포드 자동차)이 있는가 하면 고물 자동차도 있고 페라리도 있다. 자동차 설계자들은 다양한 유형과 방대한 범위의 자동차들을 만들어 냈다. 그러나 그들 모두의 공통점은 에너지원이 필요하다는 것이다. 지구상의 생물들과, 그것들이 다양한 조건에서 지적인 외계인으로 진화할 수 있을까 없을까를 생각해 볼 때, 에너지와 자동차의 문제를 염두에 두어야 한다. 자동차 설계자들과 이용할 수 있는 에너지원이 아무리 많아도(가솔린, 에탄올, 바람, 태양열, 핵 등등), 자동차가 달릴 수 있으려면 어떤 종류든 에너지가 있어야 한다. 에너지가 없다는 것은 움직임도 없다는 뜻이다.

그러니 외계인에게 필요한 특질들 — 예를 들어 지성, 이동 능력, 기술 조작 능력 등 — 을 진화시키기에 에너지원이 너무 작다면 특정한 외계인이 존재하는 것은 불가능하다.

진핵생물류

지구의 세균은 외계인으로 진화하기에는 에너지 생성 효율이 너무 떨어지기 때문에 우리는 진핵생물역으로 눈길을 돌려야 한다. 진핵생물은 세균보다 더 복잡한 세포들이다. 이 세포들은 그 안에 더욱 작은 구조들을 지니고 있고, 세포막으로 싸여 있다. 진핵생물의 주요 특징은 그리스어로 'eu'(좋은)와 'karyon'(핵)으로 이루어진 이름(즉 Eukaryote)에서도 알 수 있듯이 핵이다. 진핵생물은 세포의 에너지원인 다른 세포 기관들을 가지고 있다. 미토콘드리아는 동물 세포에 에너지를 공급하는 세포기관이고 엽록체는 식물에 에너지를 공급한다. 진핵생물의 생명 형태와 기능에 관해서는 산더미처럼 방대한 지식이 있는데, 우리는 꼭 필요한 사항만 살펴보면서 가볍게 훑고 지나갈 것이다. 핵심은 진핵생물의 뛰어난 에너지 생산 능력이다.

우리가 아는 한 지구의 진핵생물은 적절한 에너지를 생성할 수 있으므로, 이 유형의 생명을 좀 더 깊이 탐구해 보면 도움이 될 것이다. 진핵생물은 4계로 나뉜다. 동물계, 식물계, 균계는 앞서 언급되었고, 넷째는 원생생물계다. 앞의 세 범주는 우리의 일반적인 경험을 통해 어느 정도 직관적으로 이해할 수 있다. 원생생물은 세 범주에 들어맞지 않는 다소 잡다한 범주의 유기체다. 원생생물은 대체로 단세포 생물인데, 얼핏 보면 서로 무척 비슷해 보인다. 실제로 원생생물의 다양성이 인정되기 시작한 것은 1980년대 초에 이르러서였다. 원생생물의 진화적 상호관계에 대해 활발한 연구가 진행되고 있지만, 그들은 단세포이기 때문에 외계인이 되기에는 부적합하다. 다세포 생물을 보려면 균, 식물, 동물을 살펴보아야 한다.

균   균은 얼핏 보기에 식물과 닮아서 원래는 식물계로 분류되었다. 그러나 더 깊이 연구하자 상당한 차이점이 드러났는데, 예를 들어 균은 광합성을 하지 않으며 세포벽에 식물의 섬유소가 아니라 키틴질을 함유한다. 키틴질이란 많은 절지동물과 곤충들의 외골격을 형성하는 물질이다. 사실 최근 유전학에서는 균이 식물보다는 동물과 더 가까운 친척 관계임을 밝혀냈다. 단, 친척이라고는 해도 꽤나 먼 사이다. 식물과 달리 균은 다른 생물들을 먹는다.

그렇다면 균은 어쩌면 외계인으로 진화할 가능성이 있을까? 대답은 아니요다. 균은 아주 미약한 에너지밖에 얻지 못한다. 지적인 외계인이 되기에 필요한 에너지는 도저히 얻을 수 없다.

식물　　　　식물에 그 물음을 던져 보면 그 답은 그리 직관적으로 명확하지 않다. 우리가 다루는 종류의 외계인은 어떤 방식으로든 움직일 수 있어야 하는데 식물들은 대체로 움직이지 못한다. 그러나 〈흡혈 식물 대소동Little Shop of Horrors〉(1960)에 등장하는 피를 갈구하는 식물부터 톨킨의 엔트,★ 저 유명한 《해리 포터》의 커다란 버드나무, 〈트리피드의 날The Day of the Triffids〉(1962)의 트리피드,★★ 그리고 〈괴물〉의 괴물에 이르기까지, SF와 환상 문학 장르에는 움직이는 식물들이 넘쳐난다. 움직이는 식물이 실제로 존재할 수 있을까?

우뚝 솟은 세쿼이아, 성가신 민들레 홀씨, 가시투성이 선인장, 그리고 나른하게 흔들리는 부들로 넘쳐나는 식물 왕국은 지극히 풍요롭다. 식물의 범위는 매우 광범위하다. 혹시 과거의 어느 시점에서 이동 능력이 진화했을까? 빛을 향해 앞으로 움직이는 식물들의 주광성도 그 축

★　J. R. R. 톨킨J. R. R. Tolkien의 《반지의 제왕》 시리즈에 등장하는 종족으로. 고목에 얼굴과 사지가 달린 모습이다.

★★　영국 SF 작가 존 윈드햄John Wyndham의 소설 《트리피드의 날》을 원작으로 한 영화에 나오는 트리피드는 인간을 사냥하는 식물이다. 2009년 TV 드라마로도 만들어졌다.

에 낄 수 있을까? 아니면 끈끈이주걱이 갑자기 닫히는 것은? 이런 단순한 행동들이 더 활발한 이동 능력을 향해 진화할 수 있을까?

나는 이 질문에 대한 답이 실제로 매우 명확하며, 확실한 근거를 바탕으로 답할 수 있다고 생각한다. 그렇지만 그 이야기를 하기 전에 식물과 동물(우리는 동물이 외계인으로 진화할 수 있다는 것은 이미 안다)의 차이점을 잠깐 짚고 넘어갈 필요가 있다. 양쪽 다 진핵생물이고 핵이 있다. 식물은 세포벽이 있는데, 보통 섬유소로 만들어진 세포벽은 뼈대가 없는 식물에게 구조를 제공한다. 그와는 대조적으로 동물은 세포막이 있다. 식물들은 스스로 에너지를 만든다는 의미에서 독립 영양 생물이라 하고, 동물들은 식물과 다른 동물들에게서 에너지를 섭취해 필요에 맞게 적용한다는 뜻에서 종속 영양 생물이라 한다. 동물들의 힘의 근원은 세포 속에 있는 미토콘드리아라는 아주 작은 기관인데, 식물에서는 엽록체가 그에 상응하는 에너지원 역할을 한다. 식물 세포 안에서 광합성을 일으키는 기관인 엽록체는 햇빛을 신진대사에 유용한 에너지로 바꾼다. 엽록체는 식물이 특징적인 녹색을 띠게 만드는 엽록소를 가졌다.

육식 식물은 우리에게 어떤 실마리를 줄 수 있을까? 식물이 동물이나 곤충을 먹을 수 있다면, 한층 더 이상하고 공상적인 식물들이 존재할 가능성도 있지 않을까? 하지만 끈끈이주걱과 그 비슷한 다른 식물들이 먹이로부터 에너지를 전혀 취하지 않는다는 사실을 알면 여러분은 놀랄지도 모르겠다. 그들은 뿌리를 통해 양분을 추출하는 다른 식물들과는 대조적으로, 먹이에서 오로지 양분만을 얻는다. 사실, 거의 모든 육식 식물들이 양분이 극히 적은 환경에서 살아남도록 진화해 왔다. 좀 더 영양분이 풍부한 환경으로 옮겨지면 이 식물들은 대개 죽고 만다. 끈끈이주걱은 일반적인 수돗물만 주어도 그 속의 칼슘 때문에 죽을 수 있다……. 이는 필요한 무기물을 들입다 저장하기 때문이다.

그렇지만 육식 식물은 매우 드물다. 약 50만 종이나 되는 식물종 중에서 육식을 하는 것은 겨우 몇백 종뿐이다. 이것은 모든 생명의 핵심이 번식하기 충분한 에너지를 얻는 것이기 때문이다. 식물에서 벌레를 유인해 잡는 기관은 에너지 수집 능력이 영 형편없기 때문에, 그 식물은 (태양 에너지 수집기인) 이파리를 다른 목적에 전용한 데 대한 그 대가를 치른다. 근본적으로 이 식물들이 이런 방식으로 진화하는 것은 필요에 의해서다. 선인장이 물을 얻기가 무척 어려운 지역에서 살기 위해 흔치 않은 모습으로 특수화되었듯이, 육식 식물들은 '영양분의 사막'에서 존재하기 위해 독특한 능력을 진화시켜 왔다.

식물들이 동물 같은 특성을 가지도록 진화하려면 신경 체계, 감각 능력, 이동 능력을 얻어야 할 것이다. 그러려면 막대한 양의 에너지가 필요하다. 식물은 오로지 햇빛에서만 에너지를 얻을 수 있으므로, 인간 한 명에게 동력을 제공하는 데 필요한 햇빛이 얼마나 되는지를 계산해 보자. 외계인이 꼭 인간과 같아야 한다는 법은 없지만, 한 생물이 '우리와 약간이라도 비슷하려면' 필요한 에너지 양이 어느 정도인지 대충은 알 수 있을 것이다.

성인 인간의 휴식 중 에너지 사용량은 약 60와트로, 일반적인 백열 전구 하나를 켤 수 있을 정도다. 그냥 아무것도 안 하고 가만히 앉아서, 심장을 뛰게 하고, 폐를 채웠다 비우고, 복부에 있는 소화 기관들이 여러분을 하루 더 살아 있게 만드는 데 필요한 일들만 한다고 할 때 그렇다는 것이다. 일어나서 돌아다니려면 그보다도 더 많은 에너지가 든다.

그렇다면 소파에 늘어져 텔레비전만 보는 게으름뱅이에게 동력을 제공하려면 얼마나 많은 햇빛이 필요할까? 지구 표면에서 적도를 내리쬐는 햇빛의 양은 (에너지 수신기가 늘 전면을 태양으로 향하고 있다고 가정할 때) 1제곱야드(0.836127m²)당 약 1000와트다. 그렇다 함은 우리의 가설에 등장하는, 적도에 살며 식물 기반이고 인간과 비슷한 게으름뱅이 외계인의 약 1제곱피트(0.092903m²)가 늘 태양을 직면해 있어야 한다는 뜻이다. 물론 태양은 하루 24시간 내리쬐지 않는다. 밤이라고 우리 심장이 쉴 리는 없고, 햇빛이 늘 직선으로 내리쬐지도 않는다. 그러니 밤에 쓸 에너지를 저장하기 위해 태양열을 수집하는 면적이 두 배로 필요할지도 모른다. 거기다 야참을 위해 에너지를 저장하는 비효율성을 피하기 위한 약간의 추가분도 더 필요하다. 사실 밤과, 외계인이 늘 태양을 직면하고 있을 수 없다는 문제를 해결하기 위해, 한 생물이 쏘일 수 있는 햇빛의 평균 기대치는 1평방야드(0.3861m²)당 200~300와트다. 따라서 가장 기본적인 주안점을 포함하면, 우리는 그저 움직이지 않고 살아만 있기 위해 몇 제곱피트의 햇빛 수집 면적이 필요할 수도 있다. 돌아다니기에 충분한 에너지를 얻으려면 그보다 좀 더 필요할지도 모른다. 한 면당 약 2피트(60.96cm)의 정사각형이면 합리적인 면적 추산이니까, 이것은 희망적인 이야기로 들린다. 어쩌면 움직이는 식물 외계인은 가능한 것이 아닐까?

하지만 문제가 있다. 엽록소의 에너지 흡수 효율은 100%가 아니다. 이론상 엽록소는 태양 에너지의 약 10%를 수집한다. 그러나 실제 식물에게서 그 효율은 대체로 그것의 약 1/3이나 절반밖에 되지 않는다. 따라서 이론상의 식물 외계인은 한 면에 약 $10 \sim 12$제곱피트(1.114836m²)의 표면적이 필요할 것이다. 그렇지만 당연히 그 크기의 고체 동물은 부피가 훨씬 더 클 테고 무게 역시 더 나갈 것이다(그리고 그에 맞게 신진대사의 요구도 더 높을 것이다). 잠깐만 이 문제를 생각해 보면, 왜 나무들과 덤불들이 지금처럼 몸통은 소형이고 덩치를 최소화하면서 동시에 태양열 수집 가능성을 최대화하는 나뭇가지들을 달고 있어야 하는지 이해가 갈 것이다.

또한 식물들이 지표면 아래 있는 물과 무기물을 얻기 위해 깊이 내려가는 뿌리의 연결 체제를 가졌음을 잊어서는 안 된다. 뿌리를 들어 올려 움직인 후 다시 뿌리를 내린다는 것은 에너지 면에서 도저히 할 일이 못 될 것이다. 수억 년의 세월에 걸친 진화에서 지구 생물학상의 어떤 식물도 동물과 같은 이동 능력을 진화시키지 못했다(적어도 화석 기록에는 그런 식물의 증거가 존재하지 않는다). 이것은 수집 가능한 태양 에너지의 제약이 식물의 이동 능력을 허용하지 않는다는 사실을 짐작케 한다.

그렇지만 위에 언급된 숫자들을 통해 우리는 어떤 종류의 요인이 이 결론을 바꿀 수 있을지 약간이나마 감을 잡을 수 있다. 예를 들어, 태양열 수집 효율이 3~5%인 엽록소는 지구의 태양하에서는 필요한 업무를 제대로 수행할 수 없다. 그러나 태양열을 수집하는 임무에 통달한 어떤 다른(그리고 더 효율적인) 화학물질이 존재한다면 계산은 달라질 것이다. 움직일 수 있고 지적인 식물 외계인의 존재 가능성이 좀 더 높아질 또 다른 요인으로는, 그 식물이 진화한 환경이 태양열에서 흡수할 에너지가 더 많은 곳이면 된다. 물론 태양열이 더 많아진다는 것은 기온이 더 높아진다는 것이고, 그러면 그 식물의 조직에 들어 있는 물이 끓어오를 우려가 있다. 마지막으로 또 다른 선택지가 있는데, 그것은 오랫동안 착생*으로 살면서 에너지를 모아 (아마도) 당이나 지방으로 저장한 식물들일 것이다. 이 식물들은 일주일, 한 달, 아니 어쩌면 성장기 전체를 자신이 움직이거나 자손들에게 이동 능력을 주는 데 필요한 에너지를 저장하는 데 보낼지도 모른다. (걸어 다니는 오렌지 같은 것을 떨어뜨리는 나무를 상상해 보자.) 허무맹랑한 이야기처럼 들리지만, 그것이 동물의 수면이나 동면과 질적으로 그렇게 다를까?

요약하자면, 지구와 비슷한 환경에서 진화한 식물 기반 외계인을 만난다는 것은 물리적 한계 때문에 불가능하다. 태양열에서 에너지를 뭉

* 다른 생물이나 물체에 붙어서 기생하는 것을 말한다.

텅이로 흡수해 움직일 수 있는 외계인은 불가능하지만, 태양열을 신진대사 에너지로 변환할 수 있는 다른 화학물질과, 그리고 태양열 에너지를 더 많이 공급하는 환경이 있다면 가능할 수도 있다. 움직이는 상태와 착생 상태를 교대로 오가는 움직일 수 있는 식물들 또한 가능하다.

종속 영양 생물(다른 생물들을 소비하는 생물)은 다른 생물이 모은 에너지를 그냥 이용하면 된다는 점에서 더 유리하다는 것을 염두에 두어야 한다. 지구에서와 마찬가지로, 우리는 (다음 장에서 이야기할) 태양열이나 화학 에너지를 소비하고 변환하는 식물과, 그 능력을 이용하고 식물을 섭취하는 생물이 존재한다고 상상할 수 있다. 풀잎 하나가 빛을 풀로 변환시키기 위해 얼마나 고된 노동을 하는지 떠올려 보자. 하지만 양은 수많은 풀잎을 뜯어먹을 수 있으므로, 넓은 지역에서 모아들인 태양 에너지로부터 이득을 얻는 것이다. 실질적으로 그 풀은 양이 먹이를 짊어지고 다녀야 하는 불편함 없이 에너지를 수집할 수 있게 하는 역할을 해왔다. 동물은 식물이 생산해 낸 에너지의 많은 부분을 그냥 섭취하기만 하면 된다. 아무리 어떤 행성이 에너지 면에서 식물의 이동을 허락한다 해도, 이런 이득은 넘어서기가 쉽지 않다. 결국 식물이 더 많은 에너지를 가진다면 그 식물을 먹는 동물은 더 많은 에너지를 얻게 된다.

동물　　　식물 기반 외계인의 한계에 대한 우리의 논의를 바탕으로 이제 동물 같은 생명 형태로 고개를 돌려 보자. 거의 확실히 어떤 외계인이든 우리와는 '유전적' 인코딩 설계도 다르고 생화학적 물질 구성도 다를 것이다. 그러나 우리는 (1) 지구 기반 생명체와 외계 기반 생명체 사이에 상응관계가 성립하고, (2) 지구상의 동물은 다양한 형태를 가진 방대한 변종으로 나타났다는 것을 확실히 안다. 그러니 지구에서 볼 수 있는 범주의 생명들을 살펴봄으로써 그 가능성에 관해 어느 정도 배울 수 있다.

동물계는 몇 개의 문으로 이루어진다. 그중 인간이 속한 문은 척삭동물문으로, 거칠게 말하면 '등뼈나 척수가 있다'라는 뜻이다. 한편 중추신경계가 없는 문들도 있다. (해면체 같은) 일부는 분화된 세포가 없다.

동물계의 문들 중 어떤 것들이 지적인, 도구를 사용하는 종으로 진화해 왔는지를 생각해 보면, 핵심적인 특질이 몇 가지 있는 듯하다. 조직이 분화되었느냐, 그리고 환경을 조작할 수 있는 몇 가지 능력의 유무가 중요한 듯하다. 우리의 척추에 있는 것과 같은 중추신경계 유무는 핵심적으로 보이지 않는다. 예를 들어 문어는 골격이 아예 없이 파편화된 신경계가 흩어져 있을 뿐이면서도 놀라울 정도로 지적인 행동을 보일 수 있다. 문어는 모양과 패턴을 습득할 수 있으며 훈련을 통해 음식이 담긴 항아리를 여는 법을 배울 수 있다. 1999년 과학자들은 해저에서 반으로 잘린 코코넛 껍데기들을 파내는 야생 문어를 촬영했다. 문어는 그 껍데기들을 가져가서 보호막을 치는 데 이용했다. 이 행동은 인간이 가르친 것이 아니라 문어가 창조한 것이다. 이처럼 고도로 지적인 도구 사용 앞에는 척추동물 중심주의가 산산조각이 날 수밖에 없다.

　심지어 곤충조차 일종의 지능을 가졌다는 증거가 있다. 꿀벌은 상당한 교신 능력을 과시한다. 혼자 식량을 채집하러 나섰던 꿀벌은 벌집으로 돌아가 일종의 춤을 추어 다른 벌들에게 식량원이 있는 곳을 알려준다. 그러면 다른 벌들은 곧장 그 식량원으로 갈 수 있다. 이것은 극도로 복잡한 본능적 행동이라고 생각될 수도 있지만, 연구자들은 벌의 교신 능력이 충분한 수면을 취하느냐에 달려 있음을 밝혀냈다. 수면을 취하지 못하게 하면 교신을 위한 춤의 정확성이 떨어졌다. 이것은 순전히 본능적인 행동으로는 보이지 않으므로 원칙적으로 벌이 인간의 지능과 좀 더 비슷한 형태로 성장할 수 있는 유형의 지능을 가졌음을 짐작할 수 있다.

　우리에게 가장 친숙한 척삭동물문은 어강(물고기), 조강(새), 포유강, 파충강, 양서강으로 이루어진다. 강의 범주에 속하는 동물들은 지능을 가졌다고 하기에 가장 어울리는 행동을 보여 준다. 그러므로 우리는 이 장의 남은 부분에서 신체 구조의 범위, 이동성 유형, 물체 조작 방식을 비롯해 유기체가 환경과 상호작용하는 다른 방식들을 탐구할 것이다. 앞으로 보게 되겠지만, 선택지의 폭은 놀라울 정도다. 그러나 이 논의를 하는 내내 우리는 척삭동물문 중심주의를 경계하고, 무척추동물들이 어쩌면 지구의 역사가 지금과 달랐더라면 지적 생명체로 진화할 수도 있었을 능력들을 보여 준다는 사실을 염두에 두어야 한다.

외계인은 어떻게 생겼을까?

외계인이 어떻게 생겼을까 궁금해 할 때 생각해 보아야 할 특질은 많이 있는데, 신체 대칭성, 사지의 수, 크기 같은 것들이다. 아래에서 지구상의 생명체들이 가르쳐 준 교훈을 이용해서 그런 주안점 중 20가지를 다루어 보겠다.

몸 대칭성　　　　가장 친숙한 대칭은 좌우 대칭이다. 이 대칭성은 왼쪽과 오른쪽이 서로의 거울상이라는 뜻이다. 이 특정한 신체 모양은 대부분의 고등 동물에게서 볼 수 있다. 그러나 그것은 유일한 선택지가 아니다. 공 같은 구면 대칭 체형은 수중 환경에서는 가능하지만 마른 땅에서는 상상하기 어려운데, 단단하지 않다면 중력 때문에 몸이 왜곡될 터이기 때문이다. 또 다른 흔한 대칭은 방사 대칭이다. 이것은 해파리, 아네모네, 불가사리의 대칭이다. 다섯 개 이상의 팔을 가진 불가사리는 방사 대칭의 특별한 형태이고, 많은 해파리는 4축 방사 대칭이다.

　마지막 대칭 형태는 전혀 대칭이 아니다. 이것은 여기저기에 혹과 방울이 솟아나 일종의 혹투성이 같은 구조를 지닌 생명 형태다. 지구상에 존재하는 이런 유형의 예로는 해면체를 들 수 있다. 지구에서 나타나는 몸 대칭 유형의 범위를 생각하면 외계인이 어떤 대칭성을 지녔을지 쉽게 짐작할 수 없다.

다리의 수　　　여기에는 선택지가 많다. 사지동물은 이름에서 알 수 있듯 다리가 네 개다. 포유동물, 조류, 대다수 도마뱀이 여기에 포함된다. 뱀은 비록 사지동물인 조상으로부터 진화했지만 다리가 하나도 없다. 곤충은 다리가 여섯 개이고, 거미와 문어는 여덟 개다. 할루시제니아는 14개다. 지네는 200~300개, 노래기는 36개~400개다. 희귀한 노래기종은 다리가 750개나 된다. 선사 시대의 오파비니아는 다리가 하나뿐이었다.

　　지구상에 한 생명 형태가 가질 수 있는 다리 개수의 한계를 알려줄 수 있는 생물은 아마도 없을 듯하다. 그렇지만 외계인이 은하계 지배를 놓고 인류와 경쟁할 수 있는 존재여야 한다는 우리의 제약 조건을 감안하면, 주위 세계를 조작하기 위한 다리가 최소한 하나는 있어야 한다. 이것은 살아남을 필요로 인한 제약이 아니라 진보된 기술을 발명하고 조작할 필요로 인한 제약이다.

체구　　　지구에서 우리가 본 것을 바탕으로 외계인의 체구의 가능성을 짐작하기란 어렵다. 동물의 크기는 조그만 곤충에서 거대한 고래까지 다양하다. 여러 가지 제약으로 인해 우리는 지적 외계인들이 오로지 물에서만 사는 종일 가능성이 거의 없음을 짐작할 수 있다. 단 바다표범과 펭귄 같은 수중과 육상 모두에서 생활할 수 있는 종이거나 아니면 심지어 반수생semiaquatic 종일 가능성은 있다. 고래와 돌고래가 지적이긴 하지만, 우리는 우리가 내린 외계인의 정의를 다시 떠올려야 한다. 물속에서 사는 종들은 불을 이용할 수 없는데, 외계인이라고 인정할 만한 기술 수준을 달성하려면 불을 이용하는 능력이 반드시 필요하다.

육지에서의 이동 능력이 필요하다는 것을 감안하면 너무 큰 동물은 가능성이 그만큼 떨어진다. 그러니 고래만 한 외계인이 있을 것 같지는 않다. 우리는 실제로 꽤 큰 공룡들이 존재했음을 알고 있다. 어쩌면 그것이 외계인 체구의 합리적인 최대치일 수도 있다.

좀 더 세세하게 보면, 문제는 신경학과 지능이다. 너무 작은 생물이면 개별적으로 지능이 발전할 가능성이 전혀 없다. 집합적 의식hive mind 이라는 개념 때문에 상황은 좀 복잡하다. 개별적인 벌들이나 개미들은 미미한 지능을 가진 것처럼 보이지만, 집합적 행동은 실로 꽤 복잡하다.

개별적 생물 지능은 문어나 작은 영장류, 미국너구리, 그리고 그와 비슷한 크기의 동물들에게서 볼 수 있다. 그것은 지구의 신경학을 바탕으로 지능 있는 외계인들의 체구의 최저 한도를 어느 정도 정해 주는데, 조그만 고양이 크기다. 우리가 아는 것과 다른 뇌 구조가 있다면 이 제약은 뛰어넘을 수도 있다.

체구에 관한 논의는 외계인이 진화한 행성의 중력과, 근육 조직에 해당하는 것을 지지하는 골격 구조의 유형에 달려 있다. 중력 상수가 더 낮은 행성이라면 더 큰 생물을 허용할 것이다.

골격   육생동물이라면 어떤 종류든 골격이 필요할 가능성이 높다. 뼈 없는 문어는 무언가 구조를 지닌 동물에 비하면 육지에서 움직이는 데 상당한 어려움을 겪을 것이다. 흔한 동물 골격은 (새와 포유동물과 도마뱀의 체내 골격 같은) 내골격이거나 아니면 (곤충과 바닷가재처럼 신체를 에워싸고 있는) 외골격이다. 외골격을 지닌 생물이 성장하려면 허물을 벗어야 한다는 점만 제외하면 어느 한쪽을 선호해야 할 이유를 떠올리기 힘들다. 그러나 다른 선택지도 있는데, 양쪽을 혼합한 것, 또는 어린 생명 형태일 때는 뼈를 지니고 있다가 성장 후에는 뼈가 용해되고 외골격이 형성되는 것이다. 거북은 외골격을 갖고 있지는 않지만 딱딱한 바깥 껍데기와 전통적인 골격을 함께 가지고 있다. 물론 골격이라고 해서 꼭 뼈일 필요는 없다. 연골, 키틴질, 혹은 다른 물질들도 가능하다.

신경계   알려진 바에 따르면 좀비가 여러분을 공격해 올 때는 반드시 머리를 쏘아야 한다. 좀비를 확실히 쓰러뜨릴 수 있는 방법은 오로지 그것뿐이다. 그 이유는 포유동물이 중추신경계를 가졌기 때문이다. 우리의 뇌는 우선 척추와, 그 후 가지를 친 신경망을 통해 나머지 신체와 연결된다. 이 특정한 설계 방식에는 편리한 점이 몇 가지 있는데, 사고와 신체를 지배하는 운동 제어가 중앙 집중적이라는 것이다. 그러나 한 생물이 뇌에 해당하는 것의 단편들이 전신에 흩어져 있는, 분산된 신경계를 가져서는 안 될 이유는 없다. 우리가 그런 외계인을 만난다면 그들이 좀비가 되지 않기를 빌어야 할 것이다.

이동　　　지구의 생명들이 이용하는 이동 방법은 어마어마하게 많다. 걷기, 날기, 헤엄치기, 미끄러지기, 폴짝 뛰기, 굴 파기, 매달리며 건너뛰기 등등. 또한 수면 위를 움직이는 동물들도 있다.

　헤엄에 관해 이야기하자면, (꼬리를 양옆으로 젓는) 물고기의 움직임이나 (꼬리를 위아래로 젓는) 돌고래의 움직임이 있다. 거북은 물갈퀴를 사용하고 오징어와 갑오징어는 추진 방식을 이용한다. 헤엄치는 능력은 몇 차례의 독립적 진화를 거쳐 서로 비슷한 유선형의 체형을 낳았는데, 이것은 물살을 헤치고 빨리 움직여야 하기 때문이었다.

　비행 방식은 지구상에서 새로, 프테로사우루스로, 박쥐로, 곤충으로 적어도 네 차례 진화했는데, 이를 보면 비행이 매우 흔한 이동 방식임을 짐작할 수 있다. 하늘을 나는 외계인이 존재할 가능성은 충분하다.

　외계인이 어떤 특정한 이동 방식만을 이용해야 할 이유는 거의 없다.

속도　　　한 동물의 속도는 많은 다른 것들과 관련이 있다. 예를 들어 무거운 갑옷을 두른 동물은 그렇지 않은 동물보다 대체로 느리다. 포식자들은 빠른 편이다. 다른 한편, 인간은 동물계에서 딱히 빠른 편은 아니다. 동물 세계에는 우리에게 외계인의 속도에 관해 알려 줄 수 있는 것이 별로 없다.

색깔　　　　동물의 색깔은 무지개처럼 다양하다. 외계인은 그 어떤 색깔이라도 띨 수 있다.

방어 및 공격 전략　　　　외계인들이 가질 수 있는 자연적 방어 및 공격 전략의 폭은 매우 넓다. 인간은 공격과 방어 능력이 대단찮은 편이지만, 무기를 사용하는 능력으로 그것을 보완하고 구조적 한계를 극복한다. 우주선을 만들 수 있는 외계인이라면 그와 비슷한 기술이 있을 것이다. 그러나 외계인이 다른 능력을 가지고 있지 않을 이유는 없다. 나뭇잎해룡,* 호랑이, 혹은 갑오징어의 위장에서 코브라, 전갈, 혹은 수컷 오리너구리의 독에 이르기까지 동물들은 자연적으로 수많은 방어와 공격 전략을 이용한다. 포유동물은 대개 독이 없는데, 어쩌면 독살에는 시간이 걸리는 반면 포유동물은 이빨이나 발톱으로 상대를 죽일 수 있을 만큼 충분히 빠르기 때문일 것이다.

껍데기, 뿔, 척추는 보호 역할을 하는데, 거북, 안킬로사우루스,** 고슴도치, 복어 등이 그러한 예다. 물론 단순히 폭발적인 속도로 갈등을 피하는 것도 현명한 방어 전략이다. 토끼, 긴꼬리아궁이새, 영양은 엄청나게 빨리 움직일 수 있다.

체온 조절　　　　동물의 체온은 몸 자체의 신진대사에 의해 규제될 수도 있고(온혈) 아니면 곤충, 어류, 파충류가 그렇듯 환경에 의존할 수

---

* 실고기과 실고기아과 나뭇잎해룡속의 유일한 물고기로, 온 몸에 위장을 목적으로 하는 기다란 나뭇잎 같은 돌기가 돋아나 있다.

** 백악기 후기에 살았던 공룡으로 갑옷과 같은 등껍질과 꼬리에 있는 곤봉으로 자신을 보호했다.

도 있다(냉혈). 환경 조건이 더 추워지면 냉혈동물이 느려진다는 점을 감안하면 대체로 체온 조절이 더 안전한 전략이다. 그러나 외계인이 지구만큼 추운 행성 출신이라고 예상해야 할 이유는 없다. 어쩌면 그들의 행성은 충분히 따뜻해서 온혈로 진화할 이유가 없었을 수도 있다. 신진대사는 대체로 꽤 좁은 기온 범위에서 가장 잘 작동하는 효소에 의존하므로 그 점에서는 온혈 동물이 상당히 유리하지만 적절한 환경에서라면 선택의 압박이 크지 않을 수도 있다.

혈액　　　　　혈액은 모든 동물에게 필요하지는 않다. 일부 동물은 산소를 조직으로 나르기 위해 혈임파라는 액체를 이용한다. 그러나 그보다 고등한 동물은 체액의 산소 운반 능력을 높이는 물질을 이용한다. 우리가 가장 잘 아는 혈액 유형은 '헤모글로빈'이라는 화학물질을 함유하는 데, 피가 붉은 것은 이 헤모글로빈에 철분이 들어 있기 때문이다. 헤모글로빈 분자 하나가 산소 분자 최고 4개까지 들러붙어, 산소가 단순히 물에 용해되어 있을 경우에 비해 혈액의 산소 운반 능력을 70배 이상으로 높일 수 있다.

　　그러나 철분을 성분으로 하는 헤모글로빈 분자만 있는 것은 아니다. 다른 선택지도 있다. 예를 들어 일부 곤충은 혈액이 구리 성분으로 되어 있으며 혈색소라는 화학물질을 이용한다. 혈색소의 산소 운반 능력은 헤모글로빈의 약 1/4이므로 신진대사 요구가 더 낮은 생물에게 더 적절하다. 혈색소를 함유한 혈액은 산소가 공급되면 파란색을 띤다. 우렁쉥이와 해삼은 핏속에 헤모바나딘이라는 바나듐 기반 단백질을 운반한다. 이 단백질이 산소 운송에 어떤 역할을 하는지에 관해서는 아직 논쟁이 좀 있다. 산소가 공급되면 겨자색으로 변한다. 그렇지 않으면 창백한 녹색이다.

식성　　　물론 외계인의 식성을 알아내기란 쉬운 일이 아니지만 여기 지구에서라면 세 가지 선택지가 있다. 육식, 초식, 잡식이다. 육식 동물은 고기를 먹고 초식 동물은 식물을 먹고 잡식 동물은 양쪽을 다 먹는다. 셋 다 장단점이 있다. 식물은 어디에나 있으니까 초식 동물은 식량을 구하기가 매우 쉽다. 그러나 식물 식량은 섭취할 수 있는 칼로리가 비교적 낮은 편이고, 그래서 자주 먹어야 한다. 한편 다른 동물을 잡아서 먹어야 하는 육식 동물은 식량 선택지가 더 적다. 이것은 그들의 신체에 제약을 가하는데, 예를 들어 거미는 '덫을 놓고,' 악어는 '숨어 있다 붙잡고,' 고양이는 '살금살금 따라가 덮치고,' 늑대들은 '집단 공격'을 한다. 육식 동물은 공격에 성공하면 상당한 양분을 얻지만, 초식 동물들처럼 식량 공급이 안정적이지는 못하다.

　잡식 동물(인간도 속하는)은 초식과 육식 둘 다 이용할 수 있다. 최소한 지적 외계인이 잡식성일 거라고는 짐작해 볼 수 있다. 어쩌면 어느 한쪽 식량원을 다른 것보다 더 자주 이용할 수는 있겠지만 말이다. 우리는 또한 지구의 생물이 물과 소금을 필요로 하는 것과 비슷하게, 외계인들이 어떤 특정한 무기물이나 다른 물질들을 필요로 할 수도 있다는 점을 염두에 두어야 한다. 따라서 외계인은 사슴이 소금을 핥으러 가듯이 땅에서 직접 어떤 물질을 섭취해야 할 수도 있다. 외계인이 공통된 생물학적 유산을 가진 생태계에서 진화한 존재임을 감안하면, 그들은 무기물 성분을 식물 섭취를 통해 간접적으로 섭취할 가능성이 높다.

호흡   호흡은 환경으로부터 생명 유지에 필수적인 기체(지구상의 대다수 동물의 경우에는 산소)를 들이키고 폐기할 기체(대체로 이산화탄소)를 방출하는 것을 말한다. 다음 장에서 이야기하겠지만, 외계인이 신진대사 과정에서 다른 분자들을 대안으로 사용한다 해도 기체를 들이쉬고 내쉬는 메커니즘은 비슷할 가능성이 높다. 그 현상은 기본적인 물리적 제약들을 만족시켜야 하기 때문이다. 이런 제약에는 외부에서 오는 기체를 받아들여 체조직들로 분배하는 것도 포함된다. 호흡계는 몸 내부에 있을 가능성이 높은데, 그렇지 않으면 호흡이 방해를 받을 수도 있기 때문이다. (예를 들어, 여러분의 폐가 몸 바깥에 있는데 몸이 진흙으로 뒤범벅이 되었다고 생각해 보자.)

조그만 곤충들은 기체의 확산을 이용해 순환계로 기체를 받아들이고 내뿜는 가장 단순한 호흡계를 가지고 있다. 최근 연구에 따르면 곤충의 호흡법은 다양한데, 일부는 더 고등한 동물들과 그리 다르지 않은 방식으로 근육을 이용해 호흡계를 팽창 및 수축시킨다.

육지 동물은 대체로 복잡하게 가지를 친 통로로 이루어진 시스템 인 폐 기관을 이용한다. 고등 동물의 폐 내부는 약간 나무처럼 생겼는데, 그렇게 생긴 이유는 근본적으로 동일한 목적에서다. 이런 구조는 최소한의 부피로 기체 교환 영역을 최대화한다. 조류, 파충류, 포유류의 폐는 서로 세세한 점들은 달라도 기본 구조는 비슷하다.

물고기와 연체동물처럼 물에서 사는 동물들은 물과 산소를 교환하기 위해 아가미 기관을 이용한다. 물에서 산소를 추출하는 것은 복잡한 작업이다. 부피가 동일할 때 물의 산소 함량은 공기 중 산소 함량의 약 3%에 불과하다. 따라서 물고기는 물에서 대략 80%의 산소를 추출하기 위해 고도로 효율적인 아가미를 진화시켜 왔다. (그에 비하면 공기를 호흡하는 포유동물의 추출 효율은 약 25%다.) 그래도 산소가 워낙 희박하다 보니 고도로 지능적인 외계인이 물 밑에서 진화하기란 그만큼 어려울 수도 있다. 양서류는 폐와 피부 양쪽으로 숨을 쉬는 이원 체제를 가지고 있다. 피부를 통해 호흡하는 능력은 산소가 녹아 있는 물에 잠수할 때 매우 유용하다.

환경　　　　외계인은 어디에서 살까? 지상에? 지하에? 수중에? 아니면 공중에? 이 질문에서는 몇 가지 보기를 배제할 수 있을 것 같다. 동물은 이 모든 환경에서 존재할 수 있지만, 외계인이 물에서만 숨을 쉴다는 것은 근본적으로 불가능하다. 그것은 우리가 우주선을 만들 능력이 있어야 한다는 제약 조건을 두었기 때문이다. 물속에도 (예를 들어 돌고래와 문어처럼) 지능을 가진 동물이 존재할 수 있다는 것은 분명하지만, 우주선을 만들려면 기술, 특히 금속을 조작하는 기술이 필요하다. 금속을 조형하지 않는 진보된 기술이란 상상하기 매우 어렵다. 금속을 형성하려면 열이 필요한데, 열이란 불을 뜻한다. 물속에서 불이 존재할 수는 없으므로, 외계인이 (온전히) 물에서만 숨을 쉴 수는 없을 듯하다. 물속 동굴에 사는 혈거 외계인이 있을 수는 있다. 하지만 그것은 우리가 이 책에서 말하는 외계인이 아니다.

번식 동물들이 이용하는 번식 전략의 수는 놀라울 정도다. 고등 동물은 유성 생식을 하고 미생물은 흔히 무성 생식을 한다. 어떤 생물은 환경에 따라 양쪽 다, 즉 유성 생식이나 무성 생식 양쪽을 다 할 수 있다. 무성 생식은 부모의 복제본을 만드는데, 그러면 질병이나 환경 변화에 대한 취약성도 부모와 동일하다. 유성 생식을 하면 유전 원료가 혼합될 수 있다. 그러면 유전자 풀이 한층 다양해지고, 환경 변화가 일어나 일부가 죽더라도 그것을 견뎌 낸 나머지 개체들은 더 잘 적응해 살아남을 수 있다. 물론, 유성 생식에는 체외 수정과 체내 수정, 난생과 태생이 있다.

어떤 종은 자손을 많이 낳는데, 이는 그중 많은 수가 살아남아 번식을 하지 못할 것을 알기 때문이다. 아마도 개구리나 토끼가 그러한 예일 것이다. 다른 종들은 더 적은 자손을 생산하지만 자손이 살아남을 수 있도록 더 많은 시간을 함께 보낸다. 이것이 인간들이 택한 진화 전략이다.

유성 생식을 하는 종 중에는 자웅동체도 있는데, 양 성의 생식기를 모두 가진 이 생물들은 서로 상대를 수정시키고 새끼를 밸 수 있다. 또한 수컷이 암컷에 녹아들어 점점 쪼그라들다 단순히 정자 주머니가 되어 버리는 아귀처럼, 엄청난 성적 이형을 지닌 종들도 있다.

흔치 않은 적응을 보여 주는 일부 종들은 실제로 일반적인 두 가지 이상의 성을 가지고 있다. 개체들이 남성에서 여성으로 변했다가 도로 돌아오는 종들이 있는가 하면 커다란 '알파'* 수컷들이 하렘을 소유하고 더 작은 수컷들이 색깔을 바꾸어 암컷인 척하는 종들도 있다. 그들은 하렘에 숨어서 그런 식으로 번식한다. 지배 암컷 하나가 알들을 낳고, 다른 암컷들은 성적으로 거세되는 곤충들도 있다. 심지어 지구에서도 한 종의 번식 방법은 복합적일 수 있다. 남/녀 이분법이 외계인에게도 적용될 것 같지는 않다.

감각　　　　외계인은 어떤 감각을 가질까? 촉감은 기본적으로 모든 살아 있는 유기체에게 핵심적인 감각인 듯하다. 여러분이 포식자이든 피식자이든, 단순히 무언가가 여러분을 물어뜯고 있다는 것을 알기

위해서라도, 환경을 지각할 수 있는 촉각을 가졌느냐는 중요하다. 청각은 촉각과 비슷하다. 청각은 각 종마다 엄청난 차이를 보이지만 미각이나 그 비슷한 감각은 유기체들이 먹이와 먹이가 아닌 것을 판별하게 해준다. 시각은 무척 중요한 감각으로, 개별적으로 몇 차례의 진화를 거쳤다. 척추동물, (예를 들어 오징어 같은) 두족류, 그리고 (예를 들어 상자해파리 같은) 자포동물* 은 '카메라 같은' 눈을 가졌고, 각자 서로 다른 발달사를 거쳐 진화했다.

다양한 '시각 기술'은 적어도 열 가지가 넘는데, 아마도 단세포였던 공통 조상의 조그만 광수용 단백질에서 기원한 듯하다. 그러나 자세히 들여다보면 수정체의 모양을 바꾸어 가며 초점을 맞추는 인간과 같은 유형의 눈이 있는가 하면 수정체가 바뀌지 않고 눈 모양이 바뀌는 동물도 있는 등 형태가 다양하다. 그 외에도 곤충들의 복안, 가리비의 반사안을 비롯해 수많은 다른 형태들이 있다. 따라서 시각의 세부적인 요소는 무척 다를 수 있지만 결론적으로 외계인이 무언가를 볼 수 있을 가능성이 높다고 말할 수 있다. 빛이 있는 환경에서 시각은 포기하기에는 너무 귀중한 감각이다.

물론 여기서 '본다'라는 말이 그저 '우리가 볼 수 있는 것을 본다'라는 뜻은 아니다. 일부 뱀들은 적외선을 감지할 수 있다. 일부 조류, 파충류, 벌들은 자외선을 볼 수 있다. 그러니 외계인의 시각은 매우 다양한 가능성을 지닌다.

---

* 주로 물속에서 사는 동물로 몸은 방사 대칭형이고 한 곳에 붙어 살거나 물에 떠다닌다. 산호와 말미잘, 해파리 등이 여기 속한다.

지구 생물의 시각의 큰 부분은 태양이 가장 밝은 곳에서 빛을 보는 데 최적화되어 있음을 잊어서는 안 된다. 다른 행성에서 진화한 외계인의 시각은 그 세계에서 가장 밝은 빛에서 가장 잘 볼 수 있게 진화해 왔을 가능성이 높다. 따라서 그들은 우리가 잘 보지 못하는 종류의 빛을 볼 수 있을 가능성이 있다.

인간에게는 없지만 일부 지구 생명들이 가지고 있는 지각으로는 박쥐와 돌고래의 (빛이 적은 환경에서 유용한) 위치 반향 측정 능력, 일부 어류와 상어의 전기장을 감지하는 능력, 그리고 많은 이동하는 동물들(예를 들어 일부 새들, 참치, 연어, 바다거북 등등)의 자기장 감지력 등이 있다. 우리는 또한 전파에 민감하도록 진화한 외계인들도 상상할 수 있다.

분명히 외계인이 우리가 가진 모든 지각을 가져야 할 필요는 없다. 예를 들어 지하 종이라면 시각을 발달시킬 필요가 전혀 없을 수도 있다. 촉각과 청각은 어떤 환경에서든 도움이 될 테니 보편적인 감각일 듯하다. 후각이나 미각은 화학적 분석 능력을 준다. 예를 들어 맛이나 냄새가 독한 일부 독을 피할 수 있다. 두 감각 다 핵심은 아닐 수도 있지만, 그런 감각이나 비슷한 감각을 가지면 아마도 생존에 중요한 가산점을 얻을 수 있을 것이다.

소통　　　　외계인 사이의 소통은 그들의 감각에 맞춰졌을 것이다. 여기 외계인이 이용할 법한 몇 가지 방식이 있다. 움직임, 냄새, 빛, 소리, 혹은 전파다. 소통 방식으로 냄새를 이용하는 외계인에게 말을 건네려 한다면 어떨까 상상해 보자. (냄새가 얼마나 느리게 전달되고 쉽게 흩어지는가를 생각하면 영 그럴싸하지 않은 시나리오이지만, 이것은 인간과 외계인 간 교신이 얼마나 어려울지를 짐작하는 데는 도움이 된다.)

수명　　　지구 생명을 가지고 일반화하기는 어렵다. 쥐는 고작 몇 년밖에 못 살고, 몇몇 거북은 약 200년까지 살기도 한다. 지구에서는 신진대사율과 수명이 아무런 강력한 상호관계가 없어 보인다. 그렇지만 장수와 관련된 요인이 얼마나 많은지 생각해 보면 외계인의 수명을 예측하기란 쉽지 않다. 다만 외계인이 이전 세대들의 기술을 배우기 충분할 만큼은 오래 살아야 한다는 점을 염두에 두어야 할 것이다.

사회 구조　　　동물들은 다양한 방식으로 살아간다. 무리를 지어 살 수도 있고 홀로 살 수도 있다. 외계인은 적어도 약간은 인간과 비슷하게 사회적 생물일 가능성이 높다. 다음 세대로 기술 지식을 소통하고 유지하려면 개체들이 함께 협력을 해야 할 수밖에 없다.

생명체의 이런 특질들을 나열한 의도는 백과사전을 만들겠다는 것이 아니라 외계 생명이 탄소를 기본적 벽돌로 이용하고 우리와 비슷한 생화학을 가졌다면 어떤 종류의 진화를 겪었을지 감을 잡을 수 있게 하려는 것이다. 물론, 햇빛과 화학 작용이 다른 타 행성에서라면 생명은 무척 달라질 수 있다. 이런 다른 선택지 중 일부를 살펴보는 것이 다음 장의 목표다.

요약하자면, 지구의 생물학 연구는 외계인이 어떤 모습일지를 논할 때 가능한 범위를 어느 정도 가르쳐 준다. 분명히 이 짧은 연구는 모든 가능성을 살펴보지 않았다. 또한 무척 지구 중심적이다. 그러나 우리가 만나게 될 외계인의 특성에 관해 그 범위의 일부를 보여 준 것만은 사실이다. 우리 대화가 모든 가능성을 다루지는 않았음을 인정하고 이렇게 마무리를 해야겠다. 조금이라도 아는 편이 아무것도 모르는 것보다는 낫다. 단 그게 전부가 아니라는 것을 알고 있다면 말이다.

6장

원소

제3의 행성에는 생명이 살 수 없다…… 우리의 과학자들은 그곳 대기에 산소가 너무 많다고 말해 왔다.

— 레이 브래드버리, 《화성 연대기》

앞 장에서 우리는 친숙한 지구 생명들이 외계인의 가능성에 관해 어떤 교훈들을 들려주는지를 살펴보았다. 이런 관찰은 철저한 것이 아니고, 무척 한정된 범위의 생화학을 기반으로 하고 있다. 동물은 산소를 호흡하고 포도당을 에너지로 바꾸고 식물은 태양열을 변환한다는 설명은 지구에서 관찰된 생화학의 범위를 모두 아우르지 못하며, 가능성의 범위라면 더 말할 것도 없다. 지구에는 생존을 위해 메탄을 이용하는 생물들과, 태양 빛을 (직접적으로든 간접적으로든) 이용하기보다는 순전히 화학물질에서 에너지를 뽑아내는 것들도 있다. 그뿐만 아니라 그냥 몇 가지 대안만 꼽아 보아도 황 호흡과 발효도 있다.

이 장 말미에서 우리는 한층 '기묘한' 형태의 지구 생명들에 관해 이야기할 것이다. 우리의 진정한 관심사는 우리 행성을 찾아올 가능성이 있는 외계인이지만, 그들의 이야기는 외계인이 아닌 외계 생명의 문제와 너무나 밀접히 얽혀 있다. 전자가 존재하려면 반드시 후자가 있어야 한다. 따라서 외계 생명에 관해 우리가 가진 지식과, 화학과 물리의 단순한 법칙들이 그런 생명에게 부과하는 제약들을 살펴보는 데 어느 정도 지면을 할애하고자 한다.

여러분은 이 주제에 관한 모든 글이 불완전할 수밖에 없다는 사실을 알고 있어야 한다. 유명한 대중 과학 에세이의 저자이자 유전학의 개척자인 J. B. S. 홀데인J. B. S. Haldane은 1927년에 발표한 저서 《가능한 세계들을 비롯한 다른 논문들Possible Worlds and Other Papers》에서 "우주는 우리의 생각보다 기묘한 것을 넘어, 우리가 상상할 수 있는 것보다도 더 기묘하다"라고 썼다. 우주가 우리를 깜짝 놀라게 할 비밀을 몇 가지쯤 가지고 있으리라는 것은 꽤 합리적인 짐작이고, 우리는 한 번 이상 놀라게 될 것이다. 그래도 관련된 화학에 관해 우리가 아는 것을 논할 수는 있다. 다른 건 몰라도 최소한 우리는 현대 우주생물학의 주요한 문제들을 배우게 될 것이다.

생명이란 무엇인가

이 질문은 얼핏 보기에는 매우 단순하지만, 가장 박식한 과학자들과 철학자들조차 수십 년간 헤매게 만들었다. (슈뢰딩거의 고양이로 명성을 얻은)

물리학자 에르빈 슈뢰딩거Erwin Schrödinger가 1944년에 발표한 《생명이란 무엇인가What Is Life?》는 그 주제에 관한 최초의 저술이라고 하기는 힘들지만 어쨌거나 대표적인 예다. 그 책은 현대 물리학의 개념들을 사용해 그 질문에 답하려 한 초창기 시도라는 점에서 흥미롭다. DNA를 공동으로 발견한 제임스 왓슨James Watson과 프랜시스 크릭Francis Crick 둘 다 이 책을 자신들의 연구에 영감을 준 책으로 지목했다.

생명의 정의는 오늘날에도 분명하게 규정돼 있지 않다. 현대 과학자들은 생명을 정의한다고 여겨지는 핵심적인 특질의 목록을 간신히 만들어 냈다. 살아 있는 존재는 다음 특질을 전부는 아니라도 대부분 가져야 한다.

- 그 유기체의 체내 환경을 조절할 수 있어야 한다.
- 그 유기체의 존재에 필요한 임무들을 달성하기 위해 에너지를 대사하거나 변환할 수 있어야 한다.
- 에너지를 체성분으로 변환함으로써 성장해야 한다.
- 환경 변화에 적응할 수 있어야 한다.
- 자극에 반응할 수 있어야 한다.
- 번식을 할 수 있어야 한다.

이런 특질들은 무생물과 생물을 구분한다.

이런 특질들은 우리가 어떤 생물을 처음 보고 그것이 생물임을 알아보는 데는 도움이 되지만, 실제로 우주에서 생명이 존재하기 위해 충족시켜야 할 제약 조건들에 관해 알려 주지는 못한다. 이 장의 목적은 어떤 SF 작가 지망생이 황금으로 된 뼈에 액체 소금으로 된 혈액을 가진 외계인을 주인공으로 하는 글을 썼을 때 그 글이 말이 되는가 아니면 엉터리인가를 판단할 수 있게 하기 위한 것이다. 그렇다면 현재 우리가 알고 있는 가장 진보된 지식은 생명의 필요조건이 무엇이라고 말하고 있을까? 이론과 실험에 따르면 생명에는 네 가지 핵심 필요조건이 있다. 그들은 다음과 같다(아래로 갈수록 확실성은 떨어진다).

- 열역학 불균형
- 전자쌍을 공유하는 원자 결합을 오랫동안 유지할 수 있는 환경
- 액체 환경
- 다윈 진화를 뒷받침할 수 있는 구조 시스템

첫 번째 필요조건은 근본적으로 필수적이다. 에너지가 변화를 이끈다기보다 에너지 차이가 변화의 원천이다. '열역학 불균형'이란 단순히 에너지가 더 높은 곳과 더 낮은 곳이 있다는 뜻이다. 이 차이에서 에너지의 흐름이 일어나는데, 유기체는 자신들의 필요를 위해 그 흐름을 이용할 수 있다. 그것은 근본적으로 수력 발전소의 발전 방식과 다를

게 없다. 물이 깊은 곳(고에너지)과 물이 얕은 곳(저에너지)이 있다. 댐 한 쪽에서 다른 쪽으로 흐르는 물이 터빈을 돌려 전력을 생성하거나 방아를 돌려 곡식을 갈 수 있듯이, 유기체는 살아남는 데 필요한 변화들을 일으키기 위해 에너지 차이를 이용할 것이다.

두 번째 필요조건은 기본적으로 생명이 서로 결합해 한층 복잡한 분자가 되는 원자들로 이루어져 있다는 뜻이다. 이런 분자들은 안정적일 만큼 단단히 결합해 있어야 한다. 그 분자들이 끊임없이 분리되고 있다면 안정적인 생명 형태가 만들어지는 것은 상상하기 어렵다. 이 조건은 생명을 만드는 데서 중요한 역할을 하는 원자들에게 약간의 제약을 가한다. 이 논의 후에 여러분이 SF에서 자주 등장하는 표현인 '탄소 기반 생명체'의 근거를 이해하게 되었으면 하는 것이 내 바람이다.

세 번째 필요조건은 비교적 덜 핵심적이다. 그러나 생명이 액체가 아닌 환경에서 진화할 거라고는 상상하기 어렵다. 원자들은 고체 환경에서 이동성이 떨어지고, 기체 환경은 밀도가 훨씬 낮기 때문에 재료와 영양에 필요한 원자 운반량이 훨씬 떨어질 수 있다. 반면 액체는 물질을 용해시켜 쉽게 운반할 수 있다.

마지막으로, 네 번째 필요조건은 외계 생물에게는 반드시 필요하지 않을 수도 있지만 외계인에게는 핵심적이다. 확실히 최초로 발달하는 생명 형태는 다세포 생명이나 그 비슷한 것이 아닐 것이다. 최초로 발달하는 생명 형태는 지구의 단세포 유기체와 비슷한 형태일 것이다

(실제로 그보다 더 단순할 가능성이 높다…… 어차피 현대의 단세포 유기체는 이미 무척 복잡하다). 점점 복잡해지는 종들을 만들어 내려면 유기체에서 작은 변화가 일어나야 할 것이다. 다윈 진화는 부모와 다른 특성을 가진 자손이 만들어지는 과정이다. 가장 먼저 필요한 것은 그 유기체가 그 변화에서 살아남는 것이다. 그 변화 때문에 죽고 만다면 그 개체는 그것으로 끝이다. 딸 유기체가 살아남아 다른 특성들을 얻을 수 있게 해 주는 변화가 일어난다고 치면 중요한 것은 선택 과정이다. 그 후 번식 능력이 더 뛰어난 생물은 점차적으로 개체 수가 늘어 생태계에서 자신들에게 적합한 환경을 차지할 것이다.

그러면 이런 개념들을 좀 더 자세히 들여다보자.

열역학 불균형

어떤 것이든 생명 형태에서 가장 먼저 염두에 두어야 할 것은 열역학 불균형의 필요성이다. 이 길고 복잡한 개념은 직관적이면서 동시에 직관을 거스르기도 한다.

생명에 에너지가 필요하다는 사실에 반박하는 사람은 거의 없을 것이다. 식물들은 햇빛을 흡수하고 사람들은 음식을 먹는다. 에너지의 필요성은 자명하다. 그러나 현실은 약간 더 미묘하다. 과학에서 에너지는 기술적인 의미로 쓰인다. 에너지는 던져진 공, 꼬인 용수철, 그리고 다이너마이트 한 토막에서 찾을 수 있다.

그러나 생명에 필요한 것은 에너지 그 자체라기보다는 에너지 차이다. 어디서나 동일한 에너지라면 쓸모가 없다. 쓸모 있는 것은 에너지 차이다. 이 미묘한 차이를 설명하기 위해, 댐으로 막혀 있는 저수지 물을 생각해 보자(그림 6.1).

물이 있는 쪽은 모든 것이 동등하다. 깊이에 따라 압력이 달라지는 한, 물은 균일성 때문에 움직일 수 없다. 물은 그대로 머물러 있으려 한다. 그러나 물은 과학자들이 '위치 에너지'라고 부르는 에너지를 가지고 있다. (위치 에너지란 댐을 무너뜨렸을 때 물이 움직이거나, 활시위를 당겼다 놓으면 화살이 날아가듯, 우리가 그렇게 만들었을 때 사물이 움직이는 에너지다.)

이제 댐 밑바닥에 구멍이 하나 있다고 상상해 보자. 물은 물 쪽에서 공기 쪽으로 서둘러 빠져나갈 것이다. 사실 이것이 수력 발전소가 작동하는 방식이다. 움직이는 물은 터빈을 돌리고, 터빈은 전력을 생성한다.

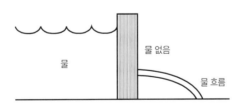

그림 6.1 댐에 갇혀 있는 물은 에너지 차이의 예시이고, 이 에너지 차이는 고수압의 흐름으로 변환되어 전력 터빈을 돌릴 수 있다. 비록 생물학과 생화학에서는 에너지 차이가 세포막에 갇혀 있는 화학물질들의 응축에서 나오거나 아니면 분자 안의 원자 결합에서 나오지만. 원칙은 동일하다.

여기서 가장 중요한 점은 에너지 차이(그리고 이에 따른 높은 에너지에서 낮은 에너지로의 흐름)가 전력 생산의 핵심이라는 것, 그리고 이것이 좀 더 일반적인 경우에도 해당된다는 것이다. 이것이 '열역학 불균형'이라는 말의 의미다. 열역학이란 에너지를 뜻하고 불균형이란 '똑같지 않다' 또는 다르다는 뜻이다.

생명 역시 동일한 방식으로 작용한다. 에너지 차이는 에너지가 흐르고 생명이 존재할 수 있게 해 주는 변화들을 일으킨다. 생명에게는 이런 에너지 차이를 저장해 두었다 필요할 때 이용할 수 있느냐가 중요하다. 유기체는 그런 방식으로 그 에너지원을 지닌 채 돌아다닐 수 있다. 이것은 뜻하지 않은 사건이 일어나 에너지를 구하지 못하게 될 경우 그 유기체를 보호해 준다.

이것이 중요한 이유를 약간이나마 이해하기 위해, 가상의 외계 암소가 생존을 위해 끊임없이 먹어야 하는 상황을 생각해 보자. 만약 그 암소가 있는 곳이 풀이 계속 자라고 계속 존재하는 목초지라면 문제될 것 없다. 그러나 가뭄이 온다고 치자. 풀이 다 죽었는데 신선한 초지로 움직이지 못하면 암소는 이내 죽을 것이다. 아니면 지구의 식물처럼 태양열을 이용하는 식물이 있는데 에너지를 저장하지 못한다고 상상해 보자. 그 식물은 낮에는 살아 있겠지만 매일 밤이 되면 죽을 것이다. 보장된, 절대 사라지지 않는 에너지원이 없다면 이런 생명 형태들은 무척 취약할 것이다. 에너지 저장은 생명이 존재하는 데 필요하다.

원자로 만들어진 생명들(우리처럼)은 분자에 에너지를 저장하는 방식을 이용하는 듯하다. 일부 원자들은 가지고 있는 에너지를 이용해 서로 결합할 수 있다(식물들이 햇빛을 가지고 그렇게 하듯이). 그 에너지는 나중에 고에너지 분자들을 저에너지 분자들로 변환시킴으로써 추출되고, 그 여분의 에너지는 생존에 이용된다. 우리는 쿠키를 먹고 당이나 지방을 대사하는 과정에서 그것을 이용한다. 그보다 좀 더 직관적인 예시는 나무를 태울 때 나타나는 현상일 것이다. 섬유소는 일련의 화학 작용들을 통해 산소와 결합하여 이산화탄소와 물을 내놓는다. 우리는 불이 열을 방출한다는 것을 알지만 ― 결국 이것이 불의 핵심이다 ― 우리가 마시멜로를 구울 때 보는 것이, 결합에 많은 에너지를 저장한 분자들이 에너지가 더 낮은 분자들로 변환되는 과정이라는 것은 그처럼 명확하게 눈에 보이지 않는다.

원자가 주는 제약　　과학자들은 화학에 관해, 원자의 상호작용에 관해, 그리고 원자가 형성하는 물질의 특질들에 관해 많은 것을 안다. 우리는 그 지식을 바탕으로 어떤 요소들이 생명에 핵심적인지 알수 있다. SF에서 흔히 말하듯 우리는 '탄소 기반 생명체'다. 그렇지만 SF는 다른 가능성에 관해서도 이야기한다. 〈스타 트렉〉의 "어둠 속의 악마" 에피소드에 등장하는 호르타는 규소 원자를 핵심으로 하는 생명체였다. 래리 니븐의 '알려진 우주Known Space' 시리즈에 등장하는 '아웃사이더'들의 생화학적 구성은 액체 헬륨과 관련이 있다. 전문 작가든 아마추어든 SF 작가들의 상상력을 생각해 보면 지금 누군가의 서랍 속에는 뼈가 백금이고 피가 액체 황금이며 다이아몬드를 배설하는 지적인 종족과의 만남을 다룬 이야기가 들어 있을지도 모르겠다. (누군가가 이 아이디어를 훔쳐다 글을 쓸 거라면, 내게 저작권료를 좀 떼어 주기를 바란다.) 그렇다면 과학은 우리에게 물리적으로 가능한 원자 결합의 범위에 관해 무엇을 말해 주는가? 그것을 알기 전에 먼저 생명에 필요한 몇 가지 단순한 분자의 필요조건을 생각해 볼 필요가 있다.

생명은 서로 결합해 한층 복잡한 분자들을 형성하는 원자들 없이는 존재할 수 없다. 따라서 이런 원자들이 상호 결합하는 방식이 핵심적이다. 화학작용의 법칙들이 모든 생명 형태의 결정적인 특징이라는 점은 어느 정도 명백하지만, 그 말은 너무 애매하다. 우리는 이보다 더 명확하고, 어느 정도 상세하게 주안점들을 다룰 것이다.

예를 들어 외계 생명(그리고 특히 외계인 생명)은 복잡한 화학을 요한다. 우리가 잘 아는 탄수화물, 단백질, DNA 등등과 비슷한 임무를 수행하는 화학물질들은 상호 결합한 원자들로 구성된 수많은 분자들을 형성해야 할 것이다. 그러니 생명의 화학에서 두 가지 중요한 점은 (1) 이웃 원자들과 많은 결합을 형성할 수 있으며, (2) 안정적인 분자를 만들 수 있게 충분히 강력한 결합을 이룰 수 있는 원자들을 찾아내는 것이다.

화학을 공부하는 학생들은 의무적으로 원자가를 외워야 하는데,

원자가란 기본적으로 어떤 특정한 원자의 결합력을 나타내는 수치다. 복잡한 분자들을 만들려면 한 원자가 근처의 수많은 원자들과 결합할 수 있어야 한다. 이것은 그림 6.2의 맨 오른쪽 기둥을 차지하는 비활성 기체 원소들(헬륨, 네온, 아르곤 등등)을 생각해 보면 놀라울 정도로 명확하게 이해할 수 있을 것이다. 이 원소들은 다른 원자들과 상호작용하지 않는다. 비활성 기체 원소들의 각 원자는 하나다(단원자). 그들은 화학 작용에 전혀 참여하지 않는다. 그러므로 우리는 이 원소들이 어떤 생명

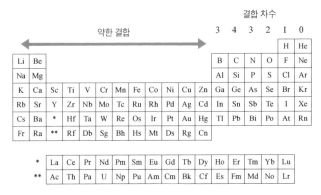

그림 6.2　　물질을 구성하는 원자들은 각자 특성이 있고, 이룰 수 있는 결합의 강도가 다르며 심지어 결합 차수도 다르다. 원소들의 다양성은 생명 그 자체를 포함해서 모든 물질을 이해하는 데 핵심 요소다. 화학과 학생들이 보기에는 수소(H)의 위치가 약간 이상해 보일 수 있다. 보통 보아 온 대로라면 리튬(Li)과 나트륨(Na)을 포함하는 기둥의 머리에 있는 것이 익숙할 테니까 말이다. 그러나 각 수소 원자는 결합을 형성하기 위해 한 전자를 주거나 받을 수 있으므로, 그중 어느 쪽에 놓여도 자연스럽다.

형태의 신진대사에서든 실질적인 역할을 하지 않으며 어떤 생명 형태에서든 구조적 역할을 하지 않는다고 확신할 수 있다.

비활성 원소들 바로 왼쪽에 있는 기둥을 살펴보자. 이 기둥 — 수소, 불소, 염소를 포함하는 — 은 이웃 원자와 단일 결합을 형성할 수 있는 원자들로 구성된다. 이 모든 원소들은 비슷하게 행동하므로, 수소 하나만 가지고도 설명할 수 있다. 이것은 팔을 한쪽만 가진 사람들로 가득한 방을 생각하면 얼추 비슷하다. 그 사람들은 한 번에 다른 사람 한 명하고만 손을 잡을 수 있다. 수소가 생명의 벽돌인 세계에서라면 여러분이 만들 수 있는 분자는 아주 단순한 것들뿐이고, 구체적으로 말하면 동일한 원자 2개로 구성된 것들이다. 만약 수소가 단일 결합만을 형성할 수 있다면, 수소 원자 하나가 또 다른 수소 원자 하나와 결합

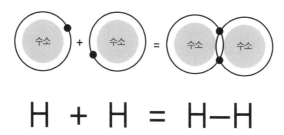

그림 6.3   이 그림은 수소 원자들(H)이 어떻게 결합해서 수소 분자(H_2)를 만드는지를 보여 주는 두 가지 방식이다. 두 원자는 자기들끼리 전자를 공유한다. 아래에 원자 대신 원자 기호를 사용한 약식이 보이는데, 긴 줄표(—)는 결합을 나타낸다.

할 것이다. 두 원자 다 단일 결합만을 형성하고, 그 결과로 그림 6.3에서 보듯이 두 원자로 이루어진 분자를 낳을 것이다. 이는 그 기둥에 있는 모든 원소들에 해당한다.

한 줄 왼쪽으로 옮겨가면 이중 결합 원소들을 만나게 된다. 이런 원자들 중 가장 가벼운 것은 산소다. 산소는 이중 결합을 형성할 수 있으므로 수소 원자 두 개와 결합할 수 있다. 산소 원자 하나와 수소 원자 두 개가 결합하면 물이 생성된다. 앞서 말한 팔 이야기를 다시 떠올려 보면 산소는 양팔을 지닌 원소다. 그것은 수소 원자 두 개와 손을 잡거나 다른 산소 원자와 양손을 맞잡을 수 있다. 다시 왼쪽으로 한 줄 옮기면 삼중 결합 원소들을 만난다. 비슷한 방식으로, 질소 원자는 수소 원자 3개와 결합해 암모니아를 만들 수 있다.

그러나 가장 복잡한 분자 구조를 형성할 수 있는 원자들의 기둥은 탄소 기둥이다. 탄소와 그 기둥의 다른 원소들은 사중 결합을 형성할 수 있다. 계속 수소와의 결합을 살펴보자면, 수소 원자 4개와 탄소 원자 1개가 결합하면 메탄 분자를 이룬다. 팔에 비교해 보면 질소는 팔이 셋 달렸고 탄소는 넷 달린 셈이다.

(다른 그 어떤 원자도 마찬가지지만) 탄소는 단순히 수소 원자들만이 아니라 더 많은 원자들과 결합할 수 있다. 주기율표의 다른 원자들은 물론이고 다른 탄소 원자들과도 결합할 수 있다. 잊지 말아야 할 것은, 질소와 산소 기둥들에 대해서도 해당되지만, 가장 복잡한 분자들을 만들

게 해 주는 것은 사중 결합을 이루는 능력이라는 것이다. 그림 **6.4**를 보면 이처럼 결합 가능성이 높은 원자들이 있으면 어떤 종류의 구조들을 만들 수 있는지 알 수 있다. 이들은 지구 생명체를 이루는 분자들이다.

여러분은 아마 벌써 나를 앞질러 이렇게 생각할 것이다. "그렇지만

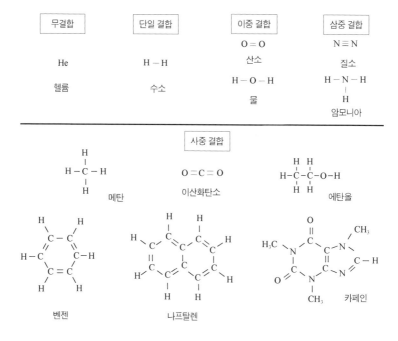

그림 6.4   각 원소들은 0에서 4까지 다양한 결합 차수로 결합할 수 있다. 한 원소가 더 많은 결합을 이룰 수 있다면 그로 인해 형성될 수 있는 분자들은 훨씬 더 복잡해질 수 있다.

그 기둥에 있는 다른 원소들은 뭐지?" 결국 규소도 사중 결합을 형성할 수 있다. 그렇다면 규소 기반 생명체가 존재할 수 있을까?

확실히 규소 원자들은 복잡한 분자들을 형성할 수 있다. 그러나 그 것은 단순히 탄소 원자와 규소 원자를 바꿔치는 것보다 훨씬 어렵다. 단순한 예로, 우리가 숨 쉴 때 내뱉는 일반적인 이산화탄소를 생각해 보자. 이산화탄소는 기체이므로 우리 체내의 체액(예를 들어 혈액)은 이산화탄소를 쉽게 운반할 수 있다. 그와는 반대로, 이산화규소는 고체이고, 더 흔하게는 '모래'라는 이름으로 불린다. 우리는 이 장 끝에서 규소 기반 생명체를 다시 생각해 볼 것이다.

결합 강도　　　　원자가 이룰 수 있는 결합의 수도 무척 중요하지만, 마찬가지로 중요한 것이 결합의 강도다. 분자와 원자 세계는 미친 듯 바쁘게 돌아가는 곳으로, 끊임없는 움직임이 평소 상태다. 원자는 단순히 열 때문에 진동하고, 서로 들이받고, 지속적인 충돌의 흐름을 겪는다. 마치 축구에서 거친 태클을 당하면 공을 놓치듯, 원자와 분자들의 충돌은 만약 결합이 충분히 강하지 않다면 생명의 분자들을 산산이 흩어지게 만들 수 있다. 안정적인 분자 환경이 없으면 어떤 생명도 존재할 수 없다.

터무니없는 경합들을 꾸며 내는 리얼리티 TV 프로그램을 떠올려 보면 이 이야기를 시각적으로 이해할 수 있다. 이 프로그램의 제목이

'같이 있기'라고 생각해 보자. 요는 두 사람이 한데 묶여 있고, 시즌 내내 함께 지내야 한다는 것이다. 서로 떨어지는 쌍은 탈락한다. 한 쌍은 바느질에 쓰는 실로 묶여 있고, 다른 쌍은 등반할 때 쓰는 밧줄로 연결되어 있다고 생각해 보자. 그다지 상상력을 발휘하지 않아도 실로 연결된 커플 쪽이 상당히 불리하다는 사실을 이해할 수 있을 것이다. 그저 평범한 하루의 일상을 수행하기만 해도, 걸어 다니거나 이를 닦거나 잠을 자거나 하기만 해도 이 커플을 묶은 실은 끊어져 버릴 것이다. 그와는 대조적으로, 밧줄로 엮인 커플은 서로 떨어지게 될 가능성이 매우 낮다.

원자들이 서로 결합하는 방식은 두 가지 정도 있는데, 가장 강력한 것은 '공유 결합'이라고 불린다. 공유 결합은 두 원자가 서로의 전자들 중 일부를 공유하는 것이다. 어떻게 보면 두 원자가 서로 녹아들어 단일한 분자 단위를 이룬다고 말할 수도 있다. 그리고 이런 결합은 실로 강력하다. 그 강력함을 좀 더 이해하기 쉽게 설명해 보자. 수소 원자 두 개가 이런 식으로 결합해 수소 분자 하나를 형성할 수 있다. 만일 실온과 실기압 상태에서 수소 분자 하나가 그것을 이루는 두 원자들로 도로 쪼개질 확률이 50%가 되려면 우리 은하계를 모두 채울 만한 부피의 기체가 필요할 정도다. 이 분자들은 정말이지 깨기 어렵다. 만일 그렇지 않았다면, 그만한 부피에 얼마나 많은 원자들이 들어 있을지 감안하면 깨어진 분자들도 그만큼 많을 것이다.

어떤 원자들이 생명에서 가장 중요한 역할을 할까라는 질문으로 다시 돌아가면, 어떤 원소가 다른 원소들보다 더 강하거나 더 약한 결합을 형성하는지를 따져봐야 한다. 질량이 낮은 원소들은 더 무거운 원소들보다 훨씬 강력한 결합을 형성할 수 있는 듯하다. 그 이유는 약간 미묘하지만, 다행히 너무 어려워서 이해 못할 정도는 아니다. 요약하자면 그것은 원자들이 서로 겹치는 정도와 관련돼 있다. 겹치는 부분이 더 클수록 두 전자는 더 많이 공유되고 결합은 더 강력해진다. 이 점은 그림 6.5에서 설명된다.

이 그림은 너무 단순화시킨 것이지만 몇 가지 점에서 쓸모가 있다.

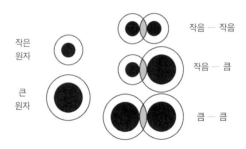

그림 6.5   공유 결합의 강도는 단순히 각 원자의 전자들이 얼마나 많이 겹치느냐에 크게 의존한다. 겹치는 부분의 비중이 더 클수록 결합은 더 강력하다. 여기서 하얀 부분은 결합에 이용될 수 있는 전자들을 나타내고, 회색 부분은 겹치는 영역을 나타낸다. 더 작은 분자들은 회색 영역이 하얀 영역에서 더 큰 부분을 차지한다.

원자는 핵과 그 바깥을 둘러싼 전자들의 무리로 이루어진다. 바깥쪽의 얼마 안 되는 전자들은 대체로 결합을 형성하는 데 이용될 수 있지만 핵에 가장 가까운 전자들(또는 화학을 좀 아는 독자들에게는 가장 저에너지 상태의 전자들)은 그럴 수 없다. 그림 6.5에서는 상호작용하지 않는 원자의 핵 부분을 검은 점으로 표시했다. 외곽의 하얀 고리는 결합을 형성하는 데 쓰일 수 있는 전자들을 나타낸다. 여러분은 작고 큰 원자들이 하나씩 그려져 있는 것을 눈치 챘을 것이다. 양쪽 원자에서 하얀 영역의 두께는 동일하다.

그다음으로 두 원자가 결합해 만들어진 분자들의 그림을 제시했다. 어느 정도까지는 원자들이 두 원자의 하얀 영역이 서로 겹치는 부분의 전자들을 공유한다고 말할 수 있다. 이제 회색 영역을 각각 작은 원자 분자들과 큰 원자 분자들의 하얀 영역과 비교해 보자. 작은 원자 분자들은 흰색 부분에서 회색 부분이 차지하는 비중이 상대적으로 더 크다는 것을 알 수 있을 것이다. 더 작은 원자들은 이웃 원자들과 전자들을 공유하는 부분의 비중이 상대적으로 더 큰데, 그것이 더 가벼운 원소들이 훨씬 강력한 결합들을 이루는 기본적인 이유다.

이런 단순한 설명은 왜 생명이 탄소로 형성되는 것이 자연스러운가 하는 이유를 보여 준다. 탄소는 이웃 원자들과 강력한 사중 결합을 이루어 복잡한 분자들을 형성할 수 있다. 더 가벼운 원자들은 그처럼 많은 결합들을 형성할 수 없으므로 복잡한 화학 결합을 이룰 가능성이 떨어지고, 다른 무거운 원자들은 그처럼 강력한 결합을 형성할 수 없어서 분자들의 안정성이 그만큼 떨어진다. 탄소는 복잡한 분자 화학에 최적의 원소다.

어쩌면 탄소 기반 생명체인 우리가 탄소가 생명을 형성하는 이상적 기반이라고 결론 내리는 것은 당연한 일일지도 모른다. 이것은 '탄소 우월주의'라고 불린다. 이제 생명의 중요한 구성 요소에 대해 개괄적으로 살펴본 뒤 다시 대안적인 화학에 관해 알아볼 것이다.

산소　　　　모든 생명 형태에 해당하는 것은 아니지만, 지구상의 모든 다세포 생명은 산소를 호흡계의 일부로 사용한다. 산소의 중요한 점은 전자 수용체라는 것이다. 전자의 움직임은 생명 에너지의 근원이므로, 전자를 수용할 수 있는 원소는 에너지의 흐름을 가능케 한다. 산소는 최상급 전자 수용체다.

산소를 사용하는 것이 우주 생명의 필수적 특성일까? 우리는 지구에서 다른 물질을 이용해 숨을 쉬는 생명이 존재한다는 것을 알고 있으므로 그 답은 아니요다. 사실, 우리는 지구의 첫 생명 형태들이 산소 때문에 죽었다는 것을 꽤 확신하고 있다. 그렇다면 산소의 어떤 점이 그토록 대단하며, 왜 지금은 산소가 지구상의 모든 곳에 존재하게 되었을까? 지구의 다세포 생명이 보편적으로 산소를 이용한다는 것은 산소 호흡이 보편적이라는 뜻일까?

물론 그렇지 않다. 그렇지만 지구 생명의 역사에서 산소가 해 온 중요한 역할은 시간을 들여 알아볼 가치가 있다. 우리는 지구의 첫 생명에 관해 많이 알지 못한다. 생명이 형성된 이후 많은 종들이 진화했고 한층 복잡해졌다. 진화 과정에서, 어떤 종들은 번창했고 어떤 것들은 멸종했다. 이런 복잡한 유기체들 중 다른 것들이 모두 죽고 난 후 남은 하나가 현존하는 모든 종들의 부모로 여겨진다. 이 부모는 최종적인 보편적 공통 조상이라는 뜻에서 LUCA(last universal common ancestor)라고 불린다. 그림 6.6에 그려진 가계도는 생명이 어떻게 가지를 뻗었는지 보여 준다.

생물학자들은 거꾸로 역사를 밟아 가면 인류가 침팬지와 공통된 조상을 가졌으리라고 상당히 확신하고 있다. 그 공통 조상은 더 옛날에 다른 영장류들과 동일한 조상을 가졌다. 영장류는 다른 포유동물들과 공통 조상을 가졌다. 시간을 거슬러 올라가면, 우리는 이제 앞 장에서 언급한 각 역, 계, 문, 강 등등이 한 공통 조상에서 나왔고, 그 후손들이 약간 변화하여 그 후 우리가 지금 생명의 다양한 분파에서 볼 수 있는 물리적이고 생물학적 차이들을 발전시켰다고 믿는다. 원핵생물, 진핵생물, 고세균류는 따로 공통 조상이 있다. 단 현대의 연구에 따르면 진핵생물은 더 이전의 고세균류와 원핵생물의 조상들의 혼합에서 형성된 듯하다.

그 패턴을 더 멀리까지 가져가 보면, 아마도 지구상의 모든 생명 형태의 조상인 한 유기체가 있었을 것이다. 이 조상(앞서 언급한 LUCA)

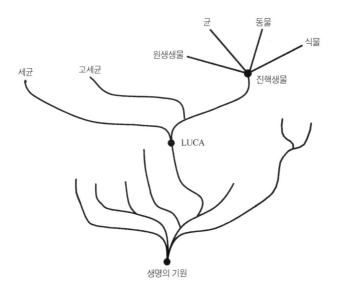

그림 6.6　　살아 있는 최초의 유기체가 형성되고 분화를 겪은 과정에 대한 우리의 생각이 여기 그려져 있다. 결국 초기의 생명의 가지들은 모든 생명의 공통 조상(LUCA)을 제외하고는 모두 죽었다. 종간 유전 혼합은 유기체들이 좀 더 단순했을 때 일어났다고 여겨지므로, 이 그림은 가장 기본적인 지점들만을 보여 준다.

은 지구에 나타난 최초의 생명 형태는 아니었다. 과학자들은 비교유전학과 생화학을 이용해 LUCA에 관해 많은 것을 알아냈다. 예를 들어 LUCA는 생존을 위해 DNA를 비롯해 몇백 개의 단백질을 이용했다. LUCA는 이미 아주 복잡한 유기체로, 가장 초기의 생명 형태들과는 매우 달랐다. 친척뻘인 동시대 생물들이 모두 멸종의 운명을 맞은데 비해 LUCA에게는 과연 어떤 적응상의 이점이 있었기에 생존하고 번영할 수 있었는지는 알기 어렵다. 그렇지만 LUCA는 살아남았고 우리는 여기 있다.

LUCA는 어쩌면 호흡을 산소에 의지하지 않았을지도 모른다. 우리는 LUCA의 생화학적 구성을 완벽히 이해하지 못하지만, 철분이 그 신진대사 경로에서 중요한 역할을 했음은 사실인 듯하다. 이 사실은 LUCA가 살았을 당시에 지구 대기에 산소가 많지 않았음을 입증하는 무척 결정적인 증거다. 이는 알다시피 철분은 산소와 결합해 물에서 극히 용해되기 힘든 어떤 형태가 되는 것을 너무나 좋아하기 때문이다. 주변에 산소가 많았다면 철분은 산소에 붙들려 녹의 형태로 생태계에서 끌려 나갔을 것이다. 여러분도 잘 알겠지만, 녹은 용해되지 않고, 일단 철분이 녹의 형태가 되면 그 후로는 도저히 사용이 불가능하다. 그러므로 철분에 크게 의존하는 유기체는 산소 결핍(산소가 없거나 적은) 환경에서 존재해야 한다.

지구상에 생명이 형성된 시기에 대해서는 계속 논쟁이 있지만 그럴싸한 추정은 약 35억 년 전으로 보이는데, 약 27억 년 전쯤이라는 증거가 점점 더 늘고 있다. 초기 바위에서 동위원소 성분을 연구한 결과 약 24억 년 전에는 대기에 산소가 무척 적었고, 그즈음부터 대기의 산소량이 증가하기 시작했음이 밝혀졌다. 산소의 원천은 아마도 초기의 광합성을 하는 세균이었던 듯하다. 약 5억 년간 대기의 철분은 산소를 흡수해 대양 밑바닥에 가라앉았다. 이 과정은 철분이 완전히 소모되어 우리가 지금 이용하는 철광의 원천이 될 때까지 계속되었다.

철분이 다 소모되자 대기 중 산소는 훨씬 급속히 증가하기 시작했다. 앞서 언급했듯 산소의 근원은 가장 초기 생명 형태들이 생겨난 이래 줄곧 존재한 광합성을 하는 세균이었지만, 산소의 반응성을 감안하면 대양에서 산소는 급속히 다른 물질들과 결합했고 나중에는 육지에서도 그랬을 것이다. 바다와 육지가 이런 산소를 사랑하는 물질들로 포화 상태가 되자 대기의 산소 농도가 증가했다. 대기의 산소 농도가 높아지면서 산소와 태양의 자외선이 만났다. 이것은 오존 형성으로 이어졌고, 오존은 자외선이 지구 표면에 닿지 않도록 막는다(그리고 육지 기반 생명을 가능하게 한다). 우리가 자외선을 이용해 의료 장비들을 살균하고 수조의 조류algae와 기생충들을 죽이듯, 오존의 보호막이 없다면 자외선은 지구 표면을 불모지로 만들 것이다.

약 8억 년 전, 대기 중 산소량은 다소 급속히 상승하기 시작했다. 이 산소 증가는 다세포 생물의 출현에 한몫한(그리고 특히 외계인, 동물 생명이라는 개념과 관련 깊은) 것으로 자주 거론된다. 그처럼 산소가 증가했다는 것은 대기 중에 탁월한 전자 수용체이며 호흡과 신진대사에서 사용되어 많은 에너지를 생성할 수 있는 물질이 풍부해졌다는 뜻이었다.

그러니 산소는 지구 곳곳에 있으며 모든 동물의 에너지 예산의 일부로 핵심 역할을 한다. 외계인에 관해 생각할 때 우리는 "산소는 필수적인가?"라는 질문을 해야 한다. 우리는 다른 물질들을 전자 수용체로 이용하는 지구상의 다른 생물들을 안다. 몇 가지만 들자면 3가철, 질산염, 황산염, 이산화탄소가 있다. 그러나 이런 대안적 호흡 형태를 이용하는 것은 다세포 동물이 아니라 미생물이므로, 우리는 산소 호흡의 이점이 크다는 것, 그리고 진화는 생화학을 가능한 한 그 방향으로 자극할 가능성이 높다는 것을 짐작할 수 있다.

지구에서도, 산소를 이용한 유기체의 에너지 공급 메커니즘은 단순한 과정이 아니라 다단계 과정이다. 따라서 외계 생명이 산소가 부족한 행성에서 진화할 경우, 그것은 자신이 살아남는 데 필요한 수위의 에너지를 얻기 위해 다단계 과정을 이용하게 될 가능성이 있다. 그러나 그곳에 산소가 존재한다면, 그리고 산소의 이점을 감안한다면, 그 생명은 결국 산소를 이용할 방법을 찾아낼 가능성이 보인다. 그리하여 우리는 다음 지점에 도달한다.

풍부한 화학물질　　　여기서 일부 화학적인 부분을 좀 더 학문적으로 이야기하려 한다. 예를 들어, 탄소는 얼마든지 생명 구축에 완벽한 원자 역할을 할 수 있지만, 주변에 탄소가 없다면 쓰고 싶어도 쓸 도리가 없다. 이와 비슷하게, 만약 산소가 존재하지 않는다면, 숨쉬기 위해 산소를 이용하기가 어려워진다. 그러므로 우리는 우주에서 가장 흔한 원소들을 생각해 볼 필요가 있다. 어떤 원소들이 더 흔한지 덜 흔한지 이해하려면 그들의 기원을 이해해야 한다.

현재의 이론은 우주가 빅뱅이라고 불리는 대사건을 통해, 지금으로부터 140억 년 전보다 약간 더 가까운 과거에 시작되었다고 본다. 빅뱅의 물리학은 매혹적인 주제이긴 하지만 우리 목적과 관련해서는 그저 우주가 한때 원자가 존재할 수 없을 정도로 뜨거웠다는 것만 알면 된다. 광자들과 중성자들이 개별적으로 형성된다는 것은 어림도 없는 일이었다. 당시 존재했던 에너지와 아원자 분자들의 도가니에서 그들을 꺼내어 결합하는 것은 온도 때문에 도저히 불가능했다.

우주가 팽창하면서 우리가 좀 더 잘 아는 폭발과 비슷한 방식으로 식은 후, 아주 초기 우주에 광자들과 중성자들이 존재하게 되었으며 수소와 헬륨 원소들이 그 뒤를 따랐다. 그 어떤 의도와 목적으로든 다른 원소들은 전혀 존재하지 않았다. 앞서 우리의 논의를 따르면 그 우주에서는 도저히 생명이 형성될 수 없었다. 헬륨은 분자를 형성하지 않고, 수소는 두 원자로 구성된 단순한 분자를 만든다. 그게 전부라면, 지금 이 이야기를 하고 있을 필요가 없을 것이다. 우리가 생각해 보아야 할 것이 분명히 더 있을 것이다.

매일 아침 태양이 뜰 때면 우리는 사소해 보이지만 중요한 사실을 깨닫게 된다. 태양은 밝고 열을 방출한다는 것이다. 태양이 그렇게 하는 것은 수소와 헬륨의 고밀도 덩어리들이 핵융합 반응을 일으킬 수 있기 때문이다. 그리고 핵융합은 인류가 접하고 이해할 수 있는 가장 순수한 형태의 과학적 마법에 속한다.

중세 시대에 연금술사라고 불리던 초기 과학자들은 물질을 한 형태에서 다른 형태로 변환하는 일에 몰두해 있었다. '기본적인 금속'(예를 들어 납)을 황금으로 바꾸는 것이었다. 현대 화학이 초기 연금술사들에게 빚을 지고 있다는 사실은 의문의 여지가 없지만, 한 원소를 다른 원소로 바꾸려는 그들의 노력은 실패로 돌아갔다. 그런 목표는 화학 반응의 능력을 넘어선다.

그러나 항성들의 핵융합은 바로 그 일을 해낸다. 가벼운 원소들의 핵이 결합되어 더 무거운 원소들을 형성한다. 이런 별의 주조 공장에서는 수소와 헬륨에서 산소, 탄소, 질소, 규소, 그리고 철분보다 가벼운 모든 원소들이 만들어진다. 일반적인 항성에서 일어나는 핵융합은 그보다 무거운 원소들을 만들어 내지 못한다.

공교롭게도, 일부 별들은 빠르고 맹렬하게 타올라 초신성supernova이라는 장엄한 폭발로 생애를 끝낸다. 이런 별들은 좀 더 안정적인 별들을 왜성dwarf(star)으로 만드는 열과 핵반응을 경험하면서 거의 눈 깜빡할 사이에 사멸한다. 그들은 죽으면서 더 무거운 원소들을 형성하는데…… 심지어 고대 연금술사들이 도저히 손에 넣지 못했던 황금까지 만들어 낸다. 이것이 바로 칼 세이건이 그처럼 자주 우리가 모두 '별로 만들어진 존재들'이라고 말했던 이유다. 별들이 없으면 생명은커녕 심지어 행성조차 존재할 수 없을 것이다. 사실 첫 별들은 우주에 행성들이 존재할 수 없었던 시기에 형성되었다. 행성들의 원료는 그냥 무에서 생겨나지 않았다. 그러나 초기 별들이 죽어 가면서 복잡하게 혼합된 원소들을 우주에 퍼뜨렸다. 이 원소들은 기존의 수소 구름과 뒤섞여 뒤에 등장한 항성들을 형성했다.

우리의 태양은 2등성 또는 3등성으로, 약 50억 년 전에 형성되었다. 태양이 태어났을 때 우주에는 이미 항성들이 존재했고 이 항성들은 90억 년 전부터 주기율표에 있는 다른 원소들을 만들어 왔다. 우리의 태양계가 태어났을 때 존재하던 원소들은 저수지를 형성했고, 행성과 생명은 거기서 만들어졌다.

그림 6.7은 우리 태양계에서 가장 밝은 30개 원소들의 구성비를 보여 준다. 수소와 헬륨은 태양계 물질의 99.9%를 차지하지만, 행성들은 그 남은 0.1%에서 형성되었다. 나머지 원소들 중에는 탄소, 산소, 질소(우리가 아는 유기화학과 생명의 원소들)가 그다음으로 가장 많다. 모든 원소들의 구성비는 그들이 별의 용광로에서 어떻게 형성되었는지에 관한 우리의 지식과 꽤 잘 부합한다. 탄소의 화학적 사촌격인 규소의 비율은 탄소의 약 10%다. 그러니 이 그래프를 단순하게 해석하면 여러분은 이렇게 말할지도 모른다. "음, 그래, 생명이 탄소로 만들어진다는 말은 합리적이야. 왜냐하면 탄소는 풍부하니까." 역으로, 깊이 생각하지 않아도 이렇게 말할 수 있을 것이다. "잠깐, 탄소가 규소보다 그처럼 압도적

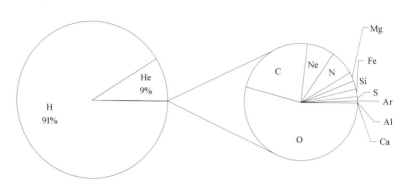

그림 6.7   태양계 원소의 구성비. 우리 태양계 원소들의 분포에서는 수소(H)와 헬륨(He)이 압도적이다. 심지어 상대적으로 흔한 탄소(C)와 산소(O)조차 0.1% 이하를 차지한다.

으로 풍부하다면, 지구는 왜 대부분이 탄소가 아니라 커다란 바위(말하자면 이산화규소)로 이루어져 있지? 어떻게 된 거야?"

그것은 물론 흥미로운 질문이다. 태양계 원소들의 구성비에 대한 질문은 우리에게 많은 것을 말해 주지만, 생명은 태양 안에 있는 원소들로부터는 형성될 수 없다. 그보다는 행성 표면(아니면 대기 아래나 그 속)에서 형성되었을 가능성이 높다. 그러니 우리가 생각해야 할 것은 그 행성 표면에 있는 원소의 구성비일 것이다. (별의 화학적 구성이 기껏해야 미미한 역할밖에 하지 못한다는 것을 보여 주는 바로 그 논리에 따라 행성 핵의 분자 구성비를 대수롭지 않은 요소로 배제할 수도 있다. 생명이 형성될 수 있는 원소의 저수지들을 규정하는 것은 행성 지각의 구성이다.) 나는 '행성'이라는 단어를 포괄적인 의미로 쓰고 있다. 행성들 그 자체는 불모지라도, 거기 딸린 달에서는 생명이 형성될 수도 있었다. 우리는 잠시 후에 규소가 지구 생명에서 핵심 역할을 하지 않는 이유를 알게 될 것이다.

이 지점에서, 우리는 화학과 외계인 생명에 대한 논의를 일반화하는 것이 얼마나 어려운가를 깨닫기 시작한다. 결국 우리 태양계의 여러 행성들과 달들의 원소들은 극히 다양하다. 목성의 기체 구름들은 화성의 끓는 표면, 에우로파Europa(목성의 제2위성)의 얼어붙은 황무지, 그리고 우리가 사는 지구의 익숙한 환경과 다르다. 천문학자들이 어디서 생명을 찾아야 할지를 놓고 그토록 고민하게 만드는 것이 바로 이 다양한 환경 범위다.

그러나 우리의 관심 대상이 외계 생명 자체가 아니라 외계인임을 잊지 말아야 한다. 외계인은 도구를 사용하며 언젠가 은하계 지배를 놓고 인간과 경쟁하기 충분한 지능을 가진 생물이다. 따라서 그런 외계인이 거대 가스 행성gas giant * 의 구름에 매달려 있는 생명 형태일 거라고는 쉽게 상상할 수 없다. 그보다는 바위투성이인 행성 비슷한 천체에 사는 생물을 경쟁자로 상상하는 편이 훨씬 쉽다. 예를 들어, 금속을 구할 수 있는 환경인가는 대다수 도구들과 무기들을 만드는 데 매우 중요하다. 혹한의 환경에서라면 다른 원료들도 금속과 같은 역할을 할지도 모른다. 그렇지만 어떤 경우에든, 바위투성이 행성 표면은 아마도 외계

---

* 거대 가스 행성은 수소나 헬륨 같은 기체를 주성분으로 하는 행성을 말하며, 태양계에서는 목성, 토성, 천왕성, 해왕성이 여기에 속한다. 단, 상대적으로 수소와 헬륨이 차지하는 비중이 작은 천왕성과 해왕성은 따로 거대 얼음 행성ice giant으로 분류하기도 한다.

생명에 대한 논의와 관련 있는 원소의 저장고일 것이다.

　우리는 지구 지각의 화학적 구성을 출발점 삼아 시작할 수 있다. 이것은 그림 6.8에서 볼 수 있다. 행성 형성의 세부 사항들에 초점을 맞추고 지구의 원소 구성비를 태양 원소의 그것과 비교하면 놀라운 차이점이 있다. 수소와 헬륨은 희귀하다. 또한 불활성 기체들(헬륨, 네온, 아르곤 등등)이 눈에 띄게 적은 것이 보인다. 이런 원소들은 기체이고 다른 원소들과 결합해 고체를 형성하지 않는다. 가장 흔한 원소는 산소이고, 규

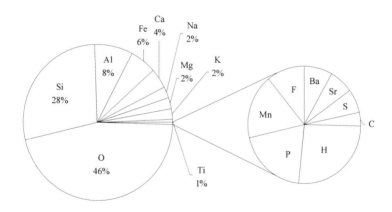

그림 6.8　　지구 지각의 원소 구성비. 지구 지각의 원소 구성비가 이와 같은 이유는 지각이 바위로 만들어져 있고, 바위에는 규소(Si)와 산소(O) 함량이 매우 높기 때문이다. 지구 지각과 전체 태양계 원소 구성비 사이의 현저한 차이점은 행성이 형성될 때의 사건들이 생명이 형성되는 데 필요한 화학적 저장고에 얼마나 큰 영향을 미칠 수 있는지를 보여 준다.

소가 그다음이다. 이 혼합물은 지구 표면을 구성하는 다양한 바위들(장석, 석영 등등)을 반영한다. 탄소는 규소에 비하면 매우 희귀하다(지구 지각의 약 1/4이 규소로 만들어져 있는 것과 비교하면 빙산의 일각인 셈이다). 그리고 이것은 우리에게 무언가 중요한 것을 말해 주는 듯싶다. 심지어 흔한 규소가 엄청난 비중을 차지하고 양쪽 원소 모두 사중 결합을 형성한다는 사실을 감안해도, 생명은 탄소로 형성된다. 사중 결합을 형성하는 능력은 매우 중요하지만, 존재 가능성이 있는 생명의 화학적 구성에 관해 생각할 때는 염두에 두어야 할 다른 주안점들이 있다. 우리는 이 장 끝에서 규소가 생명의 벽돌이 되기에 어떤 장애물이 있는지 이야기할 것이다. (앞서 이미 그렇게 약속했다는 건 알고 있지만, 규소가 생명의 근간이 되기에 어떤 한계가 있는지 살펴보고 탄소의 엄청난 이점을 극복할 혁신적인 방식을 소개하려면 좀 더 배경 지식이 필요하다.)

우리는 또한 생명을 형성하는 액체의 본질에 관해서도 논의할 것이다. 지구에서 이 액체는 보편적으로 물이다. 화학적 구성비에 대한 이야기를 마치고 나면 우리는 지구 대양의 원소 구성을 살펴볼 것이다. 이것은 그림 6.9에서 볼 수 있다. 우리의 대양은 물(H_2O)로 이루어져 있기 때문에, 가장 흔한 원자들은 산소와 수소다. 게다가 지구의 물은 대부분 소금기가 있으므로 소금(NaCl)을 만드는 원소들인 나트륨과 염소가 존재한다는 것은 놀랍지 않다. 다른 원소들은 결합되어 물에 녹을 수 있는 분자들을 이룬다면 존재할 수 있다.

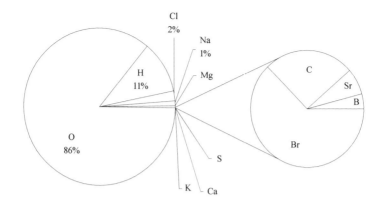

그림 6.9   대양의 원소 구성비. 대양 물의 원소 구성비는 물(H₂O)의 화학적 구성의 산물이지만, 소금(NaCl)의 존재도 거기에 영향을 미친다. 탄소(C)는 바닷물의 흔적 성분이다.

원소의 구성비를 마지막으로 살펴보기 위해 인체로 눈을 돌려보자. 이 논의의 요점은 어떤 원소들이 생명의 벽돌이 될 수 있는가를 알아보는 것이지만, 우리는 자연히 "그래, 그렇지만 실제로 어떤 원소들이 생명을 형성하지?"라고 묻게 된다. 이것은 그림 6.10에 (인간에 한해서) 제시된다.

탄소, 산소, 수소, 질소는 그 결합에 참여하는 다른 몇 가지 원소들과 더불어 인체의 화학을 지배한다. 혈액은 우리의 기원이 지구의 대양임을 보여 준다. 칼슘은 뼈와 세포 신진대사에 이용된다. 미량 무기질들은 우리의 식량에서 볼 수 있다.

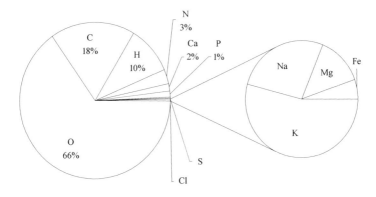

그림 6.10   인체의 원소 구성비. 이 그림은 인체의 원소 구성비를 보여 준다. 우리는 〈스타 트렉: 넥스트 제너레이션〉의 에피소드 "고향의 토양"에 등장하는 크리스탈 외계인들이 왜 인간을 '대체로 물로 채워진 보기 흉한 주머니'라고 부르는지 알 수 있다. 지구 지각과 대양의 화학적 구성을 감안하고 살아 있는 인간 조직에서 어떤 원소들이 가장 흔한지를 살펴보면 놀라게 될 것이다. 97%는 산소(O), 탄소(C), 수소(H), 그리고 질소(N)로 이루어져 있다.

근본적인 질문은 외계인들이 다른 화학적 구성들을 가질 수 있느냐고, 그 답은 그렇다. 생물학자들은 여전히 지구 생명의 구성이 역사적 결과인지 아니면 원소들의 원자 성질과 상대적인 구성비의 불가피한 결과인지 알아내려 애쓰고 있다. 따라서 우주생물학자들이 외계인이나, 심지어 그보다 제약이 덜한 외계 생명이 어떤 형태를 취해야 하는지 아직 알아내지 못한 것은 전혀 놀라운 일이 아니다. 하지만 화학과 원소의 양에 가해지는 제약들은 확실히 이 논의에서 중요한 몫을 담당한다. 우리가 여기서 다룬 주제들 — 원자 결합 차수에서 결합의 강도, 원소의 구성비과 진화의 사건들과 압박들 — 이 우리를 만들었다. 산소를 호흡하는 탄소 기반 생명체가 나타난 것은 불가피한 결과는 아니지만, 우리는 이제 그 방식의 이점을 보게 될 것이다.

액체의 이점

지구의 생명은 보편적으로 물을 기반으로 하고, 그 물은 구체적으로 액체 물이다. 이는 자연히 두 가지 질문으로 이어진다. 왜 액체인가, 그리고 왜 물인가? 액체에 관한 질문은 더 답하기 쉽다. 물질의 전형적인 세 가지 상태는 고체, 액체, 기체다. 고체 상태일 때의 문제는 화학물질의 이동성이 떨어진다는 것이다. 고체 상태로도 화학적 결합이 가능하긴 하지만 매우 느리다. 어쩌면 그런 환경에서도 생명이 형성될 수 있겠지만, 그런 생명은 결코 우리가 여기서 말하는 의미의 외계인이 되지는 못할 것이다. (앞 장 끝에서 언급한 로봇 생명의 존재 가능성을 염두에 두어야 하지만 말이다.) 더욱이 완전히 건조한 환경이 아니라면 액체 기반 생명의 이점이 너무 우월하기 때문에, 독립적으로 발달된 액체 기반 생명이 고체 기반 생명과의 경쟁에서 승리하거나, 아니면 고체 기반 생명이 진화의 결과로 액체를 이용할 수 있는 적응 방식을 찾아낼 것이다.

그와는 대조적으로, 기체 상태의 물질은 너무나 이동성이 극히 높다. 사실 많은 초등학교 교과서에서 기체를 어떤 부피든 채울 수 있는 물질의 상태로 규정하고 있다. 그러니 어려운 것은 기체 분자들을 돌아다니게 만드는 것이 아니다. 문제는, 기체는 무언가를 용해하는 역할을 잘 맡지 않는다는 것이다. 소금물은 많은 양의 나트륨과 염소 원자들을 운반할 수 있지만, 소금 기체는 오로지 약간의 물만을, 그 자체로 소금을 함유한 물을 운반할 뿐이다. 따라서 우리가 기체 용제로 이루어진 생명 형태를(그리고 특히 외계인을) 발견할 가능성은 낮아 보인다.

그러니 남는 것은 액체다. 액체는 쉽게 움직일 수 있고, 소금물 속의 소금처럼, 물질을 자기 안에 녹여 돌아다니게 만들 수 있다. 액체가 유용한 용제가 되려면 두 가지 성질을 지녀야 한다. 우선 반드시 다양한 조건하에서 액체 상태를 유지해야 하고, 반드시 넓은 온도 범위에서 액체 상태로 존재할 수 있어야 한다. 둘째로, 다른 원소들을 용해시켜 운반할 수 있어야 한다. 결국, 고체와 기체 용제들이 후보에서 탈락한 이유는 다른 원자들을 효과적으로 운반할 능력이 없어서였다.

지구에서는 물이 보편적 생명 용제다. 이 기적적인 물질은 어쩌면 보편적 용제가 아닐지도 모르지만, 물의 탁월한 성질을 알면 다른 용제들로 물을 대체하려 할 때 어떤 종류의 성질들이 필요한지 이해하는 데 도움이 된다.

우리가 이미 살펴본 공유 결합 말고도 다른 분자 결합 형태가 있다. 그 결합 형태는 이온 결합이라고 하는데, 원자가 전자 하나를 다른 원자에게 주는 것이다. 그러면 한 원자는 양전하를 띠고 다른 원자는 음전하를 띠게 된다. 두 원자는 각자의 전하로 인해 서로 결합한다. 소금(염화나트륨)이 이와 같은 결합 방식이다.

물 분자는 극성 분자에 속한다. 이 말은 그들이 분자 전체로는 아무런 전하를 띠지 않더라도, 분자 안의 전하가 균등하게 배포되어 있지 않다는 뜻이다. 즉 전기적으로 말해 분자의 한쪽은 '더 음이고' 다른 쪽은 '더 양이다.' 물 분자의 그 양쪽과 이온 결합 분자들이 상호작용을 하면 이온 결합 분자들은 깨어질 수 있다. 소금을 용해할 때 물에 남는

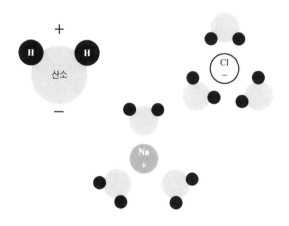

그림 6.11   물은 극성 분자인데, 그 말은 수소와 산소 원자들의 배치로 인해 물 분자의 한쪽은 약간 양전하를 띠고 다른 한 쪽은 음전하를 띤다는 뜻이다. 이러한 특성 덕분에 물은 서로 이온 결합 상태인. 여기 보이는 흔한 소금 또는 염화나트륨(NaCl) 같은 물질을 용해시킬 수 있다.

것은 소금 분자가 아니라 자유롭게 떠 있는 나트륨과 염소 원자들이다. 그림 **6.11**에서 그것을 볼 수 있다. 물이 극성 분자가 아니었다면 그런 일은 불가능했을 것이다.

원자들이 내는 전하는 전기장을 만들고, 원자들은 전기장을 통해 서로 이끌린다. 물은 전기장을 무척 효과적으로 보호할 수 있는데, 물이 물질을 그토록 잘 용해시키는 이유가 바로 그것이다. 용해된 원자들(예컨대 양전하를 띤 나트륨과 음전하를 띤 염소)은 서로를 볼 수 없다. 그들이 서로를 볼 수 있었다면 서로에게 이끌려 재결합했을 것이다. 물질의 이러한 자질은 '유전율'이라고 불리는데, 물의 유전율 값은 80으로 매우 높은 수치이고, 그것은 물이 한 매질을 80배 더 많이 용해시킬 수 있다는 뜻이다. 물은 또한 액체 상태일 때 깨어질 수 있으므로 수소 원자 하나를 주고받아서 OH^-(수산화물, 염기성)이나 H_3O^+(히드로늄 이온, 산성)을 형성한다. 산성과 염기성의 존재 여부는 생명에 관계된 많은 화학 반응에 핵심적일 수 있다.

물은 화씨 180도나 섭씨 100도까지의 온도 범위에서 액체다. 이것은 무척 넓은 범위이고, 다음 장에서 우리가 행성의 생명체 생존 가능 영역(habitable Zone: HZ)라는 개념을 살펴볼 때 중요한 역할을 할 것이다. 행성의 생명체 생존 가능 영역이란 용액(우리의 경우 물)이 액체 상태를 유지할 수 있는 항성으로부터의 거리 범위를 말한다.

물은 또 다른 엄청나게 유용한 자질이 있다. 물의 온도를 바꾸려면 엄청난 양의 열이 필요하다는 것이다. 여러분이 해안 근처에 살고 있다면 해변의 온도가 주변 지역에 비해 여름에는 더 시원하고 겨울에는 더 따뜻하다는 사실을 알 것이다. 이것은 내리쬐는 태양에 녹아버릴 것만 같은 지독히 더운 여름날이라도 물은 공기보다 더 시원하기 때문이다. 여러분을 비추는 태양은 물도 비춘다. 그러나 물은 온도를 변화시키는 데 (비교적) 막대한 양의 에너지가 필요하므로 시원함을 유지한다(따라서 해안 근처 지역 역시 시원한데, 냉장고 문을 열어 놓고 그 앞에 가서 앉아 있다고 생각해 보자). 수치로 나타내자면 모래는 물보다 5배 더 데우기 쉽다.

그와 비슷하게, 꽁꽁 얼어붙을 듯 추운 겨울 북풍이 여러분을 스쳐갈 때도 커다란 저수지는 상당한 열을 보유하고 있다. 이를 맞부딪힐 만큼 공기가 차가울 때조차 북대서양이 그리 멀리 북쪽까지 얼어붙지 않는 이유가 바로 이것이다. 여름철의 경우와 반대로, 물의 특성상 대양의 기온이 떨어지려면 더 많은 에너지를 잃어야 한다.

물은 더욱 유용하고 독특한 성질들도 가지고 있다. 액체 물은 기본적으로 거대한 열 스펀지 역할을 하며, 또한 얼음을 녹이는 데는 대량의 에너지가 필요하다(물을 얼리는 데도 그에 상응하는 대량의 에너지가 필요하다). 마찬가지로 물을 증기로, 그리고 다시 물로 변환하는 데도 대량의 에너지가 필요하다. 이런 성질들은 지구 표면의 온도 유지에 핵심적이다.

또 다른 흥미로운 성질은 물이 다른 대부분의 물질과는 달리 액체 상태일 때보다 고체 상태(얼음)일 때 밀도가 더 낮다는 것이다. 기본적으로 얼음은 물에 뜬다. 그 역이 사실이라면 어떤 일이 일어날지 생각해 보자. 날씨가 추워지면 얼음이 얼고, 그 얼음은 호수나 대양 밑바닥으로 가라앉을 것이다. 가라앉으면서 일부는 녹겠지만, 그러면서 아래쪽의 수온을 떨어뜨릴 것이다. 결국 바닥의 물은 거의 얼음과 같은 온도가 될 것이다. 얼음은 갈수록 더 녹으면서 가라앉아 물 밑바닥에 도달할 것이다. 그 후, 해마다 얼음이 가라앉으면서 얼음의 두께는 더 두터워질 테고, 끝내 호수나 대양은 계절의 변화 때문에 녹는 수면의 얼마 안 되는 부분들만 남기고 꽁꽁 얼어붙고 말 것이다. 지구의 양극은 대양저에서 수면 부근까지 꽁꽁 얼어붙을 것이다.

그러나 실제로 얼음은 물에 떠서 아래의 물을 더 차가운 공기로부터 보호한다. 이번에도 얼음은 주위 온도를 유지하는 데 한몫한다. 물이 없다면 지구 환경은 지금과 무척 달랐을 것이다.

화학자들은 물을 대체할 잠재력을 가진 다른 용액들을 찾으려 시도해 왔다. 한 가지 중요한 점은 행성 표면의 대기 압력이다. 지구 표면 압력을 정상으로 생각하는 우리는 약간 편견이 있을 수밖에 없다. 하지만 금성의 표면 압력은 지구 압력의 92배다. 그런 압력하에서는 다른 물질들이 액체가 될 수 있는 온도 범위가 더 넓어진다. 예를 들어 금성에서는 물이 화씨 32도에서 350도(섭씨 약 0~177도)까지 액체 상태일 것이다.

다음 논의에서는 지구 대기 1기압을 기준으로 한다. 우리에게 익숙한 기압에서 가능한 용제로 여겨져 온 물질들은 다음과 같다. 물, 암모

표 6.1   가능한 용제들의 비교

용제	액체 범위 °C (1 atm)	밀도 g/cm³	열 용량 J/g K	증발열 kJ/mol	유전 상수	(고체 밀도)/ (액체 밀도)
물	0 ~ +100	1	4.2	41	80	0.9
암모니아	−78 ~ −34	0.7	4.6	23	25	1.2
플루오르화 수소	−83 ~ +20	1	3.3	0.4	84	1.8
메탄	−182 ~ −161	0.4	2.9	8	2	1.1

* 열용량은 액체의 온도를 바꾸는 데 필요한 에너지이고, 증발열은 그 물질이 얼마나 증발하기 어려운가를 나타낸다. 여기 적힌 밀도들은 그 물질이 액체 형태일 때의 밀도다. atm: 기압, mol: 몰(그램 분자). J: 줄(에너지, 일의 단위). K: 켈빈(절대 온도 단위).

니아, 플루오르화수소(플루오린화수소, HF), 메탄이다(표 6.1).

　이 물질들은 각자 장점이 있다. 암모니아는 열과 관련해 이점이 있지만 액체 상태를 유지할 수 있는 온도 범위가 좁다. 다른 한편, 플루오르화수소는 액체로 있을 수 있는 기온 범위가 넓고 온도를 올리는 데 상당한 에너지가 들지만, 단점은 무척 쉽게 기체 상태로 변한다는 것이다. 유전율이 높은 것 역시 플루오르화수소의 매력이다. 다른 한편, 그림 6.7에서 그림 6.10까지는 불소(플루오린, F)가 우주에서 무척 희귀하다는 것을 보여 준다. 더욱이 불소는 물과 바로 반응해 플루오르화수소산(불산)을 형성하고, 규소를 가진 바위와는 플루오르화규소를 만든다. 플루오르화규소는 비활성 물질로, 불소와 결합해 호흡을 방해한다.

흥미로운 물질인 메탄을 주목하자. 메탄은 극성 용매는 아니지만 대안적인 생화학을 생각할 때 후보에 올려 볼 만한 흔한 물질이다. 예를 들어 메탄은 토성의 위성인 타이탄 표면에서 액체 상태로 존재한다.

메탄 같은 탄화수소는 물에 비해 몇 가지 이점이 있다. 경험상 탄화수소 용매들에서 유기 분자들의 반응성은 상대적으로 취약할 수 있다. 그러나 탄화수소는 극성이 아니므로 몇몇 불안정한 유기 분자들에 대한 반응성이 덜하다.

타이탄의 표면은 여러 가지 점에서 탁월한 사례가 된다. 타이탄은 열역학적으로 균형 상태가 아니고, 탄소를 포함한 분자들이 풍부하며 액체 용매로 덮여 있다. 기온은 낮아서 전자쌍을 공유하는 극성 결합의 범주가 넓다. 사실 타이탄은 생명에 중요해 보이는 기본적인 성질들을 많이 가지고 있다. 그래서 우리는 생명이 화학의 불가피한 결과라면 타이탄에는 적어도 원시적 생명체가 존재해야 한다고 생각하게 된다. 만약 타이탄에 생명이 없다고 밝혀진다면 우리는 지구 환경에 무언가 독특한 점이 있지 않나 하는 의문을 가져야 하는데, 어쩌면 그 독특한 점 중 하나는 물을 용매로 사용한다는 것일 수도 있다. 그러니 타이탄의 메탄 대양으로 탐사선을 보낸다는 계획이 미국항공우주국(NASA)의 우주생물학 부서에서 우선순위를 차지한다는 사실은 놀라울 것도 없다.

진화가 중요하다

외계 생명체에게, 그리고 외계인들에게 필요한 마지막 특징은 일종의 다윈 진화가 아닐까 싶다. 지구에서도 마찬가지였겠지만 생명이 어떻게 해서 존재하게 되든, 처음부터 완전히 지성적인 외계인의 모습을 갖춘 채 튀어 나오는 식은 아닐 것이다. 출발점은 단순한 생명 형태들일 것이다. 그들은 불안정한 환경, 같은 종과 다른 종들과의 경쟁, 포식 등등을 맞닥뜨릴 것이다. 유기체들이 변화하고 적응할 수 있는 메커니즘이 반드시 있어야 한다. 그렇지 않으면 그들은 죽고 말 것이다. 이처럼 단순한 이야기다.

그러나 정확히 어떻게 이것이 작동하느냐에 대해서는 추측밖에 할 수 없다. 예를 들어 지구상에서 생명의 청사진은 우리의 DNA에 저장되어 있다. 네 가지 핵산 — 아데닌, 구아닌, 시토신, 티민 — 이 우리가 잘 아는 생명의 나선 사다리를 구성하는 벽돌들이다. 이 핵산들은 그 사다리의 '가로대'를 만들고, 가로대를 구분하는 당인 포스포리보오스phosphoribose는 뼈대라고도 불리는 사다리의 양쪽 기둥을 이룬다.

유기체에서 조그만 변화들이 일어나다가 그것이 더 큰 변화로 종결되는 과정이 진화다. 그 후 그 유기체는 생태계에서 경쟁하다가 어쩌면 번식 성공률이 높아지는 경험을 할 수도 있다. 이것은 모두 매우 기본적인 이야기다.

한층 미묘한 부분은 변화가 그저…… 변화를 뜻한다는 것을 깨닫는 것이다. 유전 코드를 담고 있는 분자 구조가 작은 변화들에 안정적이어야 한다는 것은 필수 조건이다. DNA 뼈대의 화학적 특성은 그 구조를 지배해야 한다. 핵산을 안팎으로 교환하느라 전체 사다리가 무너져서는 안 된다. 이것은 필수적이다. 만약 그 변화로 인해 전체 구조가(따라서 유기체가) 생존할 수 없게 된다면, 이것은 재앙이다.

우리는 이 생각들을 DNA의 특성을 넘어 일반화할 수 있다. 어떤 것이든 외계인의 유전 분자들은 반드시 (1) 분자를 파괴하지 않으면서 변화할 수 있고, (2) 새로운 변화를 유지한 채 정확하게 복제할 수 있어야 한다. 자기복제 체제는 화학에서 잘 알려져 있지만, 정확한 복제본을 형성할 수 있는, 그리고 부정확한 복제 또한 충실하게 복제할 수 있는 체제들은 그렇지 않다. 이것은 외계인의 유전 코드를 레고 블록처럼 '끼워 맞출' 수 있다 해도 뭔가 DNA의 뼈대와 유사한 것이 필요하다는 뜻일지도 모른다. 확실히 분자들의 세부적인 부분들은 다를 테지만, 아마도 이 기능은 필요할 듯하다.

극한 생물   극한 생물은 다른 많은 생명 형태들에게는 해로운 환경에서 사는 유기체들이다. 실제로 극한이란 그보다 상당히 더 극한적이다. 인류는 음식을 저장하기 위해 오랫동안 극한 환경을 이용해 왔다. 우리는 이제 이 기술들이 부패를 일으키는 세균들을 죽이거나 위축시킨다는 것을 알고 있다. 그 기술 중에는 음식을 데우고(예를 들어 익히기), 냉장하고, 염장하고, 심지어 방사능 처리를 하는 것 등이 있다.

우리는 이런 기술이 모두 효과가 있다는 것을 안다. 우리는 냉장고와 냉동고를 사용한다. 우리는 레어 로스트 비프는 섭씨 약 140도, 웰던 비프나 모든 가금류는 내열 온도를 최고 180도로 해서 익히도록 교육을 받아 왔다. 그 이유는 고기를 익히기 위해서(날것을 맛있는 것으로 만드는 과정), 그리고 생고기 속에 사는 세균들을 죽이기 위해서다.

동네 식료품점에서 볼 수 있는 다른 음식 저장 방법들도 있다. 건조된 채소, 과일, 육류는 습기를 제거해 세균 번식을 막은 것이다. 견과류를 비롯한 식품들은 포장 안에 들어갈 수도 있는 산소를 줄이기 위해 진공 포장되어 나온다. 식품을 고온으로 가공하면 미생물을 죽일 수 있다. 이 방식은 구아카몰레guacamole*와 오렌지주스를 비롯한 많은 제품들에 이용된다.

우리가 잘 아는 베이컨과 햄은 염장이라는 육류 저장 방식을 이용한 것이다. 고염도는 세균을 죽인다. 고기를 훈제하는 것 또한 또 다른 저장 방법이다. 설탕은 비록 칼로리가 높긴 하지만 과일을 저장하기에 좋은 방식이다. 젤리와 설탕에 절인 과일들은 오래 놔두어도 상하지 않는다. 알코올은 기분을 달라지게 만드는 부작용이 있긴 하지만 역시 일부 과일을 보존하는 데 이용된다. 이 방법은 흔히 설탕을 보존제로 사용하는 방법과 함께 사용된다.

음식의 산성이나 알칼리성을 바꾸는 것 역시 그 수명을 늘리는 또

★ 아보카도로 만드는 멕시코 요리의 소스. 튀긴 토르티야 조각으로 퍼서 먹는다.

다른 방식이다. 염장은 피클을 만드는 데(그리고 전반적인 절임 요리에) 한 몫하고, 식초를 사용하면(식초의 산성을 이용) 실온에서 음식의 수명을 늘릴 수 있다. 만일 여러분이 스칸디나비아계라면 알칼리성이 무척 높은, 가성소다로 요리한 생선인 루테피스크lutefisk* 를 즐길 것이다.

공기 조절 또한 유용한 기술이다. 곡식 같은 식품들을 용기에 넣고 공기 대신 고순도의 질소나 이산화탄소를 채우는 것이 그러한 방식이다. 그러면 산소를 제거해 곤충, 미생물, 그리고 다른 원치 않는 불청객들을 박멸할 수 있다.

진짜 핵심은 인류가 수천 년 전부터 음식을 보존하는 다양한 방식들을 알고 있었다는 것이다. 음식이 상하는 것은 원치 않는 생물들(보통 일종의 미생물인)이 음식을 '먹고' 폐기물을 내놓기 때문이다. 위에 언급된 기술들을 조합하여, 우리는 우리의 식량을 못 쓰게 만드는 세균들을 죽이는 법을 배워 왔다.

우리는 경험을 바탕으로 지구 생명과 비슷한 생명이 존재할 수 있는 조건들의 범위를 약간이나마 이해할 수 있었다. 그러나 비교적 최근의 연구 결과 생명은 실제로 우리가 생각한 것보다 더 강인하다는 사실이 드러났다.

생물학자들은 우리에게 친숙한 생명 형태들이 살 수 없는 환경에서도 번성하는 유기체들에게 '극한 생물'이라는 이름을 붙였다. 극한 생물 연구는 아직은 꽤 미성숙한 학문이지만, 우리는 이 낯선 생명들이

---

* 자연풍에 말린 대구를 몇 주 동안 가성소다에 담근 후 껍질과 가시를 발라내고 끓여서 만드는 전통적인 스칸디나비아 음식이다.

형성되어 온 조건들의 범위를 어느 정도 이야기할 수 있다.

대양 밑바닥에, 가끔은 엄청나게 깊은 곳에, 마그마가 지구 내부에서 대양저로 흘러 온 지점들이 있다. 열수 분출공hydrothermal vent이라고 불리는 이 지점에서는 마그마로부터 고도로 데워진 물이 흘러나온다. 이 물의 온도는 우리가 아는 끓는점인 섭씨 100도보다 훨씬 높아질 수 있지만, 대양 밑바닥의 어마어마한 압력 때문에 물은 여전히 액체 상태를 유지할 수 있다. 이런 열수 분출공 안의 수온은 거의 섭씨 371도에 이르는데, 이는 확실히 일반적인 형태의 생명을 죽이고도 남을 만큼 높다.

한편 이 분출공들로부터 겨우 몇 미터 떨어진 거리의 대양 수온은 빙점에 아주 가까운, 섭씨 약 1.6도까지 낮아지기도 한다. 이 기온 차이에서 보기 드문 생태계가 자라난다. 이 생태계의 먹이 사슬 꼭대기에 있는 것은 비교적 흔한 종류의 조개와 게들인데, 이들은 일반적인 방식으로 음식을 섭취한다. 그러나 먹이 사슬 밑바닥에 있는 것은 호열성(열을 좋아하는) 세균으로, 물의 끓는점인 섭씨 100도 이상의 온도에서도 살 수 있다. 이 세균들은 일반적인 생물과 동일한 생화학적 경로를 따르지 않는다. 그들은 전자 수용체로 산소를 이용하는 대신, 황과 이따금 철을 이용한다. 이 원료들은 마그마에서 나온 물에 용해된 상태로 바다에 풍부하게 흩어져 있다.

오늘날 이런 원핵생물들은 지구의 모든 생물의 공통 조상(LUCA)과 가장 비슷한 성질을 가졌다고 추정되고 있다. 어떻게 그럴 수 있을까?

우리는 LUCA가 그 자체로 세련된 생명 형태이며 그것이 존재했던 시기에 확실히 유일한 존재가 아니었음을 떠올려야 한다. 앞으로의 이야기는 순전히 사변일 뿐이지만, 우리는 이 생명 형태가 혜성이나 그 비슷한 무언가가 지구와 충돌했을 때 살아남았으리라고 상상해 볼 수 있다. 그 충돌이 대양을 증발시켜, 오로지 가장 깊은 곳에 사는, 열에 대한 저항력이 가장 높은 생명만이 살아남았을지도 모른다.

열에 저항력이 있고 황을 호흡하는 생명 말고도 극한적 환경에 사는 생명 형태는 또 있다. 호열성 생물과는 반대편 끝에 있는, 추위를 사랑하는 호냉성 생물이다. 순수한 물은 섭씨 0도에서 얼지만, 짠물은 그보다 훨씬 차가운 온도에서도 액체 상태를 유지할 수 있다. 차가운 쪽 극단에 있는 생명 형태들은 사촌격인 호열성 생물들과는 무척 다른 문제를 가지고 있다. 물은 얼어붙으면 팽창해서 세포막을 파열시킬 수 있다. 게다가 온도 저하는 생명 형태가 겪는 화학 반응의 속도를 크게 떨어뜨릴 수 있다. 기본적으로, 차가운 생명체는 '더 느리게 산다.' 따뜻한 버터는 거의 액체 상태이지만 차가운 버터는 단단해서 자르기 힘든 것과 마찬가지로, 추위는 차가운 생명의 세포막을 뻣뻣하게 만들 수 있다. 추위로 인한 문제들을 완화시키려면 화학적 적응이 필요하다.

현재까지 알아낸 바에 따르면 우리는 섭씨 −15도~60도까지의 온도 범위 바깥에서 살 수 있는 진핵생물이 존재하는지 알지 못한다. 그 이하는 보통 물의 어는점 아래로 내려가지만, 염도가 높은 물은 이런 온도에서도 액체 상태를 유지할 수 있다. 섭씨 −30도~121도까지의 온도 범위 바깥에서도 미생물이 발견되었다. 호냉성 유기체의 예로 클라미도모나스 니발리스Chlamydomonas nivalis가 있는데, 일종의 조류인 이 유기체는 수박 색깔에 심지어 살짝 수박 냄새까지 나는 눈이 내리는 '수박눈' 현상을 일으킨다.

화학 법칙들을 생각해 보면 탄소 기반 생명체가 살 수 있는 온도의 궁극적 한계를 짐작할 수 있을 법하다. 탄소 원자들이 이루는 결합의 강도 때문에, 정규 압력하에서 섭씨 360도보다 훨씬 높은 온도에서 생명이 존재한다는 것은 상상하기 어렵다. 섭씨 326도는 여러분이 사용하는 오븐의 최고 온도에 맞먹는 온도다. 물론 압력은 분자가 깨어지는 속도에 영향을 미칠 수 있고, 분자의 분해 작용은 높은 압력에서 더 느려질 수 있다. 아마도 탄소 기반 생명체들은 압력이야 어떻든 섭씨 약 537도 이상에서는 존재할 수 없다고 말하는 편이 안전할 것이다.

물을 그다지 필요로 하지 않은 극한성 생물이 있다 해도, 물은 생명에 핵심적이다. 가능성의 한계를 더 잘 이해하려면 물이 거의 없는 지역에서 생명을 찾아보는 것이 좋은 방법이다. 지구에는 실제로 극히 건조한 지역이 몇 군데 있다. 칠레의 북서부에 위치한 아타카마 사막은 흔히 지구상에서 가장 건조한 지역으로 손꼽힌다. 그 사막의 일부 지역들은 연간 강우량이 25mm에도 못 미치고, 일부 기상 관측소에서는 강우량이 전혀 기록되지 않았다. 빙하로 덮여 있으리라고 짐작되는, 완전 건조 상태인 고산 지대도 있다(높이 6.705km 이상). 사실, 최고 12만 년 동안이나 건조 상태였으리라고 추정되는 빈 강바닥도 있다. 아타카마 사막에는 지구상에서 자연적으로 화성에 비할 만한 조건을 갖추었다고 여겨지는 장소들이 몇 군데 있다. 사실 NASA는 화성 탐사선 설계를 위한 작업의 일부를 그곳에서 진행했다. 그뿐만 아니라 화성에 생명이 존재하느냐는 질문에 답해 줄 것으로 기대되는 기술들을 사용해 아타카마 사막에서 생명을 찾는 실험을 하기도 했다.

또한 호염성(소금을 좋아하는) 생명 형태들도 있다. 중동의 사해 지역에서는 대다수 생명체가 살아남을 수 없었다. 그러나 살아남기 위해 자신들의 화학을 환경에 적응시켜 온 지의류*와 세포 생명들이 존재한다. 이런 생명 형태 중 일부는 실제로 생존을 위해 고염분 환경이 필요하다. 햄을 염장할 수 있는 환경이 실제로 생명이 안락하게 살 수 있는 장소라는 말은 믿기 어렵겠지만 사실이다.

생명은 식품 보존에나 걸맞을 다른 극한적 조건들은 물론이고 강산성 환경과 강알칼리성 환경에서, 그리고 심지어 방사능 수치가 일반적인 생물 중 가장 튼튼한 것들마저 죽고 말 수치보다 1000배는 높은 곳에서도 발견되었다. 확실히 과학자들은 이런 관측들 덕분에 생명이 성공적으로 살 수 있는 환경의 범위에 대한 기대를 넓혀 왔다.

이런 극한성 생물들의 발견과 더불어, 과학자들은 생명이 지구에서 점유할 수 있는 틈새들을 갈수록 집중적으로 탐색해 왔다. 우리는

---

* 보통 녹조류나 청록색 세균과 공생하는 복합 유기체다.

지구 표면에서 **3.2km** 정도 아래에 있는 밑바닥에서도 생명을 끄집어 냈다. 성층권의 희박한 공기에서도 떠다니는 생명이 발견되었다. 지상 **16km**나 되는 높은 곳에서 미생물이 발견되었다. 이 환경은 극도로 가혹하다. 기온과 압력은 매우 낮고, 자외선의 흐름은 매우 강하며, 물은 거의 없다. 이런 적대적 환경에서의 생존은 '범종설'에 관한 물음을 제기할 수밖에 없는데, '범종설'이란 생명이 다른 천체…… 아마도 화성에서 지구에 도래했을 수도 있다는 설이다. 불가능하게 들리기는 하지만 배제할 수는 없다. 하지만 생명은 분명히 어딘가에서 시작되긴 했을 테니, 우리가 여기서 다루어 온 질문들은 아무리 생명이 다른 곳에서 시작했다 해도 여전히 의미가 있다. 여기서 우리의 관심사는 지표면에 더 가까이 사는 생물들이라면 죽고 말 환경에서도 어떤 원시적인 생명 형태가 존재할 수 있다는 것이다. 이 원시적인 생명 형태는 외계인이 아닐 것이다. 그러나 그것은 탄소와 물 기반의 생화학과 더불어, 우리에게 지구 기반 생명이 얼마나 회복력이 있는가에 관한 정보를 보태 준다.

규소 기반 생명체?　　　　　SF 장르는 소프트와 하드로 나뉜다. 하드 SF의 작가는 당시까지 가장 잘 알려진 과학적 사실의 제약하에서 플롯을 전개하려고 애쓰는 반면, 소프트 SF는 과학의 제약을 덜 받는다. 외계 생명에 관한 이야기의 경우, 우리가 잘 아는 생명 유형의 대안으로 흔히 제시되는 것은 규소 원자에 기반을 둔 생명이다. 앞서 제시한 탄소의 이점(사중 결합이 가능한지와 거기 딸려 오는 풍부한 화학적 복잡성)에 관한 논쟁에 따르면 사중 결합을 이룰 수 있느냐가 복합적 생명의 필요조건인 듯하다. 사실, 화학자들은 탄소를 제외한 모든 알려진 분자들에 비해 탄소와 관련된 분자들의 목록을 더 열심히 만들어 왔다. 한번 생각해 보라. 여러분이 탄소만 제외하고 모든 원소를 가지고 모든 알려진 복합물을 만든다 해도, 그 복합물의 수는 지금껏 발견된 탄소를 함유한 복합물의 수보다 더 적을 것이다.

따라서 사중 결합의 이점들을 감안하면, 탄소 생명체에서 벗어나고 싶어 하는 하드 SF 작가가 허구의 생태계를 구축하기 위한 기본 원소의 후보로 규소를 택하려 하는 것은 당연하다. 다만 한 가지 문제가 있다. 일이 그처럼 간단하지 않다는 것이다.

우리는 이미 우리가 기체 폐기물로 이산화탄소를 내쉬는 반면, 우리에게 모래로 더 익숙한 이산화규소는 고체라는 단순한 반박을 다루었다. 이 사실은 일찍이 스탠리 G. 와인바움Stanley G. Weinbaum이 1934년에 발표한 단편 소설《화성 오디세이A Martian Odyssey》에서 다루어지는데, 소설에는 10분마다 벽돌을 배설하는 화성의 규소 기반 생물체가 등장한다. 이 벽돌들은 호흡의 폐기물이었다.

그러나 규소가 가진 문제는 그보다 훨씬 심오하고 근본적이다. 가장 심각한 문제는 규소가 다른 원자들과 상호작용할 때의 안정성, 그리고 규소의 화학 반응 속도다.

탄소가 다른 원소들과 결합할 때 중요한 한 가지 특징은 두 탄소 원자 사이의 결합(C‑C) 강도가 탄소‑수소(C‑H)와 탄소‑산소(C‑O) 및 탄소‑질소(C‑N)의 결합 강도와 매우 비슷하다는 것이다. 따라서 한 원자와 분리되고 다른 원자와 결합하기 위한 반응이 에너지적으로 무척 쉽다. 에너지적 관점에서는 이런 원소들 중 무엇이 결합에 참여하는가가 크게 중요하지 않으므로 그 결과 이런 바꿔치기는 매우 자유롭게 일어난다.

그와는 대조적으로 규소는 이런 성질을 가지지 않았다. 규소‑산소(Si‑O) 결합은 수소(Si‑H), 질소(Si‑N), 혹은 심지어 다른 규소 원자(Si‑Si)와의 결합보다 훨씬 강력하다. 그러므로 규소 결합들은 산소와 쉽게 결합하며(그 결과물은 이산화규소다), 그 결합을 깨고 다른 원자를 슬쩍 끼워 넣기가 무척 어렵다.

여기서 언급한 것은 그저 단일한 원자 간 결합들의 특징일 뿐이다. 다중 결합으로 고개를 돌리면 탄소는 다시금 꽤 이점이 있다. 이중 탄소 결합들은 단일 결합보다 에너지가 2배 더 들고, 삼중 결합은 약 3배만큼 에너지가 더 드는 것으로 드러난다. 꼭 그런 식으로 되어야 할 필요는 없었는데도 말이다. 다중 결합들의 세부적인 부분은 단일 결합들과 다르고, 탄소는 그저 운이 좋았을 뿐이다.

그에 비하면 규소는 이중과 삼중 결합을 이루는 데 훨씬 어려움을 겪는다. 이것은 원자들의 크기와 모양과 관련이 있다. 그림 6.5는 원자들의 모양을 좀 지나치게 단순화한 감이 있다. 규소와 탄소는 마치 혹들이 튀어나와 있고, 그 혹들이 결합을 이루고 있는 구처럼 보인다. 규소 구가 탄소 구보다 크지만 규소 혹들은 탄소 혹들보다 많이 크지 않기 때문에, 혹들 간 거리는 두 인접한 규소 원자들 사이에서 더 멀다. 그렇기 때문에 그 혹들은 전자를 공유하러 다른 원자들에게 다가가기가 그만큼 힘들다. 따라서 두 인접한 규소 원자들이 이루는 이중 결합의 강도는 규소의 단일 결합들의 경우와 많이 다르지 않다. 그 때문에 규소를 이용한 복잡한 화학 결합은 훨씬 더 어려워진다. 이 점은 그림 6.12에 설명되어 있다.

마지막으로, 규소 원자들은 훨씬 더 쉽게 반응을 일으킬 수 있다. 조심성 없이 가스레인지를 켠 채로 놔두는 바람에 탄소를 함유한 천연가스가 집안에 가득 찼다고 생각해 보자. 그 가스는 집안을 채울 수는 있지만, 반응을 촉발할 불꽃이 없으면 폭발하지 않을 것이다. 그러나 그와 비슷한 '규소 천연가스'는 불꽃 없이도 즉각 반응할 것이다. 이런 반응 속도는 복잡한 분자들을 형성하는 데 필요한 시간을 줄여 준다.

그렇다면 규소 기반 생명체는 불가능하다는 뜻인가? 행성 X에 사는 바위 인간이 규소 기반 생명체의 이점에 관해 이야기하고 있을 가능성은 없을까? 그럴 가능성은 얼마든지 있다. 이 장에서 언급된 요인들은 절대적이지 않고, 우리가 모든 선택지를 포괄적으로 살펴보았다고 생각해서는 안 된다. 하지만 이런 요인들은 다른 세계가 탄소 기반 생

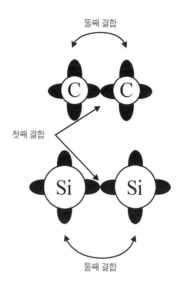

그림 6.12　규소 원자들은 크기와 모양 때문에 안정적인 이중 결합과 삼중 결합을 이루는 데 어려움을 겪는다. 둘째 규소 결합의 강도는 첫째 규소 결합의 강도보다 훨씬 약하다. 이것은 탄소와는 대조적인데, 탄소는 둘째 결합이 첫째 결합의 강도에 버금간다. 검은색 부분은 결합에 사용할 수 있는 전자들을 나타낸다. 규소에서, 둘째, 셋째, 넷째 결합에 참여하는 전자들은 더 먼 거리를 두고 떨어져 있으므로 결합력이 더 약하다.

명체로 가득할 가능성에 비해 규소 기반 생명체로 가득할 가능성은 떨어진다고 생각할 만한 강력한 이유이기는 하다. 칼 세이건은 자신이 물 우월주의는 약한 반면 탄소 우월주의적인 성향은 매우 강하다고 말했다고 한다.

그러니 과학자들은 탄소 말고 다른 원자에 기반을 둔 외계 생명체의 가능성을 고려해 보아야 하지만, 그 가능성은 높게 여겨지지 않는다. 그러나 우리가 규소 기반 생명체에 관해 이런 식으로 이야기할 때, 생물이 아닌 물질들에서 곧장 진화한 생명에 관해 이야기하고 있었음을 떠올릴 필요가 있다. 우리가 염두에 두어야 할 다른 유형의 규소 기반 생명체가 있다.

2세대 규소

"저항은 소용없다. 너희는 동화될 것이다." 이것은 〈스타 트렉: 넥스트 제너레이션〉에서 인류의 강적이 쓰는 상투 어구다. 보그는 유기체(말하자면 우리와 같은 물컹한 물질)에 인공 두뇌를 이식해 만들어진 사이보그로, 금속과 규소를 함유한다. 프레드 세이버하겐Fred Saberhagen의 《버서커Berserker》 시리즈에서는 자신을 복제하는 로봇 생물들이 우주를 떠돌아다니며 생명을 파괴하는 데 열을 올린다. 〈2001 스페이스 오디세이〉에서는 자의식을 가진 컴퓨터 할이 승무원들을 공격한다. 〈터미네이터〉의 터미네이터는 인류를 절멸시킬 임무를 띤, 자의식을 지닌 로봇이다. 〈배틀스타 갤럭티카〉의 사일론들은 인간들과 전쟁 중이다. 〈닥터 후〉의 달렉들은 "전멸시켜라"를 반복하며 돌아다닌다. SF의 규소 기반 피조물들은 대개 악당들이다.

SF 문학에서는 인공 두뇌를 가진 인류의 적들을 숱하게 볼 수 있다. 스토리는 흔히 《프랑켄슈타인》과 비슷한데, 인공적인 생명 형태가 통제를 벗어나 자신의 창조주를 공격하는 것이다. 그러나 이런 형태의 유기체들은 우리가 말하는 외계인이라는 의미에서 생명으로 간주되어야 한다. 이런 인공 두뇌를 지닌 피조물들이(적이든 친구든) 무생물인 물질에서 직접 진화하지는 않았겠지만, 우리는 언젠가 만나게 될 외계인이 어떤 종류일지 생각할 때 그들을 염두에 두어야 한다. 사실 2세대 생명 형태 — 그것은 첫 형태의 지적인 생명체가 주의 깊게 설계한 형태라는 뜻이다(내가 말하는 첫 형태란 무로부터 진화한 유형을 말한다) — 를 생각할 때 여기 열거된 주안점들의 다수는 그만큼 중요하지 않다. 금속, 규소, 그 외에도 다른 원소들이 창조된 생명의 필수적인 일부가 될 가능성은 얼마든지 있다. 심지어 2세대 탄소 기반 생명체는 한층 복잡하고 효율적인 생화학을 가질 수도 있다.

그렇지만 정말이지 2세대 생명이라는 생각은 어쩌면 우주에서 외계인을 찾는 과학자들에게 최우선 관심사가 아닐지도 모른다. 그러나 외계인의 우주선들이 지구의 도시들 위로 나타나는 날에는, 그들이 커다란 큐브 형태가 아니기를 희망하는 것이 최선일 것이다. 왜 있잖나…… 혹시 모르니까…….

이 장에서는 생명 창조의 가장 중요한 요인들을 묘사하려고 노력했지만 여러분은 내가 여기서 말한 것이 완벽하다고 생각해서는 절대 안 된다. 물론 논쟁의 여지가 없는 것들도 있긴 하다. 예를 들어, 헬륨이 외계인들의 생화학에서 막대한 역할을 할 가능성은 극히 드물어 보인다. 헬륨은 누가 뭐래도 원자 결합에 참여하지 않는다. 더욱이, 탄소를 기본 원소로 사용하면 확실히 이점이 있다. 많은 결합들을 형성할 수 있다는 것은 복잡한 화학을 가능케 하고, 다시 다양한 생물학을 가능케 한다. 또한 생명이 적절한 에너지(그리고 이용할 수 있는 에너지 차이)가 없이 존재할 수 없다는 것 역시 사실이다.

그러나 그 이상은 명확하게 말하기 어렵다. 일단 최소한의 화학적이고 물리적인 생명의 주안점들을 넘어서면, 진화는 강력한 최적화 도구다. 지구의 생화학적 주기들은 극도로 복잡하고, 외계 생화학이 지구에서 관찰된 것만큼 복잡하면서 동시에 지구와 다르지 않으리라는 것은 말 그대로 믿기 어렵다.

그래도, 우리는 그 어떤 가능한 신진대사 경로가 다른 것들과 동일한 양의 에너지를 생산할 수 없다는 것을 알 만큼은 화학을 안다. 이것은 우리가 만날지도 모르는 외계인들의 조건에 어느 정도 제약을 가한다. 그러나 우리가 지구에서 발견하는 것과 무척 다른 기온이나 압력을 가진 행성에서 생명이 존재할 가능성을 감안하면, 그 제약들은 보기만큼 그렇게 절대적이지 않다.

지금까지 내 이야기를 통해 여러분이 SF 장르에서 만나게 되는 모든 개념들이 가능하지는 않다는 것을 이해할 수 있다면 좋겠다. 예를 들어 지각을 가진 기체 구름이란 상상하기 무척 어렵다. 그래도 가능성의 영역은 여전히 다소 넓은 편이다. 우주생물학자들은 확실히 그들에게 딱 걸맞은 일거리를 가지고 있다.

7장

이웃들

나는 가끔 아무도 우리에게 접촉해 오지 않았다는 게 바로 우주의 다른 곳에 지적인 생명체가 존재한다는 가장 확실한 신호라는 생각이 들어.

— 빌 워터슨Bill Watterson의 《캘빈과 홉스Calvin and Hobbes》에서 캘빈이 한 말

우리는 지금까지 외계인에 대한 인류의 시각을 논하면서 현대의 관측 천문학이 한 기여에 거의 관심을 쏟지 않았다. 퍼시벌 로웰과 당대 사람들의 화성 표면에 대한 최초의 고찰은 당대의 가장 진보한 과학을 밑바탕으로 했다. 비록 이제 와서 돌이켜보면 많은 과학자들이 로웰의 믿음을 터무니없는 것으로 일축했지만 말이다. 그러나 여러분은 그 당시 수십 년 전부터 화성 표면의 운하의 존재를 둘러싼 논쟁이 벌어지고 있었음을 돌이켜보아야 한다. 이 운하들은 수천 킬로미터 길이에, 행성 표면을 수십 킬로미터나 넓게는 수백 킬로미터까지 관개한다고 보고되었다. 이

것은 우리에게 그 초기의 과학자들이 사용할 수 있었던 기술에 관해 무언가를 말해 준다. 오늘날의 기준에서 보면 그 기술은 조잡했다. 조심성 있고 진지한 과학자들이 가장 가까운 이웃 행성의 폭넓은 운하 체제를 관측하는 것을 상상하던 당시에, 화성에 존재할지 모를 생명에 대한 상세하고 정확한 그림을 손에 넣는다는 것은 매우 비현실적인 이야기였다.

그렇다고 20세기 초의 과학자들이 사용할 수 있는 모든 장비들을 이용하지 않았다는 뜻은 아니다. 우리가 1장에서 언급했듯, 과학자들은 실제로 분광학을 이용해 일부 행성 대기 구성에 대한 조잡한 측정을 실시해 산소와 물처럼 지구 생명에 핵심적인 물질의 존재를 결정할 수 있었다. 예를 들어 그 시기의 대다수 과학자들은 화성이 건조하고 (운하에 관한 신화가 그토록 널리 퍼질 수 있었던 것은 그 덕분이었다) 산소가 무척 적다는 것을 알았다. 그러나 이런 초기 통찰들은 현대 행성학으로 가는 길목의 첫 발걸음일 뿐이었다.

우리는 2장에서 외계인들에 대한 목격담들이 미친 영향을 살펴보았는데, 대체로 당시의 과학을 잘 알지 못했던 사람들이 이 목격담들을 보고했다. 객관적으로 진실한 목격담이든 아니든, 그 이야기들에는 문화적으로 친숙한 종교적 테마들(애덤스키)과 악몽 같은 것들(힐 부부)이 포함되었다. 대중이 외계인을 보는 시각에는 이런 UFO 목격담들이 20세기 중반의 과학보다 더 중요했다.

3장과 4장에서 논의된 SF 장르는 정의상 사변적이다. SF 작가들은 현대 과학에 관해 인정할 만한 지식을 가진 경우가 많지만, 그들의 목표는 이야기를 들려주는 것이고, 그 이야기는 과학이나 진짜 외계인 행동에 관해서보다는 흔히 인류에 관해 더 많은 말을 하곤 한다. 우리는 이런 이야기들이 과학적 지식의 엄격한 틀에 매여 있을 거라고 믿어서는 안 된다.

우리는 5장과 6장에서 좀 더 과학적인 사실로 고개를 돌리긴 했지만 이 논의의 핵심은 지구에서 발견한 것을 바탕으로, 그리고 나아가 우주의 물리 법칙이 부과하는 제약들을 바탕으로 가능성의 범위를 이해하는 것에 더 가까웠다. 이들은 가치 있는 교훈들이지만, 가능성과 실제는 꽤 다르다. 인간은 키가 약 270cm일 수도 있었고 영장류가 아닌 혈통에서 진화했을 수도 있었다. 어느 쪽도 실제로 일어난 일은 아니었다.

따라서 진짜, 진정한 외계인들이 어떤 존재일지 이해하려 할 때 우리가 확실한 답을 알 수 있는 유일한 방식은, 가서 그들을 만나 악수를 하든가 촉수를 잡든가 하여튼 무언가 적절한 방식으로 인사를 하고 어떻게 해서든 그들과 이야기를 나누는 것이다. 외계인이 존재한다는 확실한 증거가 없으니(2장에 나오는 목격담들은 차치하고), 우리가 실제로 알 수 있는 것은 무엇일까? 과학은 외계 생명체의 존재에 관해(그리고 더욱 중요하게는 외계인에 관해) 무엇을 배워 왔을까? 만일 우리가 언젠가 은하계를 탐사하게 된다면, 생명체를 만날 가능성에 관해 우리는 무엇을 알고 있는가?

그들은 어디 있을까?

이탈리아 물리학자인 엔리코 페르미Enrico Fermi는 1942년 12월 2일 시카고 대학의 축구장인 스태그 필드의 지하에 있는 연구소에서 처음으로 원자력에 고삐를 채운 팀을 지휘한 인물로 널리 알려져 있다. 실제로 그가 물리학에 미친 영향력의 폭은 그보다 훨씬 넓었고, 사후에는 영예롭게도 미국 내 우주의 기본 벽돌을 연구하는 분야에서 선두에 서 있는 페르미국립가속기연구소(Fermi National Accelerator Laboratory, 약칭 Fermilab)에 자신의 이름을 빌려주었다(그 외에도 많은 기여를 했지만). 페르미는 명석했을 뿐만 아니라 단순한 추정량estimator만을 이용해 핵심에 다가가는 데에 재능이 있었다. 우리 물리학자들은 질문하기는 쉽고, 확답을 구하기는 어렵지만 철저히 생각해 보면 추산할 수 있는 문제를 '페르미 문제'라고 부른다. 페르미 문제 중 가장 흔히 거론되는 예시는 "시카고에는 피아노 조율사가 몇 명이나 있을까?"다. 그 시의 시민 수를 알고 그 후 얼마나 많은 가정에 피아노가 있는지, 피아노를 조율하면 얼마나 오래 그 상태를 유지하는지, 피아노를 조율하는 데 얼마나 걸리는지, 그리고 일주일 중 영업일의 날수를 추산하면 여러분은 합리적으로 추정된 답을 내놓을 수 있다. (현재의 추산치는 약 125명이다.)

페르미는 비슷하게 명석한 이들에게 둘러싸인 엘리트 학계에 살았다. 그와 동료들은 온갖 것들을 주제로 삼아 모든 각도에서 그것들을 살펴보면서 진실에 다가가려고 애쓰곤 했다. 예를 들어 점심시간 잡담에서 외계 생명에 관련된 가장 유명한 질문들이 제시되곤 했다. 다음과 같은 식이었다.

1950년 어느 여름날, 엔리코 페르미는 로스앨러모스* 연구소Los Alamos Laboratory를 방문했는데, 그곳은 첫 핵무기들의 대부분을 개발한 정부 기밀 시설이었다. 그와 세 동료는 점심을 먹으러 가는 길이었는데, 그중에 에드워드 텔러Edward Teller**가 있었다. 그들은 5월 20일자 〈뉴요커The New Yorker〉에서 본 한 만화에 관해 이야기하고 있었다. 최근 뉴욕시에서 쓰레기통 절도가 빈발하는 원인이 외계인들이 그것을 비행접시로 훔쳐가기 때문이라고 설명하는 내용의 만화였다. (1940년대 후반 UFO 열풍은 여전히 대중의 마음속에 선명했다.) 대화가 흘러가면서 텔러와 페르미는 인류가 앞으로 10년간 빛의 속도를 넘어설 가능성을 두고 농담을 주고받게 되었는데, 텔러는 그 확률이 100만분의 1이라고 말했고 페르미는 10%로 추정했다. 걸어가는 사이 그들은 지적인 펜싱 경기를 벌였고 수치는 바뀌었다.

식당에 도착해 자리 잡고 앉은 후 대화는 다시 다른 방향으로 흘러갔고 페르미는 그냥 가만히 앉아 있었다. 그러다 페르미는 불쑥 입을 열었다. "모두 어디에 있지?" 그들은 즉시 외계인에 관한 이야기임을 이해하고 웃음을 터뜨렸다.

페르미의 역설의 전제는 다음과 같다. 은하수는 대략 130억 년이나 되었고 약 2000억~4000억 개의 항성들을 가지고 있다. 우리의 태

<hr />

* 로스앨러모스는 미국 서부 뉴멕시코 주의 소도시로, 1942년 로스앨러모스 국립연구소가 설치되었다. 여기서 맨해튼 프로젝트에 의해 최초의 원자 폭탄이 개발되었다.

** 에드워드 텔러(1908~2003)는 헝가리 태생의 미국 물리학자로, '수소 폭탄의 아버지'로도 불린다.

양은 나이가 고작해야 40억 년 남짓이므로 항성들이 매우 오랜 시간 동안 존재했음을 짐작할 수 있다. 외계인들이 은하계에 흔하다면, 그들이 진화하여 — 아마도 인류가 나타나기 몇억 년 전쯤 — 지구를 방문했을 시간은 충분했다. 그러니 그들은 어디에 있을까?

페르미의 뜬금없는 질문이 그 역설의 기원이지만, 그 질문은 1975년 마이클 하트Michael Hart에 의해 다시 일깨워진다(일부는 그것을 페르미-하트 역설이라고 부른다). 하트는 〈계간 왕립천문학협회Quarterly Journal of the Royal Astronomical Society〉에 "지구에 외계 생명체가 존재하지 않는 이유에 대한 해설"을 발표했다. 이 논문에서 그는 우리가 아직 외계와 접촉하지 못한 이유 중 몇 가지를 탐구했다. 그것은 외계인이 은하계를 식민화하거나 우리에게 접촉하려 할 정도의 관심을 갖고 있지 않다는 단순한 이유에서부터 지구가 자연 보호 구역으로 취급받고 있다는 생각까지 다양했다. 어쩌면 항성 간 여행 능력을 개발하기 전의 문명에게는 접촉하지 않는다는, 〈스타 트렉〉에 나오는 일종의 프라임 디렉티브*가 적용되는지도 모른다. 3장과 4장을 돌이켜보면 〈지구 최후의 날〉에서 이런 종류의 설명들이 제시되었고, 물론 〈스타 트렉〉에서도 마찬가지였다. 하트는 기술이 문제가 아니라는 것을 보여 주었다. 하트는 몇 가지 단순한 가정을 바탕으로, 한 문명이 광속의 10%로 여행하는 두 우주선을 근처 항성들로 보내고 그 후 몇백 년간 또 다른 저속 우주선 두 척을 짓기 위한 인프라를 발전시켰다면, 겨우 200만 년 만에 은하수 전역에 거

---

* 〈스타 트렉〉에서 행성 연합이 가장 중요하게 여기는 최상위 정책으로, 그 내용은 오늘날 국제 관습법의 국내 문제 불간섭 원칙과 비슷하다.

주할 수 있다는 것을 보여 주었다. 해당 시간 규모를 감안하고 태양보다 수십억 년 더 늙은 별들이 있다는 사실을 토대로 하면 이전에 지구에 외계인이 한 번도 찾아오지 않았다는 것은 불가능한 이야기로 보인다. 지적인 외계 생명체가 은하계에 약간이라도 흔하다면, 그리고 그중 일부 종만이라도 인류의 호기심과 탐험적 본성을 지녔다면, 우리는 지금쯤 우주에 우리만 존재하는 것이 아님을 알고 있을 것이다. 하트는 틀림없이 인류가 은하계에서 가장 일찍 발달한 지적 종에 속할 가능성이 높다는 결론을 내렸다. 간단히 말해, 〈X 파일〉의 슬로건인 '우리만 존재하는 것이 아니다'는 틀렸을 가능성이 높다.

물론 그 질문에 대한 답은 알 수 없고, '역설'이라는 용어가 거기에 사용되는 이유가 바로 그것이다. 작가인 스티븐 웹Steven Webb은 2002년에 발표한 유쾌한 저서 《만약 우주가 외계인들로 바글거린다면, 모두 어디에 있을까? 페르미의 역설과 외계 생명에 관한 문제의 50가지 해법 If the Universe Is Teeming with Aliens, Where Is Everybody? Fifty Solutions to Fermi's Paradox and the Problem of Extraterrestrial Life》에서 그 문제를 탐구했다. 피터 와드Peter Ward 와 도널드 브라우니Donald Brownlee가 2003년에 내놓은 《희귀한 지구: 왜 우주에는 복잡한 생명이 흔하지 않은가Rare Earth: Why Complex Life Is Uncommon in the Universe》도 그 책만큼 재미있는데, 이 책은 행성이 지적 생명체를 발전시키기 어렵다는 전제를 깔고 있다. 이 책을 보면 행성급의 재앙이 얼마나 다양한 방식으로 한 행성의 지적 생명체의 발전을 방해할 수 있는

지 알 수 있다.

아무리 주의 깊게 생각해 봐도, 이런 책에서 전개한 그런 종류의 논쟁들은 데이터에 따라야 한다. 그리고 어떤 종류의 데이터가 필요한지 알아내려면 따라야 할 패러다임이 있는 편이 도움이 된다. 한 단순한 방정식이 오래전부터 근처의 외계 생명체라는 문제에 대한 지침을 제공해 왔는데, 이것은 1961년에 개발되었다.

드레이크 방정식

프랭크 드레이크Frank Drake는 외계 생명체를 찾는 분야에서 반세기도 더 넘게 지도자 노릇을 해 왔다. 그는 웨스트버지니아의 그린뱅크에 있는 국립전파천문학관측소를 이용해 전파천문학 연구를 시작했다. 그는 전파를 방출하는 천문학적 물체들의 물리학을 연구하기도 했지만, 전파 전문 기술을 이용해 근처 항성들 주위의 행성들에서 살고 있는 문명체들을 찾으려 노력해 온 것으로 가장 유명하다. 그 생각은 매우 단순하다. 인류는 거의 100년간 전파나 텔레비전 방송을 방출해 왔다. 전파는 빛의 속도로 여행하므로, 이것은 모든 방향으로 100광년 안에 충분히 진보된 문명이 있다면 우리 방송들을 듣고 우리가 존재한다는 것을 알았을 수 있다는 뜻이다. 그 논리를 역으로 하면 우리는 전파망원경을 이용해 우주에 귀를 기울일 수 있다. 우리에 비할 만한 수준의 기술을 가진 문명이 근방에 있다면 그들의 전파를 수신할 수 있을 가능성이 높다. 우리는 빛의 속도보다 더 빠르게 여행하는 것이 가능할지 알지 못하므로, 아마도 항성들 간에 교신하는 가장 빠른 방식은 전파 교신일 것이다. 만약 저 바깥에 방대한 은하계 문명이 있다면, 아마도 우리는 한 항성에서 다른 항성으로 가는 방송을 가로챌 수 있을 것이다. 거기다 우리는 그에 걸맞은 장비를 가지고 있으니, 정말이지 귀를 기울여야 한다. 어쩌면 외계 문명과의 첫 교신은 우리가 외계인판 〈질리언의 섬 Gilligan's Island〉*의 떠도는 방송을 주워들음으로써 이루어질 수도 있다.

전파 방식을 이용한 외계 생명체 탐사의 역사에 관해서는 이후 좀 더 이야기하기로 하고, 현재의 주제는 드레이크 방정식이다. 드레이크는 1960년 근처 항성들에 대한 전파 연구를 처음 시작했고, 국립과학아카데미에서 외계 생명체 문제에 관한 회담을 주관해 달라는 요청을 받았다. 이 회담은 그린뱅크**에서 1961년에 열렸다. 드레이크는 그 회담의 의제가 필요하다는 것을 깨달았고, 토론의 지침을 제시하기 위해 유명한 드레이크 방정식을 만들었다. 그는 은하계에 있는 외계 문명의 수를 예측하기 위해 알아야 하는 모든 것들을 적었다. 앞으로 보게 되겠지만, 이 방정식은 어떤 특정한 생명 형성의 이론에서 나오는 것이 아니라, 근본적으로 고전적인 페르미 문제다. 회담의 성격상 방정식은 외계의 전파 신호를 수신할 가능성에 초점을 맞추었다.

드레이크 방정식은 매우 단순하다.

---

* 1964년에서 1967년까지 방영된 미국의 TV 시트콤으로, 7명의 난파자들이 섬에서 살아남기 위해 분투하는 내용이다.

** 미국 웨스트버지니아 주의 국립전파천문대가 있는 곳으로, 드레이크 방정식은 이 천문대에서 열린 '지구외 문명 탐사'라는 모임에서 최초로 논의되어 그린뱅크 방정식으로도 불린다.

$$N = R_* \times f_p \times n_e \times f_l \times f_i \times f_c \times L$$

N = 우리 은하에 존재하는 교신이 가능한 문명의 수

R_* = 우리 은하 안에서 1년간 탄생하는 항성(별)의 수

f_p = 그 항성들이 행성을 갖고 있을 확률

n_e = 그 행성 중에서 생명체가 살 수 있는 행성의 수

f_l = 그 조건을 갖춘 행성에서 실제로 생명체가 탄생할 확률

f_i = 탄생한 생명체가 지적 생명체로 발달할 확률

f_c = 지적 생명체가 다른 항성에 자신의 존재를 알릴 수 있는 통신 기술을 갖고 있을 확률

L = 통신 기술을 갖고 있는 문명이 존속할 수 있는 기간

드레이크 방정식은 과학자들이 비판할 만한 요소가 많이 있다. 확실히 1년에 태어나는 항성의 수는 지금 우리가 보는 수가 아니라 수십억 년 전의 수에 더 가깝다. 더구나 이 방정식은 자발적으로 생겨나는 문명의 수를 예측한다. 이 이론의 약점은 어떤 문명이 항성 간 여행을 개발했다고 할 때 그 문명이 은하계로 퍼질 가능성을 상당히 무시한다는 것이다. 예를 들어, 지적 생명체의 창조가 극히 희귀한 사건이라 해도 ― 너무나 희귀해서 단 한 문명만이 우리보다 앞서 우리와 같은 수준의 기술을 발전시켰다 해도 ― 그들이 항성 간 여행을 할 수 있는 능

력을 개발했고 인류처럼 방랑벽을 지녔다면, 드레이크 방정식이 제시하는 것보다 훨씬 많은 행성들이 전파를 방출하고 있을 것이다.

그래도 그 방정식은 우리에게 출발점을 제공하며, 연구자들이 은하계에서 기술을 이용하는 외계 문명의 수를 합리적으로 추산하려 할 때 중요시해야 할 패러다임이 어떤 것들인지 말해 준다. 비록 우리가 합리적인 값의 범위를 결정하는 요소들을 아예 모르는 것은 아니지만, 분명히 이런 요소들의 대다수는 전혀 알려져 있지 않다.

현대의 현실주의적 추측을 한번 보자. 우선, 항성의 형성 속도(R_*)는 천문학 연구를 통해 합리적으로 잘 결정되어 있다. 더욱이 우리는 항성들이 행성을 갖고 있을 확률(f_p)을 측정할 수 있다. 조금 후에 이 연구에 관해 더 이야기하겠지만, 행성을 찾는 연구 결과 우리는 항성들 중 약 절반이 어떤 종류의 행성계를 갖고 있다고 믿게 되었다. 우리의 현재 기술은 큰 행성이 항성 가까이에서 공전하는 계들을 우선적으로 찾아냈는데, 우리가 알아낸 바로는 우리 별 근처에 있는 연구 대상 항성 중 약 40%가 이런 성질을 가졌다. 이 관측에다 행성이 있지만 목성처럼 큰 행성은 없는 항성들이 틀림없이 존재한다는 사실을 결합하면 항성이 행성을 가지고 있을 실제 확률은 의심할 바 없이 꽤 높다.

행성계가 형성되었다고 할 때 그중 생명이 살 수 있는 행성들(혹은 거대 가스 행성의 위성들)의 수(n_e)를 결정하는 것은 훨씬 어렵다. 2009년 케플러 계획*이 착수되면서 이 질문은 과학에서 인기 있는 연구 주제

---

* NASA의 우주 망원경을 이용해 태양 외의 다른 항성 주위를 공전하는 지구형 행성을 찾는 계획을 말한다.

표 7.1   다양한 시나리오들을 보여 주는 드레이크 방정식의 값들

방정식	요소							
	R_*(/1년)	f_p	n_e	f_l	f_i	f_c	L(연수)	N
드레이크(1961)	10	0.5	2	1	0.01	0.01	10,000	10
현대(낙관론자)	20	0.5	2	1	0.1	0.1	100,000	20,000
현대(비관론자)	7	0.5	0.01	0.13	0.001	0.01	1,000	0.00005
현대(현실주의자)	7	0.4	2	0.33	0.01	0.01	10,000	1.8

* 드레이크 방정식의 값들은 근본적으로 학문적인 추측이고, 그 설을 세운 사람의 편견을 드러낸다. 낙관론자의 시나리오는 현대의 추정치에 따르면 적어도 우리의 가까운 은하계 이웃에 관한 한 불가능해 보인다. 비관론자의 시나리오는 근본적으로 은하계에 우리만 존재한다고 단언한다. 현실주의 시나리오는 은하계에 기술적으로 진보한 문명의 수가 적다는 것을 시사한다. 단, 어쩌면 지적이지만 아직 교신 가능한 기술을 발전시키지 못한 종들이 200종쯤 있을지는 알 수 없는 노릇이다. R_*=항성의 평균 형성 속도, f_p=항성들에 행성들이 있을 확률, n_e=항성에 딸린 행성들 중 생명체가 존재할 수 있는 행성들의 수, f_l=행성들에서 실제로 생명체가 발달할 확률, f_i=이런 행성들 중 지적 생명체가 발달할 확률, f_c=이런 행성들이 무전이나 다른 교신 기술을 개발할 확률, L=통신 기술을 가진 문명의 존속 기간, N=우리가 무전이나 다른 방송을 수신할 수 있는 문명의 수

가 되었다. 여러분이 이 책을 읽을 즈음이면 여기 실린 내용은 확실히 시대에 뒤처졌을 것이다. 여러분은 이 급속히 진화하는 주제를 계속 지켜보아야 한다.

우리는 생명이 살 수 있는 행성에서 실제로 생명체가 탄생할 확률(f_l)을 알지 못하지만, 그 확률은 매우 높아야 할 것 같다. 지구가 액체 물이 존재할 수 있을 정도로 식은 후 재빨리 생명이 진화했다는 사실

을 보면 생명이 쉽게 발전할 가능성이 있음을 짐작할 수 있다. 지구에서 생명이 발달하는 데 걸린 시간을 바탕으로 통계를 이용해 이 확률의 최젓값을 구할 수도 있다. 지구에 어떤 예외적인 특질이 있어서 다른 행성들의 표본 역할을 할 수 없는 게 아니라면, 지구와 비슷한 행성이 생명을 발달시킬 가능성은 20%보다 높아 보인다.

또 다른 잘 알려지지 않은 요인은 탄생한 생명체가 지적 생명체로 발달할 확률이다(f_i). 이것에 관한 사고는 두 가지인데, 그 둘은 서로 뚜렷이 다르다. 먼저 한 가지 방식은 지성의 발달이 불가피한 현상이라고 전제한다. 지지자들은 억겁의 세월에 걸쳐 종들의 지성이 꾸준히 증가했음을 지적한다. 이들은 충분한 시간을 주면 지성의 형성이 거의 불가피하다고 생각한다. 한편 그와 대조적인 생각은 척추동물이 수백만 종이나 있지만 그중 우리와 같은 지성을 발달시킨 종은 인간뿐이라는 사실을 지적한다. 인류의 조상 계통이 어떤 이유로 해서 10만 년 전에 멸종했다면, 그사이에 다른 종이 지성을 발달시켰을 듯한 조짐은 보이지 않는다. 또한 인정받고 있는 다른 주장은, 아무리 공룡들이 (지구라는) 행성을 거의 1억 5000만 년 동안 지배했어도, 그 시간 동안 지성이라 할 만한 것이 발전했다는 증거가 없다는 것이다. 이는 지성의 발달이 다소 희귀한 사건임을 짐작케 한다.

지적 생명체가 다른 별에 자신의 존재를 알릴 수 있는 통신 기술을 갖고 있을 확률(f_c)은 다소 높아 보인다. 우리는 표본으로 내세울 것이 오로지 우리 자신밖에 없다. 우리는 인접한 항성들 주변에 존재할지 모를 문명들과 교신을 시도하는 일이 거의 없지만, 의도적으로 그렇게 할 필요도 없다. 어차피 20세기 초기부터 인류는 줄곧 우주로 자신의 존재를 알리는 방송을 쏘아 왔다. 그림 7.1은 우리에게 2010년의 지구를 둘러싼 전파와 텔레비전의 잡음을 보여 준다.

마지막 요인은 통신 기술을 가진 문명이 존속할 수 있는 기간(L) 또한 잘 알려져 있지 않다는 것이다. 지구의 문명은 몇백 년간 절정을 유지하는 경향이 있지만, 후발 문명들은 흔히 선발 문명에서 전해진 기술을 사용한다. 더욱이, 우리는 우리가 앞으로 얼마나 오랫동안 교신을 위해 전파와 TV 방송을 이용할지 알지 못한다. 그러나 전쟁이나 원자 대폭발, 극한적이고 급속한 환경 파괴, 또는 일종의 의도적인 생물학적 교전 같은 것으로 인해 지구상의 인간 생명이 심각하게 줄어들지 않는 한, 전파, TV 방송, 혹은 일종의 전자기적 송출의 지속적 이용은 수천 년간, 적어도 수백 년간은 계속될 듯하다.

드레이크 방정식에 관련된 매개 변수들을(그리고 그 방정식이 그 문제를 수학적으로 적절히 제시한 것인지 아닌지조차) 결정하는 것이 얼마나 어려운지 감안하면, 우리 은하계에 존재할 거라고 기대하는 기술적으로 진보한 문명들의 수는 앞으로도 불확실할 수밖에 없다. 드레이크 방정식은 그 문명들이 상호 교배 없이 독립적일 것을 조건으로 한다. 또한 은하계의 넓은 부분에 문명이 퍼져 있을 가능성도 허락하지 않는다. 산발적으로

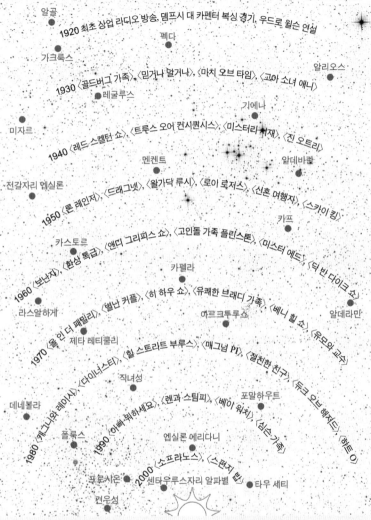

그림 7.1   근처 항성들은 거의 1세기 동안 우리의 전파와 TV 신호들을 수신해 왔다. 외계인들과 우리의 첫 접촉이 의도적으로 이루어지는 것이 아니라 외계 문명이 〈렌과 스팀피Ren and Stimpy〉(잔인하고 폭력적인 내용으로 악명 높은 TV 만화 영화)의 방송 전파를 가로챔으로써 이루어질 거라는 상상을 어렵잖게 할 수 있다. 그 생각을 하니 왠지 웃을 수 없는 기분이 들지만 말이다.

흩어진 문명에서 그 사회의 조각들과 단편들은 멸종할 수 있을지 몰라도, 수백만 항성계에 퍼져 있는 번영한 한 문명이 완전히 사라지리라는 것은 그보다 믿기 어렵다.

카르다세프 척도

니콜라이 카르다세프Nikolai Kardashev는 1964년에 외계 문명들의 기술 발전을 분류하는 개념을 공식화했다. 그는 세 유형으로 구분해 정의했다.

- I유형: 문명이 한 행성에 도달하는 에너지를 100% 사용하는 유형
- II유형: 문명이 한 항성에서 나오는 에너지를 100% 이용하는 유형
- III유형: 문명이 전체 은하계에서 나오는 에너지를 100% 이용하는 유형

그다음의 확장된 유형인 IV유형(가시 우주에서 나오는 에너지를 이용하는 유형)과 V유형은 나중에 추가되었지만 거의 쓰이지 않는다.

아마도 III유형 문명이 분명히 I유형 문명보다 더 탐지하기 쉬울 것이다. 그것은 양초보다는 환한 조명이 더 잘 보이는 것과 동일한 이치다. 외계 생명체 탐사를 더 깊이 들여다볼 때, 우리는 태양계 너머에서 반드시 우리와 동일한 기술적 수준을 가진 생명을 찾을 필요는 없다는 사실을 염두에 두어야 한다. 외계 문명이 우리보다 상당히 우월할 가능성도 꽤 높다. 우리 문명의 현 기술적 단계(말하자면 전기와 전파 양쪽을 손

에 넣을 단계)는 겨우 100살쯤밖에 되지 않았다. 우리가 3000년까지 어떤 기술들을 터득하게 될지 상상해 보자. 겨우 1000년만 더 있으면 우리는 측량할 길 없는 진보를 달성하게 될 것이다. 이제 우리 행성 동네에서 네안데르탈인들이 죽어 가고 있을 때, 중신세 유인원이 호모 사피엔스로 진화하기 위한 변화들을 겪었을 때, 혹은 심지어 칙술루브 chicxulub＊에 행성이 충돌해 공룡들을 죽였을 때 한 문명이 지금 우리 수준의 기술적 발전에 도달했다고 상상해 보자. 그 외계인들은 짐작컨대 우리가 꿈만 꿀 수 있는 기술을 터득했을 것이다(또는 우리가 상상할 수 있는 한계를 넘어섰을 가능성이 높다). 저 바깥에 있는 항성들의 비행선 숫자들을 감안하면, 그리고 지구가 예외적인 행성이 아니라는 가정을 바탕으로 하면, 우리가 만나게 될 지적인 외계 종들은 우리보다 더 기술적으로 발전했으리라는 추정이 불가피해 보인다. 우리는 무엇을 보게 될까?

빅 이어

전파를 이용해 다른 행성들의 생명을 듣는다는 생각은 니콜라 테슬라 Nikola Tesla(1856 ~ 1943)에게까지 거슬러 올라갈 정도로 오래된 것이다. 테슬라는 1899년 콜로라도 스프링스에서 자신이 아마도 외계인들과의 교신을 기록한 것 같다고 생각했다. 비록 교신 대상이 화성인지 금성인지는 확신하지 못했지만 말이다. (당시가 화성 운하들이라는 문제에 관한 미디어 열풍이 최고조에 이른 시기였음을 감안하자.) 테슬라는 장비를 통해 한 번, 두

＊　멕시코 유카탄 반도 북부의 지명. 이곳의 칙술루브 충돌구는 소행성이 떨어져 생긴 것으로, 이 충돌은 공룡은 물론 대형 파충류의 대멸종을 불러왔다.

번, 세 번, 네 번, 무리 지어 똑딱거리는 신호음을 수신했다. 이것은 (3장에서 다룬) 1952년에 나온 영화인 〈붉은 행성 화성〉에서 화성인들이 교신한 방식들을 연상시킨다. 그는 1901년 2월 19일자 〈콜리어스 위클리 Collier's Weekly〉에 그 일화를 실었다(그 밖에도 많은 다른 지면에 발표했는데, 테슬라는 기술적 천재이자 대중화의 선구자로서 활발한 집필 활동을 했다). 그는 이렇게 말했다. "화성에 메시지를 전달할 수 있는 기계를 만드는 데 극복하지 못할 장애물은 없을 것이고, 그 행성의 주민들이 우리에게 전송하는 신호들을 녹음하는 데에도 큰 어려움은 없을 것이다." 그의 저작은 이 분야에서는 이미 오래전에 신뢰를 잃었는데, 가장 그럴듯한 설명은 그가 자신의 장비를 이해하지 못했다는 것이다. 이게 놀라운 이야기가 아닌 것이, 테슬라는 위대한 업적을 쌓았지만 과장된 호언장담을 할 때도 많았기 때문이다. 하지만 가장 중요한 점은 다른 행성들과 교신하기 위해 전파를 이용한다는 생각이, 인류가 그 기술을 이용하기 시작한 바로 그때부터 등장했다는 것이다.

그런 노력을 한 것은 테슬라가 최초였을지는 몰라도 혼자는 아니었다. 그로부터 약 20년쯤 후에 굴리엘모 마르코니 Guglielmo Marconi도 비슷한 주장들을 했다. 마르코니와 테슬라는 미디어의 총아로서(이런 종류의 기술적 혁신이 희귀했던 시대의 스티브 잡스였다고 생각하면 될 듯하다) 언론에서 상당한 주목을 받았다. 1919년 마르코니는 자신이 지구 너머에서 온 전파 방송을 수신했을 가능성이 있다고 믿었다. 그의 증거 중에는 뉴욕과 런던에서 동시에 수신된 신호들이 있었는데, 그는 그 점을 근거로 그 신호들이 지구의 것이 아니라고 추측했다. 비판자들은 에펠 타워와 워싱턴 D.C.의 전파 수신자들이 아무 소리도 듣지 못했음을 지적했다. 〈뉴욕 타임스〉는 몇 주간이나 1면이나 2면 정도를 할애해 그 기사를 싣곤 했다. 〈뉴욕 타임스〉의 기자들은 아마도 인류가 다른 행성들의 생명들에게 접촉하지 않았다면 더 좋았을 거라는 논조를 내비쳤다. 그들의 추론은 더 성숙하고 더 진보한 다른 생명은 우리를 넘어선 기술을 가졌을 테고, 인류는 그들을 맞을 준비가 되지 않았다는 것이었다. 그로부터 훨씬 후에 물리학자인 스티븐 호킹Stephen Hawking 역시 그 우려를 다시 들고 나오는데, 호킹은 진보한 문명이 덜 진보한 문명을 만나면 예외 없이 덜 진보한 문명이 고통을 받는다는 점을 지적했다. 이것이 '잠자코' 있는 편이 현명하다고 생각할 또 다른 이유다. 돌이켜 보면, 마르코니와 테슬라 둘 다 지구의 이온층을 투과하기에는 너무 낮은 주파수들을 감시하고 있었지만 그럼에도 대중은 여전히 그들의 노력에 전율을 느꼈다.

1919년에도 오늘날과 마찬가지로 첨단 잡지였던 〈사이언티픽 아메리칸Scientific American〉은 몇 주 후에 마르코니의 주장을 다룬 기사를 썼고, 두 달 후에는 진정 선구적인 시각을 담은 기사가 그 뒤를 따랐다. 마르코니는 이따금씩 모스 부호로 쓰인 단어를 수신했다는 이야기를 했는데, 〈사이언티픽 아메리칸〉은 행성 간 교신을 위해 그런 부호를 사용하는 것이 본질적으로 얼마나 어려운가를 지적했다. 그들은 화성과 교신하는 데 효과가 있을 법한 방식을 제시하는 지점까지 나아갔는데, 그 것은 푸에르토리코의 아레시보Arecibo 전파망원경이 보낸 비슷한 메시지를 수십 년이나 앞지른 것이었다. 그 수십 년 후 인류는 언젠가 외계인에게 전해지리라는 희망을 품고 의도적으로 우주에 신호를 쏘아 올렸다. 〈사이언티픽 아메리칸〉에서 1920년에 제시한 메시지는 그림 7.2에서 볼 수 있다.

대다수 과학자들은 1909년의 화성 대접근을 계기로 화성 운하에 대한 믿음을 잃었지만 대중의 상상 속에서는 그 생각이 훨씬 오랫동안 살아남았다. 화성과 지구가 특별히 가까웠던 1924년의 화성 대접근 시기에 이웃 행성으로부터 전파 신호들을 탐색하기 위한 또 다른 시도가 이루어졌다. 미국은 8월 21일에서 23일까지(대접근이 일어난 기간)를 '전국 전파 침묵일National Radio Silence Day'로 선포했는데, 그 명칭은 좀 오해의 여지가 있다. 실제로 하려던 것은 총 36시간 동안 매 시 정각부터 5분간 모든 전파 통신을 끈다는 것이었다. 그 시간 동안 수신기들은 화성이 보낸 신호를 찾아 천체에 귀를 기울일 것이다. 정부는 계획을 실행에 옮겼는데, 육군 신호사관장chief sigal officer은 자신이 관제하는 전파 방송국들이 낯선 전파를 찾아 철야를 할 것이라고 알렸다. 한편 해군 총장은 자신이 관제하는 가장 강력한 전파 방송국에 방송은 최소한으로 제한하고 한 귀를 열어 놓으라는 지시를 내렸다. 상업 방송국들은 워싱턴

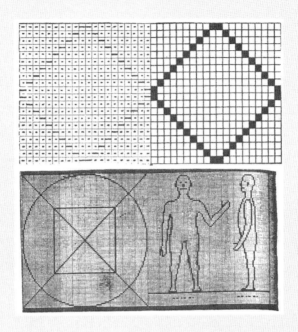

그림 7.2   1920년 3월 20일자 〈사이언티픽 아메리칸〉에 실린 이 그림은 외계 문명이 이해할 수
있을 법한 메시지를 만들려는 노력의 초기 형태를 보여 준다. 영어만 할 줄 아는 사람들이 (예를 들
어) 중국어만 읽을 줄 아는 사람이 이해할 수 있도록 메시지를 쓰는 것조차 보통 어려운 일이 아닌
데 하물며 외계 문명이라면 어떨까.   *Scientific American*

D.C.의 한 곳만 제외하고는 거의 지침을 따르지 않았다. 그 시도는 과학적인 관점에서는 참담한 실패로 돌아갔지만 그래도 흥미로웠다.

그 후로 몇십 년의 세월이 흐르는 동안, 행성 간 교신이라는 생각은 아마추어를 포함한 몇몇 무선 통신사들을 통해 이어졌다. 분명한 사실은, 그 시기의 기술이 도저히 그 프로젝트를 따라잡지 못했다는 것이다. 더욱이 1930년 무렵의 과학 공동체는 근본적으로 화성에 지적 생명체가 있을 가능성을 부정했는데, 그것은 목표가 항성 간 교신으로 바뀌었다는 뜻이었다. 하지만 이것은 확실히 그 시대 장비의 능력을 넘어선 것이었다.

1950년대에 전파천문학이라는 분야가 태어났다. 천문학자들은 천체가 가시 스펙트럼을 넘는 전자기 복사선을 방출한다는 사실을 알았다. 은하계 핵심, 태양, 그리고 그 비슷한 것들을 연구할 목적으로 커다란 전파 접시들이 세워지기 시작했다. 그리하여 이 지점에서 우리는 다시금 (드레이크 방정식의) 프랭크 드레이크를 만나게 된다.

프랭크 드레이크는 전파천문학자로서 웨스트버지니아 그린뱅크에 140피트(약 42m)짜리 새 전파망원경을 설치하는 일을 하고 있었다. 이 거대한 안테나가 미국 국립전파천문대(National Radio Astronomy Observatory: NRAO)에 세워졌다는 것은 중앙 정부 소속의 대형 관측소에 자금을 지원하는 것이 더 나은지, 아니면 여러 대학교에 흩어져 있고 개별 연구자들이 자신의 연구 주제를 좀 더 자주적으로 결정할 수 있는 더 작은 연구소 여러 곳에 자금을 지원하는 것이 나은지에 관해 국가적 결정이 내려졌다는 뜻이었다. 전자가 승리했다.

드레이크는 오래전부터 천체에서 외계 전파 신호들을 찾는 연구에 관심이 있었다. 이전에 몇 건의 천문학 연구를 하는 동안 그는 끝내 출처를 밝히지 못한 일시적인 신호들을 포착했다. 그는 기상천외한 주장들에 혹하지는 않았지만, 어쩌면 그 신호가 지구의 송신기에서 송출된 것이 아닐지도 모른다는 생각을 했다. 그러나 그 생각을 묻어 두고 좀 더 전통적인 분야에서 연구 경력을 쌓았다. 그 연구들 덕분에 근방에서 가장 큰 신축 전파 시설에 순조롭게 자리를 얻을 수 있었다.

1957년 신기원을 열고 1958년 140피트 망원경을 건축하기 시작한 NRAO는 활기가 넘치는 곳이었다. 후한 지원금을 가지고 놀랍도록 새로운 전파천문대를 만드는 임무가 소수의 물리학자들에게 맡겨졌다. 대형 안테나는 이전의 안테나들보다 훨씬 컸고, 전례 없는 무언가를 건축하는 과정이다 보니 일반적인 수준보다 더 많은 문제들이 발생했다. 그리하여 NRAO는 그동안 그 설비가 운영을 시작할 수 있도록 기술적 어려움이 훨씬 적은 85피트(약 25m) 망원경을 구축하기로 결정했다. 85피트 망원경은 1959년 초에 작동을 시작했다.

드레이크는 1959년 여름에 드디어 NRAO 시설을 이용해 외계 신호들을 탐색한다는 자신의 생각을 실행에 옮길 수 있었다. 합의에 따라, 과학자들은 (1) 좀 더 전통적인 전파천문학 연구가 최우선 과제가 되어야 하며, (2) 외계 탐사라는 주제의 선정성을 감안하여 조용히 연구를 해야 한다는 데에 합의했다. 그 생각은 단순한 연구를 해야 하고, 외부의 개입과 그로 인한 부정적 언론 보도에 대한 두려움 없이 관측할 수 있는 것을 관측해야 한다는 것이었다.

그러나 1959년의 고급 과학 연구 분야의 무자비함은 오늘날보다 결코 덜하지 않았다. 중대한 이해관계가 걸린 과학 연구 분야에서는 최우선 과제와 그 외의 것들이 나뉠 수밖에 없다. 차선은 존재하지 않는다. 1959년 9월에 이론적 성향이 강한 두 물리학자 필립 모리슨Philip Morrison과 주세페 코코니Giuseppe Cocconi가 한 논문을 발표했는데, 전파를 이용한 외계인 탐색 방법을 논하는 내용이었다. 그러자 중요한 연구의 선수를 빼앗길까 봐 우려한 그린뱅크 시설의 감독 오토 스트루브Otto Struve는 11월 MIT에서 그에 관해 강의를 함으로써 세간에 그 연구를 알렸다. 이론적 논문들이 나온 지 겨우 두 달 후였다. 그 강의는 즉각 언론의 관심을 끌었다. 〈타임〉, 〈뉴욕 타임스〉, 〈새터데이 리뷰〉의 기사들은 대중에게 천문학자들이 외계인의 전파를 찾기 위해 귀를 기울일 거라고 알렸다. 〈새터데이 리뷰〉는 스트루브의 발표를 보고했다. "그는 많은 천문학자들이 확신을 갖게 된 내용을 빼놓지 않고 다루면서도 너무 멀리까지 나가지 않으려고 애를 쓰고 있었다. 지적인 존재들이 우리와 우주를 공유하고 있으며, 그들 중 일부는 어쩌면 우리보다 우월할 수 있고, 그들은 우리 존재를 확실히 알고 있거나 아니면 짐작하고 있으리라는 것이었다."

언론의 반응은 대체로 긍정적이었다. 그 기사 덕분에 첨단 증폭기를 위한 기부금이 들어오기 시작했고, 덕분에 장비의 성능을 증진할 수 있었다. 현대의 외계 전파 탐색 시대가 열렸다.

SETI(Searches for Extraterrestrial Intelligence 외계 지적 생명체 탐사)라는 용어는 아직 1970년대 중반까지는 만들어지지 않았지만, 이는 바로 드레이크와 동료들이 하고 있던 일이었다. 드레이크는 1960년의 프로젝트를 L. 프랭크 바움의 《오즈의 마법사》의 후속편에 나오는 오즈마 공주의 이름을 따서 '오즈마Ozma'라고 명명했다. 바움은 자신이 오즈와의 전파 교신을 통해 그 이야기를 알게 되었다고 주장했다. 드레이크와 동료들은 바움의 소설 속 왕국보다 훨씬 이상한 세계와 접촉을 시도하고 있었다.

1960년 4월 8일, 오즈마 프로젝트가 시작되었다. 연구팀은 두 별을 관측했는데, 타우 세티와 엡실론 에리다니였다. 둘 다 우리 태양과 충분히 비슷해서 흥미로운 대상으로 여겨졌다. 이후의 분석으로 인해 이 항성들에 대한 열정은 약간 사그라졌지만, 둘 다 현대의 행성 탐사 연구의 대상으로 남아 있다. 이런 항성들을 관측하는 동안 엡실론 에리다니에서 일시적인 신호들이 수신된 듯했다. 알고 보니 이 신호는 지구에서 나오는 것으로 밝혀졌지만 말이다. 그 연구는 최초의 시도였고 따라서 한정된 양의 전파 스펙트럼만을 다루었다. 외계의 신호는 전혀 관측되지 않았다.

이것은 한 가지 중요한 점을 일깨운다. 전파 스펙트럼은 매우 넓고 인위적인 방송들의 파장은 매우 좁다. 연방통신위원회(FCC)는 사용 범위를 9KHz에서 275GHz까지로 배정했다. 파장으로 번역하면, 이 전파 주파수들은 범위가 1인치의 몇 분의 1에서 몇 마일까지의 길이다. 외계인들이 인간의 선택에 따르기를 기대해서는 안 되겠지만, AM 라디오 방송국 하나는 그 범위 중 약 20KHz를 점유할 수 있는 반면, FM 방송국은 200KHz를 점유할 수 있다. 그러니 인간이 사용하는 준임의적 semi-arbitrary 전파 범위 내에 약 1300만 개의 AM 방송국들과 100만 개 넘는 FM 방송국들을 끼워 넣을 수 있는 셈이다. 한 방송의 세부적인 기술적 사항들을 확인하려면 범위를 그보다도 더 잘게 쪼개야 한다. 다음에서 보게 되겠지만, SETI 연구자들은 가능한 전파 스펙트럼의 몇 분의 일에 집중하지만, 그래도 결국 수억 개의 전파 채널들을 동시에 탐사해야 하는 처지가 된다.

전파 스펙트럼이 넓은 한편, 과학자들이 SETI를 위해 이용하는 주파수의 범위는 시간이 지나면서 더 좁아져 왔다. 자연적인 원천들이 방출하는 시끄러운 주파수 범위들을 피하기 위해 선별된 특정한 범위가 사용되어 왔다. 예를 들어, 지구 대기는 약 1인치 아래의 파장들에서 전파를 풍부하게 방출하는데, 은하계는 약 1피트 위에서 방출한다. 비록 이런 역치들이 완벽하게 나뉘는 것은 아니지만, 이 파장 밖에서 귀를 기울이고 있는 SETI 과학자들은 훨씬 시끄러운 '라디오 잡음'과 겨뤄야 할 것이다. 더욱이, 우리는 NRAO가 실제로 SETI의 설비가 아니라 전파천문학을 위한 설비임을 기억해야 한다. 이것은 드문 일이 아니고, 심지어 오늘날에도, 새로운 설비가 지어지면 SETI는 거의 늘 2순위 과제로 밀려난다. 다행히도 원치 않는 전파 잡음들로 인한 제약들은 전파천문학자들과 SETI 연구자들에게 동등한 영향을 미쳐서, 동일한 장비를 양쪽 목표 모두에 사용할 수 있게 해 준다. NRAO는 천문학 현상 연구용으로 자금을 지원받기 때문에 그 장비는 약 8인치(약 20.32cm)의 전파 파장에 최적화되어 있다. 그러면 연구자들은 자기장을 찾기 위해 성간 수소interstellar hydrogen를 연구할 수 있을 것이다.

우리가 보았듯이, 오즈마는 비록 SETI 신호를 관측하는 데는 실패했지만 대단한 열기를 불러일으켰고, 그 열기는 드레이크 방정식이 베일을 벗은 1961년 11월 회의에서 최고조에 이르렀다. 탐사 과학의 새 시대가 열렸다.

그사이의 50년간, 아무런 관측도 실시되지 않은 휴지기들이 있긴 했지만 SETI는 많은 노력을 해 왔다. 오하이오의 델라웨어에 설치된 망원경은 1963년에 가동을 시작했다. 국립과학재단(National Science Foundation: NSF)에서 자금을 지원하고 오하이오 주립 대학이 운영하는 그 시설은 빅 이어Big Ear라고 불렸다. 빅 이어는 약 1963년에서 1971년까지 전통적인 전파천문학 연구에 이용되어 태양계 밖 전파원들의 지도를 그렸다. 그러나 국립과학재단의 자금 지원이 끊기자, 그 설비는 SETI 연구로 방향을 틀어 1973~1995년까지 운영되었다. 1977년에 이른바 Wow!(와우!) 신호가 보고되었는데, 그 신호가 처음 기록된 종이에 또렷이 쓰인 "Wow!"라는 글자 때문에 붙은 이름이었다(그림 7.3). 그것은 현재까지 기록된 태양계 외 전파 신호의 후보 중 가장 흥미로운 것으로 여겨진다(그 출처가 정말로 태양계 외부라는 뜻은 아니다). 당시 망원경의 방향을 보면 그 신호는 궁수자리에 있는 카이 궁수자리의 별무리 근처에서 오는 것처럼 보인다. 하늘의 이 영역을 관찰하려는 시도가 추가로 여러 차례 이루어졌지만 비슷한 신호는 끝내 관측되지 않았다.

위에서 이야기했듯이, 무척 좁은 파장 범위 내의 전파를 찾으려면 전파 스펙트럼을 아주 잘게 쪼갤 수 있느냐가 중요하다. 1980년대는 100만 개의 전파 채널들을 동시에 연구할 수 있게 된 시대였고, 1990년대의 십억 채널 시대가 그 뒤를 따랐다. 이런 기술적 진보 때문에 진전 속도는 획획 성장하는 컴퓨터 기술처럼 급속히 빨라졌다. 원래 SETI 연구자들은 미국 정부에서 자금 지원을 받았지만, 예산에 민감한 정치가들은 툭하면 그들을 '조그만 녹색 인간들'을 찾는 연구로 폄하고 조롱하면서 정치적 이익을 얻으려 했다. 1983년에 마침내 정부 지원금이 끊겼다. SETI 옹호자들은 자금 지원 없이도 버텨 냈고, 1984년에 사적 기금으로 후원을 받는 비영리 재단인 SETI 재단이 운영을 시작했다. 첫 관측은 1992년에 시작되었다.

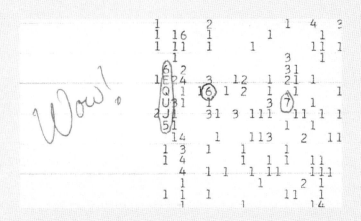

그림 7.3   "Wow!" 신호를 기록한 사람은 빅 이어 전파천문 시설의 SETI 연구자였다.
The Ohio State University Radio Observatory and the North American AstroPhysical
Observatory (NAAPO).

현재의 SETI 연구들은 그 프로젝트의 후원자이자 마이크로소프트의 공동창립자인 폴 앨런Paul Allen의 이름을 딴 앨런 망원경 배열Allen Telescope Array*이 주도하고 있다. 처음에는 SETI 재단과 캘리포니아 대학교 버클리 캠퍼스 사이의 협력 프로젝트로 가닥이 잡혔지만, 버클리는 그 후 발을 빼고 그 시설을 SRI(Stanford Research Institute) 인터내셔널에 넘겼다. 앨런이 아무리 후하게 기부를 해도, 설비가 성공적으로 가동하려면 지원금이 더 필요하다. 시설은 예산 부족 때문에 2011년 4월에 운영 중단 사태를 겪었지만 다행히도 2011년 12월에 충분한 자금을 확보해 운영을 재개했다. 이 글을 쓰고 있는 지금은 지속적인 운영이 의심스러운 상황이다. SETI 신호 탐지가 성공했을 때 달성하게 될 명백한 결과와 무척 합리적인 필요성을 감안하면, 나로서는 이것이 연구 과제의 우선순위를 터무니없이 잘못 생각한 것처럼 보인다. 그 비용은 적고, 잠재적 보상은 계산할 수 없을 만큼 막대하다.

그러니 2012년에 SETI 연구자들은 어떤 지위에 있을까? 글쎄, 현재까지 우리는 아직 외계 지적 생명체가 보낸 전파 신호를 찾지 못했거나, 찾았다 해도 아직은 알아차리지 못했다. 우리는 또한 정부가 외계인들과 접촉하고 있으면서 우리에게 알리지 않았을 뿐이라고 말하는 음모론을 일축해야 한다. 대규모 SETI 프로젝트들은 민간에서 운영하고 있고, 우리의 성간 이웃을 찾는 것을 평생의 목표로 삼은 사람들에 의해 더 멀리까지 운영되고 있다. 블로그와 정보 유출과 소문들이 넘쳐나

★ 미국 캘리포니아 주 동북 지역에 배열되어 있는 여러 전파망원경으로, 2001년에 폴 앨런이 기부한 약 2500만 달러로 망원경 42개를 만들어 활용하기 시작했다. 외계 생명체로부터 발산되었을 가능성이 있는 500만 개의 무선 주파수 신호를 탐지하고 있다.

는 세상에서 이런 어마어마한 규모의 비밀이 성공적으로 숨겨진다는 것은 말 그대로 상상도 못할 일이 아닐까 싶다. 정부는 어떤 ET 신호도 감추고 있지 않다.

하지만 50년 전에는 몰랐는데 지금 우리가 아는 것은 무엇인가? 우리가 아는 것 중 첫 번째는 현재 우리가 사는 항성계에 우리와 비슷한 전파 방출 문명이 많이 살고 있지는 않다는 점이다. 우주에 우리와 많이 비슷한 이웃들이 가득할 거라는 희망은 아직 현실로 입증되지 않았다. 그것은 나를 말할 수 없을 정도로 슬프게 만들긴 하지만, 우리는 〈스타 트렉〉 우주에 살고 있지 않다.

그러나 반대론자들이 SETI 프로젝트가 반세기에 걸친 노력에도 결국 실패를 거두었다는 것을 아무리 쉽게 지적한다 해도, 옹호론자들은 우리가 아직 성공을 거두지 못한 이유를 꽤 합리적인 이유로 설명할 수 있다. 우리 연구의 많은 부분은 제한된 범위의 전파 공간에 한정되었다. 어쩌면 외계인들은 다른 범위에서 방송을 보내고 있는지도 모른다. 사실, 영화 〈콘택트〉에서 베가 항성 근처에 위치한 외계인들은 1932년의 올림픽 방송이 자신들에게 닿았을 때 처음으로 지구의 존재를 알았다. 그 외계인들은 그 방송을 녹화하고 크게 증폭시켜 우리에게 회신했다. 그리고 자신의 메시지를 담아 전송했다.

언젠가 우리가 외계 전파 방송을 (접하게 된다면) 어떤 식으로 접하게 될지는 전혀 알 수 없지만, 그럴 법한 시나리오는 어쩌면 아직 아무런 방송도 지구에 도착하지 않았다는 것이다. 만약 (65광년 떨어진) 알데바란Aldebaran의 태양 아래 살고 있는 외계인들이 1932년의 방송을 수신하고 즉각 회신하더라도, 우리는 2062년까지 그것을 수신하지 못할 것이다. (알데바란은 붉은 거성으로, 토착 외계 문명이 있을 법한 곳이 아니다. 외계인이 거기로 여행을 했을 가능성은 분명히 있을 수 있지만 말이다. 어쩌면 그곳에 방송용 안테나가 있을 수도 있다.)

SETI 옹호자들은 왜 우리가 외계인들이 보낸 전파 방송을 아직 듣지 못했는지, 또 이를 계속 찾아야 하는지에 대한 완벽하게 합리적인 수많은 이유들을 일깨워준다. 하지만 현재까지 얻은 데이터들로 보자면, 우리 근처에는 카르다세프 II유형이나 III유형 문명이 없다고 말해도 무방하다. 또한 앞으로 어쩌면 수백 년간은 우리의 항성 동네에 전파를 방송하는 이웃은 없을지도 모른다고 해도 똑같이 무방하다. 이 근방에는 적어도 전파를 방송하는 종의 지적인 생명체는 거의 없는 듯하다. 그렇지만 은하계는 크고, 아직 포기할 이유는 없다.

외계인들이 있다면 어디에 있을까?

이 근방에 지적이고 기술적으로 진보한 생명이 드물다면 그 이유는 무엇일까? 불완전하지만 드레이크 방정식은 어떤 척도가 가장 중요한지를 말해 준다. 우리는 우주가 별들을 만든다는 것을 알고, 더욱이 우주가 행성들을 만든다는 것을 안다. 이 책을 쓰는 지금(2012년 봄) NASA

의 케플러 우주선이 먼 항성들을 돌고 있는 2321개의 행성들을 관측했다. 2011년 12월 NASA는 멀리 있는 한 항성의 '생명체 생존 가능 영역' 범위 내를 돌고 있는 행성 하나를 처음 관측했다고 알렸는데, 그것은 그 행성에 액체 물이 존재할 가능성이 있다는 뜻이다. 그 행성은 '케플러-22b'라고 불리는데, 이는 비슷한 수많은 그러한 행성들 중에 의심할 바 없이 최초로 관측된 사례다. 여러분이 이것을 읽을 즈음, 이 수치들은 시대에 무척 뒤떨어져 있을 것이다. 케플러팀은 생명체의 생존 가능성이 보이는 태양계 바깥의 후보 행성들을 벌써 50곳이나 발표했는데, 그들이 진짜인지 확인하려면 더 많은 연구가 필요하다.*

가장 중요한 사실은 과학자들이 더는 다른 항성들 주위를 도는 행성들에 관해 생각만 하고 있을 필요가 없다는 것이다. 우리는 그들을 직접 관찰하고 있다. 케플러팀이 낸 최고의 추정치는 적어도 5%의 항성들이 지구 크기 행성을 적어도 하나는 가졌으며 적어도 20%의 항성들이 다수의 행성들을 가졌다는 것이다. 이것이 신생 연구 분야임을 감안할 때, 장비의 감도가 향상되면 실제 수치는 그보다 훨씬 크게 밝혀질 가능성이 높다. 케플러 우주선은 은하계의 약 3000억 개의 별들 중 약 15만 개를 관찰하고 있다. 지금은 태양계 밖 행성천문학자가 되기에 더없이 매혹적인 시기이고, 재미는 이제 막 시작되었을 뿐이다.

만약 항성들도 많고 행성들도 많다면, 다음번 질문은 그런 행성들 중 생명이 존재하는 것은 얼마나 되며 생명이 존재하는 행성들 중 지적

---

* 2015년 7월 23일 NASA는 '케플러-452b'를 발견했다고 발표했다. 케플러-452b는 지금까지 발견된 행성 가운데 생명체가 생존하는 데 적합한 환경을 가졌을 가능성이 가장 큰 것으로 알려졌다. 케플러-452b의 크기는 지구의 1.6배 정도다.

생명체가 존재하는 것은 얼마나 되느냐. 이 수들은 추정하기 훨씬 어렵지만, 아직까지는 그 질문의 가장 중요한 부분이다.

외계인들이 존재하려면 안정적 환경이 필요하다. 지구의 생명은 수십억 년 전에 발달했다. 복잡한 동물 생명을 보존한 화석 중 가장 오래된 것은 약 5억 3000만 년 전의 것이다. 포유동물은 약 2억 1000만 년 전에 나타났고, 최초의 영장류는 5000만 년 전에 기원했다. 마지막으로, 최초의 인류의 조상은 약 1700만 년 전에 나타났고 우리의 종인 호모 사피엔스의 나이는 겨우 5만 년에서 10만 년밖에 되지 않았다.

지구에서 지성이 발달하는 데 수십억 년이 걸렸다. 만약 그 억겁의 세월 동안 어느 시기에 지구가 우리 같은 생명이 살 수 없는 곳이 되었다면 우리는 여기 있지 못할 것이다. 이것은 지구의 기후가 반드시 안정적이어야 한다는 뜻이 아니다. 실제로 전체 지구가 꽁꽁 얼어붙고, 거대한 화산 분출과 유성과 혜성들이 수많은 종들을 죽여 버린 시기가 있었으니까. 그렇지만 '지구를 불모지로 만드는 사건'은 한 번도 없었다.

지구를 불모지로 만드는 사건이란 어떤 것일까? 지구의 달의 기원에 대한 설이 하나 있는데, 화성 크기의 미행성이 아마도 45억 년 전에 초기 형태의 지구와 충돌했으리라는 것이다. 이 충돌은 당시까지 형성되었을 그 어떤 지각도 완전히 녹여 버렸을 것이다. 그런 급의 충돌이라면 생명을 소멸시켰을 것이다.

행성 생물권을 위협하는 또 다른 존재는 근처의 초신성이다. 만약 지구로부터 몇십 광년 내에 한 초신성이 생겨나면 지구 오존의 큰 부분을 상당히 훼손할 수 있다. 오존은 지구를 불모지로 만드는 태양의 자외선을 막아 주므로, 지구 오존의 큰 부분이 손실되는 사건은 재앙이나 마찬가지다.

(훨씬 드물긴 하지만) 그보다도 더욱 위험한 사건은 감마선 폭발이다. 감마선 폭발은 엄청나게 거대한, 급속히 회전하는 항성이 폭발하면서 만들어지는 특별한 급의 초신성이다. 그 에너지는 구 같은 패턴으로 팽창하는 게 아니라 그 항성의 양극이 두 줄기의 빔을 쏘는 식으로 폭발한다. 한 차례의 감마선 폭발을 수십억 광년 거리에서도 관측할 수 있다고 하면 이 에너지가 어느 정도인지 감을 잡을 수 있을 것이다. 보통 1회 폭발의 에너지는 몇 초도 안 되는 시간 내에 태양이 10억 년의 전생애 동안 방출한 만큼의 에너지를 방출한다. 감마선 폭발의 에너지 방출은 놀랍도록 위험한 사건이다. 그러나 다행히도 그런 일은 드물다. 우리 은하계 크기의 은하계에서 아마도 매 10만 년이나 100만 년에 한 번 일어나고, 그 빔들이 곧장 우리를 향할 때만 위험하다. 감마선 폭발 후보 중 가장 가까운 것은 쌍성계인 WR 104다. 그것은 은하계 중심 방향에서 우리로부터 약 8000광년 떨어진 곳에 위치해 있고 그 축은 대체로 우리 쪽을 가리키고 있는 듯하다. 그 폭발이 정확히 우리를 가리킬 확률은 작은 편이니 걱정할 필요는 없다. 하지만 그런 일이 일어난다

면 오존층이 심각한 피해를 입을 수 있고 따라서 생물권이 붕괴할 수 있다.

한 행성이 초신성과 감마선 같은 극적인 사건들이 일어나야만 심각한 피해를 입는 것은 아니다. 한 항성의 생애 동안 일어나는 에너지 산출의 변화처럼 사소한 것들 또한 생명 파괴의 근원이 될 수 있다. 어떤 항성이든 그 주위에는 물이 액체가 될 수 있는 거리의 범위가 있다. 추정치는 각자 다르지만 현재 우리 태양의 생명체 생존 가능 영역 범위는 지구 궤도의 약 0.97~1.37배다. 따라서 지구는 생명체 생존 가능 영역 안에 간신히 들어간다. 지구 궤도의 반지름이 겨우 10%만 더 작았어도 지구는 생명체가 살기에 너무 뜨거웠을 것이다.

실상은 그보다 더 복잡하다. 태양의 에너지 산출은 시간에 따라 진화해 왔다. 몇십억 년 전의 태양 에너지 산출은 지금의 약 80%로 추정된다. 따라서 태양계의 생명체 생존 가능 영역의 반경은 오늘날보다 더 작았을 것이다. 그 당시 태양으로부터 최소와 최대 생존 가능한 거리는 각각 지구 궤도 반지름의 0.80과 1.15배였을 것이다.

중요한 것은 '지속적으로 생명체가 생존 가능한 영역,' 즉 태양 수명 내에서 생명이 존재할 수 있는 영역의 최소 반지름의 최댓값과 최대 반지름의 최솟값이다. 현재까지 지속적으로 생명체 생존 가능 영역은 지구 궤도 반지름의 0.97~1.15배의 무척 좁은 영역이다. 이 조그만 영역 바깥의 행성은 지적 생명체가 발달할 수 있을 만큼 오랫동안 생존 가능한 상태를 유지하지 않을 것이다.

여기 제시된 숫자들이 실제로 우주생물학계에서 매우 논란거리임을 유념해야 한다. 다른 전문가들은 다른 추정치들을 내놓아 왔다. 대기의 화학적 구성과 행성 구조에서 나오는 효과들은 계산 결과를 다르게 만들 수 있다. 더욱이 여기서의 논의는 중심 항성에서 오는 에너지를 중점으로 한다. 하지만 큰 행성에 가까이 공전하는 위성들의 조석력 같은 다른 에너지원들도 있다. 그것이 목성의 에우로파 같은 위성들이 생명이 태어날 가능성이 있는 후보지로 여겨지는 이유다.

그래도 전반적인 개념은 상당히 유효하다. 살아남기 위해 태양의 온기에 의존하는 우리 같은 생명에게는 중심 별 주변의 (너무 덥지도 너무 춥지도 않은) '골디락스 존Goldilocks zone'이 존재한다. 다른 항성들은 더 뜨겁거나 더 차갑고, 생명체 생존 가능 영역의 세부적인 부분들은 그에 따라 조정될 것이다. 그렇다 해도, 한 행성에서 생명이 시작되고 진화할 수 있으려면 그 항성의 에너지 출력은 생존 가능한 상태를 유지할 수 있도록 충분히 안정적이어야 할 것이다.

한 항성이 무척 안정적이라 해도, 그 항성의 행성 궤도 역시 안정적이고 매우 원형이어야 한다는 것은 필수 조건이다. 타원형에 매우 가까운 궤도라면 행성이 중심 항성으로부터 너무 가까워졌다 너무 멀어졌다 하게 만들 것이다. 태양계 행성들의 궤도는 타원형이지만, 맨눈으로는 차이를 구분할 수 없을 정도로 충분히 원형에 가깝다. 궤도가 생명체 생존 가능 영역을 떠나지 않는 한 약간 타원형인 궤도는 허용된다.

게다가 생명이 사는 행성의 궤도가 원형에 가깝다는 것만으로도 충분치 않다. 행성계의 또 다른 행성이 특이한 궤도를 가졌다면, 비협조적인 행성의 중력이 생명체가 생존 가능한 행성을 항성을 향해, 또는 성간의 추운 공간을 향해 밀어낼 수도 있다.

한 행성이 (1) 생명이 태어날 수 있고, (2) 우리와 같은 탐구심을 가진 지적 생명체로 진화할 만큼 충분히 오래 존속하려면 갖추어야 할 조건들의 목록은 매우 길다. 어쩌면 이것은 극단적으로 희귀한 상황인지도 모른다.

여러분이 가장 단순한 사실들, 예를 들어 흔히 인용되는 칼 세이건의 표현인, 우주에 우리 은하계에 존재하는 약 3000억 개의 항성들을 비롯해 '수십억의 수십억의' 별들이 있다는 것을 알게 된다면 우주에 다른 곳에 생명이 존재하지 않는다는 것은 생각조차 할 수 없는 일처럼 느껴질 것이다. 만약 생명이 존재하지 않는다면, 그것은 확실히 엄청난 공간 낭비처럼 보일 것이다.

과학의 역사는 끊임없이 평범성 원리의 맹공격을 받아 왔다. 인류가 지구가 태양계에서, 그리고 나아가 우주에서 한 특별한 지점을 차지한다고 생각했던 예전에 비해, 우리는 지구가 여러모로 특별할 것도 없는 은하계의 특별할 것도 없는 지점에서, 특별할 것도 없는 항성 주위를 도는 작은 행성임을 안다. 예전에는 인류가 지구상의 모든 살아 있고 움직이는 것들에 대한 지배권을 가진, 완전히 다른 종류의 종으로 여겨졌다. 이제 우리는 인류가 행성의 다른 모든 유기체들과 유전적인 유산을 공유하는 하나의 종임을 알고 있다.

실제로 지구와 인류가 완전히 평범하다면, 다른 행성들에도 생명이 있어야 한다는 것은 불가피한 사실로 보인다. 비록 형태와 사고는 우리와 완전히 다르지만 번식과 생존 본능에 이끌리는, 많은 면에서 우리와 비슷한 종들을 언젠가 만나게 되리라는 것은 우리의 불가피한 운명으로 보인다.

그러나 별의 이웃을 찾으려는 우리 최초의 노력은 충분치 못했다. 동료 여행자들의 대화를 듣기 위한 부지런하고 상상력 넘치는 시도들에도 불구하고, 저 밖에 누군가가 있다는 증거는 하나도 없다.

지금은 우주생물학 분야에서 볼 때 흥미로운 시기다. SETI 연구를 위해 직접적으로 들어오는 지원금은 마땅히 그래야 하는 것보다 안정적이지 못하지만 행성 탐색자들은 마치 강력계 형사 같다. 행성들은 매일 발견된다. 기술과 방법들은 앞으로 2년 내에 지구와 비슷한 행성들을 찾을 수 있는 수준까지 발전했다. 태양계 밖 행성들의 대기들을 직접 볼 수 있는 기술도 생각해 볼 만하다. 앞으로 몇 년이나 몇십 년 내

에 "우리가 유일한 존재일까?"라는 질문에 확답을 내려줄 결과가 나올
가능성이 높다.

방문객

──

부디 우리를 그대들의 대통령에게 데려다 주십시오.

— 알렉스 그레이엄, 1953년 3월 21일자 〈뉴요커〉의 만화에서

두 외계인들이 말에게 하는 말

한 아마추어 천문학자가 하늘의 사진을 찍었는데, 그 화면 위의 수천 개의 점들 중 하나가 움직인 것을 발견했다고 치자. 컴퓨터로 천문력을 확인한 후, 그는 새로운 혜성이 발견되었다고 보고한다. 전문가들은 더 큰 망원경으로 그 후보 혜성을 관측하고 경로를 투사한 결과 그것이 불안할 정도로 지구에 가까이 올 것을 알게 된다. 지구 각지의 지도자들에게 지구와 혜성이 근접 조우할 것이라는 소식이 전달된다. 혜성 경로의 예측은 정확성이 높지 않지만 아마도 그 혜성은 간신히 비껴갈 듯하다. 장엄한 빛의 쇼가 펼쳐질 것은 분명하지만, 충돌은 없을 것이다.

하지만 후속 연구 결과 그 혜성의 경로는 실제로 지구의 경로와 교차하는 것처럼 보인다. 아마도 지구에는 실제로 커다란 과녁이 그려져 있는지도 모른다. 권력자들의 회의실에서는 6500만 년 전처럼 혜성이나 심지어 그 파편이 하늘에서 급강하해 지구를 때리고 종들을 멸종으로 몰아갈 만한 엄청난 파괴를 야기할지도 모른다는 사실을 대중에게 알려야 하는가 아니면 문명의 생존을 확보하기 위해 조용히 물밑에서 준비를 해야 하는가 하는 논의가 제자리를 맴돈다.

지금은 비밀을 숨기기 힘든 21세기이므로 페이스북이나 블로그에 글이 올려질 테고 언론은 풍문을 접할 것이고 사람들은 알게 될 것이다. Y2K의 경우처럼, 언론은 이성을 잃고 흥분한 기사들을 써댈 것이다. 생존주의자들과 종교 조직의 회원들은 엄청나게 늘어날 것이고, 반면 일부 사람들은 그 상황을 전형적인 언론 소동으로 깎아내릴 것이다.

전 세계의 천문학자들은 혜성을 24시간 감시하면서 탄도의 예측값들을 확인할 것이다. 더는 도저히 의심할 수 없다. 혜성은 곧장 지구를 향하고 있다. 문제는 단 하나뿐이다. 그 물체는 가까워지면서 점점 느려지는 것처럼 보인다. 궤도 역학으로는 설명할 수 없는 상황에 물리학자들은 당황한다. 한편 UFO 신봉자들에게는 전혀 당황스러울 것이 없다. 이들이 볼 때 그것은 혜성이 아니고 외계인의 우주선이다. 그 주장은 말도 안 되는 헛소리처럼 들리지만, 과학자들은 그 주장이면 상황을 설명할 수 있다는 것을 인정한다. 이때 그 혜성(또는 우주선)은 아마추어 망원경으로 관측 가능하고 크기도 밝혀진다. 뭔지는 몰라도 매우 크다.

그 느려지던 물체는 천문학자들이 보는 앞에서 지구를 비껴가 높은 궤도에 정착한다. 이 행동은 물음에 답을 준다. 그것은 혜성이나 소행성이 아니라, 지적 통제하에 있는 어떤 현상이다.

레이더가 감시하는 사이, 더 큰 본체에서 떨어져 나온 조그만 물체가 지구에 접근해 천천히 하강한다. 대기로 들어온 그 물체는 워싱턴 D.C.를 향하는 듯하다. 2001년 9월 이후로 그 시 위에 항상 주둔해 있는 전투 비행 정찰대가 개입을 위해 그리로 향하고, 근처 비행장들에 있던 전투기들이 지원을 위해 재빨리 출동한다. 공군 대장은 대통령에게 명령을 요청한다. 군에서 잔뼈가 굵은 여장부인 그녀는 부통령에게 에어포스 2의 탑승을 지시하고, 공군에게 사격을 지연시키고 대통령 집무실에서 대기한다. 하강하는 물체를 향해 모여든 전투기들은 그 물체가 달걀 모양이고 넙적한 끝 쪽이 앞머리처럼 보인다는 것을 알아차린다.

수십 대의 공군 전투기들에 에워싸인 정체 모를 비행선은 백악관 앞 내셔널 몰*로 하강해 엘립스 광장에 착륙한다. 군이 앞서 파견한 긴급 대응 부대가 그 달걀을 에워싸고 있다. 백악관 꼭대기의 비밀 요원은 스팅어 미사일을 겨냥하고, 대통령은 아래의 창문에서 깊은 생각에 잠긴 채 지켜보고 있다. 지역 텔레비전 방송국의 헬리콥터들이 경고를 받고 쫓겨난 머리 위 하늘은 비교적 잠잠하고, 제트 비행운들이 지그재그

---

* 미국 수도인 워싱턴 D.C. 의 중심가에 있는 국립 공원을 말한다.

를 그리고 있다. 그리고 모두가 기다린다. 외계의 비행선이 지구에 착륙했다. 이것이 영화라면, 아주 작은 회색 생명체가 나와서 이렇게 말할 것이다. "나를 당신네 지도자에게 안내하라."

그렇지만 이건 영화가 아니다. 책이 아니다. 이건 실제다. 모두의 눈이 비행선에 쏠려 있는데, 그 흠 없는 표면에 빛으로 된 금이 하나 생겨나더니 문과 경사로로 보이는 것을 그린다. 군중은 다함께 숨을 참고 보는데 나타나는 것은……

…… 무엇인가? 그것이 실제로 이 책 저변에 깔린 질문이다. 최초의 지적인 외계 생명체를 만날 때 우리는 무엇을 볼 것인가? 그것은 인간형 회색이일까? 애덤스키의 우주형제단일까? 자바 더 헛, ET, 혹은 스팍일까?

물론 그렇지 않을 것이다. 하지만 나라고 해서 여러분에게 그게 어떤 존재인지 알려줄 도리는 없다. 그것은 확실히 외계인일 것이다. 홀데인의 유명한 인용구를 다시금 떠올리자면, 그것은 단지 우리가 상상하는 것보다 기묘한 정도를 넘어 우리가 상상할 수 있는 것보다 더 기묘할 수도 있다. 하지만 시도는 해 보자.

외계인은 지적인 존재일 것이다. 우리를 뛰어넘는 수준의 기술을 가졌을 것이다. 주변 세계를 조작하기 위한 다리를 가졌을 것이고 물에서 숨을 쉬지도 않을 것이다. 그는 자신이 태어난 별의 스펙트럼에 존재하는 빛을 볼 수 있을 것이 거의 틀림없다. 그는 인간과 교배할 수 없고 지구의 음식을 먹고 소화할 수도 없을 것이다. 그는 호기심을 가진 존재일 것이고, 자원을, 아마도 여기 지구에서 구할 수 있는 자원을 소비하는 존재일 가능성이 매우 높다.

외계인은 탄소 기반 생명체일 가능성이 있고 호흡에 산소를 이용할 가능성도 높다. 어쩌면 광합성을 하는 동물일 수는 있어도, 우리가 아는 전통적인 식물은 아닐 것이다.

그렇지만 그 영혼은 우리와 비슷할 테고, 사고 능력은 인간처럼 뛰어나되 인간과 같지는 않을 것이다. 그는 이 우주의 동료 여행자일 것이다. 그는 동맹자이자 적일 것이다. 그리고 이는 배움을 주고받을 기회일 것이다.

별들 사이의 거리는 멀고, 그 거리를 건너가기란 쉽지 않을 것이다. 어쩌면 우리의 외계인 종과의 첫 조우는 그들이 백악관 잔디밭에 착륙하는 식이 아니라 우리가 라디오 전파에 숨겨진 잡음을 파악하는 식으로 이루어질 수도 있다. 어쩌면 우리와 외계인의 가장 근접 조우는 그들이 보낸 비디오 신호를 통해 그들을 보는 방식일 수도 있다. 내 생각에 우리가 외계인 이웃의 존재를 알게 된다면 그들을 방문하고 싶을 수밖에 없을 듯하다. 그러니 성간 우주 깊은 곳에서 날아온 그 팔락이는 전파는 이웃 별의 방문이라는 결과로 이어질지도 모른다.

아니면 우리는 은하계에 유일한 존재일지도 모르고, 그게 아니라면 앞으로 적어도 1000년 동안은 외계인 종을 만난다는 것이 불가능할 정도로 유일한 존재일지도 모른다. 드레이크 방정식을 이용한 현대의 수치들을 보면 저 바깥에 기술적으로 진보한 지적 종들이 많을 것 같지는 않다. 그것은 왠지 아쉽다. 끔찍한 공간 낭비처럼 느껴진다. 하지만 동시에 그것은 인류를 위한 경이로운 기회일 것이다. 행성 사냥꾼들이 지구 같은 행성들을 찾으면, 인류는 갈 곳, 탐험할 새로운 대지를 얻게 될 테니까.

우리는 외계인을 만나기 전에는 그 답을 알지 못한다. 그 일이 일어날 때까지, 인류는 계속해서 그 질문에 답하기 위해 과학계 최고의 두뇌들을 이용할 것이다. 그렇지만 그동안 우리는 우리가 늘 해 왔던 일을 해야 할 것이다. 그 일이란 시선을 저 위로 향하고 꿈을 꾸는 것이다. 기다리는 동안, 어쩌면 고전 영화인 〈괴물〉의 충고에 귀를 기울이는 것이 최선일지도 모르겠다.

하늘을 감시하라. 모든 곳을, 계속 보라. 하늘을 감시하라……

감사의 글

책은 결코 한 사람의 노력만으로 나올 수 없다. 하나의 생각을 완성된 작품으로 내놓기까지 많은 사람들의 도움이 필요하다.

심지어 첫 생각조차 여러 사람들의 힘이 더해진 결과일 것이다. 아내가 없었다면 이 책은 지금의 형태를 갖지 못했을 것이다. 그녀는 뼈대만 있던 최초의 생각에 귀 기울여주고 전체적으로 일관성 있게 엮을 수 있도록 도와주었다. 아내는 외계인을 바라보는 진화한 관점과 당대 대중의 관심사를 결합시킨다는 아이디어를 처음 떠올렸을 뿐 아니라 내가 책에서 다룬 과학적 주제를 명확히 제시할 수 있도록 다듬어 주었다. 이 책에 매끄럽지 못한 부분들이 남아 있다면 집필 과정에서 내가 아내의 말을 듣지 않고 고집 피운 탓이다.

하산 알알리 박사, 앨버트 해리슨 박사, 주디 스케플러 박사, 질 타르터 박사, 에리카 자늘 박사 등은 전문적인 조언을 해 주고 오해와 실수를 바로잡아 준 분들이다. 애써 주신 그분들께, 그리고 훌륭한 다리 역할을 해 준 알바로 아마트에게 무척 감사한다.

어린이들이 생각하는 외계인을 그린 그림을 구할 수 있게 도와준 패티 헤드릭, 줄리 다이 박사, 메러디스 칼슨에게 감사한다. 또한 자료 원본을 찾도록 도와준 페르미국립가속기연구소 도서관과 제네바 공립 도서관의 직원들에게도 고마움을 전하고 싶다. UFO 관련 문헌에는 거짓과 날조된 '사실들'이 넘친다. 다양한 저자들의 입장들 속에서 길을 잃지 않으려면 반드시 모든 것을 원 문헌과 비교해야 한다.

초고를 읽어 준 린다 얼리월트, 메러디스 칼슨, 수 덤포드, 비다 골드스턴, 로리 해슬틴, 디 후이, 낸시 크래신스키, 다이앤 링컨, 토니 무엘러, 로버트 쇼, 펠리샤 스보도바에게도 감사한다. 이들은 원고의 많은 오타와, 내가 놓친 허점들을 잡아내 준 분들이다. 특히 노련한 솜씨로 원고를 정리해 준 미셸 캘러핸에게 고마움을 전한다. 마지막으로 홍보 담당 캐시 알렉산더의 노고에도 감사한다.

이분들 모두 이 책에 직접적으로 힘을 보탰지만, 수세대의 역사가들과 과학자들이 없었다면 여기 실린 정보와 이야기들이 존재할 수 없었으리라는 사실은 굳이 말할 필요도 없으리라. 인류의 지식은 축적된 노력의 산물이고, 내가 여기 모아둔 것은 사실 수많은 사람들이 쌓아 올린 작업의 결과다.

책에서 미처 잡아내지 못하고 남겨둔 오류들은 으레 그렇듯이 어린 시절 친구 탓으로 돌려야겠다. 그러나 외계인에 관한 이 책에서 그 친구의 이름을 언급하는 것은 온당치 않을 것이다. 외계인이 이미 우리 사이에 숨어 살고 있다고 생각하는 사람들도 있으니까. 그러니 내 친구의 정체를 폭로하는 것은 예의가 아닌 것이다.

먼저, 혹시 아직 모르고 있을 독자들에게 가장 최근 태양계 밖에서 발견된 지구의 쌍둥이 행성에 관한 소식을 전하고 싶다. 미국항공우주국(NASA)이 올 7월 23일에 지구와 가장 흡사한 조건을 지닌 지구의 쌍둥이 행성인 케플러-452b에 관한 소식을 전했다. 이 행성은 태양에서 약 1400광년 떨어져 있으며 태양과 매우 비슷한 분광형 G2 항성 주변을 공전하고 있고, 공전 주기는 385일이라고 한다. 크기(지름 기준)는 지구의 1.6배이고, 지구와 마찬가지로 암석으로 이루어져 있을 가능성이 높다. 모항성의 나이 역시 45억 년인 태양과 비슷한 60억 년이다.

두근거리지 않는가? 물론 지구의 쌍둥이별이 우주에 이것 하나만 존재할 리는 없다. 과학자들은 이제 우주에 지적인 생명이 존재할 확률을 꽤 높은 쪽으로 점치고 있다.

이 광막한 우주 공간에서 인류가 과연 외톨이일 수가 있을까? 깊이 생각하면 할수록 대답할 엄두가 나지 않는 이 질문은 오랫동안 인류를 사로잡아 왔다. 외톨이라는 대답과 외톨이가 아니라는 대답은 둘 다 우리에게 두려움을 줄지도 모른다. 저 바깥 어두운 공간에서 누군가가 우리를 지켜보고 있다면? 그들, 또는 그것들이 침략자의 본성을 가지고 있다면? 반대로 이 광막한 우주에 존재하는 지적인 생명체가 오로지 인류뿐이라면, 그것 또한 인류가 감당하기에는 엄청난 부담이 아닐까? 결함투성이인 인류를 우주의 유일한 지적 존재로 만든 운명의 목적은 무엇이란 말인가?

저자가 머리말에서 밝혔듯이, 그 대답할 수 없는 질문에 답을 하는 것은 이 책의 목표가 아니다. 하지만 그는 그 주제에 관해 할 수 있는 모든 이야기를, 가장 흥미롭고 신뢰할 만한 방식으로 들려준다. 지구 바깥의 우주의 생명체, 특히 지적 생명체의 존재 가능성을 논하는 이 책은 주제로 보아도 야심차지만 그 구성 방식 또한 그렇다. 인류가 외계 생명체에 가져 온 관심의 역사, 그 관심이 대중 문화를 통해 표출되어 온 방식, 그리고 그것이 다시 어떻게 외계인에 대한 대중의 인식을 형성하게 되었는가를 이야기한다. 더불어 물리학, 화학, 생물학 같은 분야들의 엄밀한 과학적 증거와 추론을 바탕으로 외계 생명체의 존재 양상을 점쳐 보는 것으로도 모자라, 그들과의 교신을 위해 어떤 시도들이 이루어지고 있는가를 한 권의 책에 모두 아우르려 하다니 말이다.

한 주제를 이처럼 다양한 시각에서 살피고 다루는 책이다 보니 자첫하면 중구난방이 될 수도 있었을 텐데, 이런 우려와는 달리 이 책의 각 장은 따로따로 읽어도 손색이 없을 만큼 다루는 내용에 충실하면서도 읽는 즐거움을 놓치지 않는다. 대중 문화를 통해 드러나는 외계인에 관한 인식을 다룬 전반부는 흥미로운 문화사 개요로 읽기에 모자람이 없고, 생물학, 화학, 물리학을 바탕으로 외계인의 존재 양상을 이야기하는 후반부는 과문한 일반 독자들에게도 마치 우주생물학자가 된 기분을 느끼게 해 준다. 그것은 아마도 머리말에서 밝혔듯 어렸을 때부터 줄곧 저 먼 우주 공간과 거기서 살고 있을지 모를 존재들에게 깊은 관심을 가져 왔으며 현재는 페르미국립가속기연구소 소속 과학자로 재직 중인 저자의 이력 덕분이 아닐까 싶다. 저자는 당장 답을 낼 수 없는 질문들이나 입증할 수 없는 대중의 믿음을 허무맹랑한 것으로 일축하고 무시하지 않으면서, 신뢰할 수 있는 과학적 사실을 바탕으로 가능성과 불가능성의 영역을 차근차근 밟아 다진다. 아마 UFO가 이미 수차례 지구를 오갔으며 정부가 우리에게 엄청난 사실들을 감추고 있다고 굳게 믿는 열혈 UFO 팬이 이 책을 읽는다 해도 책에서 드러나는 합리적이면서도 위트 있는 시각에 크게 분개할 일은 없지 않을까 싶다.

한편 SF 블록버스터는 좋지만 그 이면에 있는 골치 아픈 과학적 원리는 굳이 알려 하지 않는 독자들에게도 이 책을 권하고 싶다. 전 세계 대중의 상상력을 폭발시킨 SF 영화와 드라마 및 소설들에 관한 이야기에 홀려 책장을 휙휙 넘기다 생물 분류 체계 및 주기율표, 그리고 화학 결합식을 마주쳐 '속았구나!' 하고 느꼈을 즈음에는 이미 이 책의 매력에 푹 빠져서 책을 놓을 수 없게 된 다음일 것이다. 그리고 책의 마지막 장을 넘긴 후에는 어쩌면 입에 올릴 생각도 해 보지 못했을 "탄소 우월주의"라는 표현을 자연스레 구사하며 최근에 본 SF 영화의 현실성을 평하게 될지도 모른다.

비록 우리가 지금 사용하는 어휘와 표현에서 정치적 공정성을 논하듯이 누군가가 무의식적으로 드러내는 탄소 우월주의에 정치적 공정성의 문제가 제기되는 것은 아직 먼 훗날의 일로 보이지만, 대개의 경우 그렇듯, 어쩌면 그 먼 훗날은 우리가 생각하는 만큼 멀지는 않을 수 있다. 그렇다. 이 말에서 짐작할 수 있겠지만 나는 외계에 지적 생명체가 존재할 거라고 믿는 쪽이다. (한편 지구에 방문한 적이 있을까 하는 질문에는 '아니요'라고 답하겠다.)

마지막으로 사족을 덧붙이자면, 이 책의 작업을 시작한 2014년 초 이후로(물론 그 이전에도 그랬겠지만) 국내적으로나 국외적으로나 인간 지성의 발전 여부, 또는 그 발전 방향을 의심케 하는 수많은 일들이 일어났고 지금도 일어나고 있는데, 적어도 원고에 빠져 있는 동안은 다른 세계로 도피하는 즐거움을 누리는 동시에 인간 지성의 긍정적인 방향의 발전을 확인할 수 있었다. 어떤 이유로 책을 집어 들었든, 이 책을 읽는 독자들 역시 팍팍한 현실에서 잠시 숨을 돌리고 먼 우주 공간에서 한가로운 유영을 즐길 수 있었으면 좋겠다.

일반

Steven J. Dick, *The Biological Universe: The Twentieth-Century Extraterrestrial Life Debate and the Limits of Science*, Cambridge University Press Cambridge, UK, 1996.

Steven J. Dick, *Life on Other Worlds: The Twentieth-Century Extraterrestrial Life Debat*e, Cambridge University Press Cambridge, UK, 1998.

초기 외계인

Robert Crosley, *Imagining Mars: A Literary History*, Wesleyan, New York, 2011.

Michael J. Crowe, *The Extraterrestrial Life Debate, 1750~1990*, Dover, Cambridge, UK, 2011.

Michael J. *Crowe, The Extraterrestrial Life Debate, Antiquity to 1915: A Source Book*, University of Notre Dame Press, Notre Dame, IN, 2008.

UFO

George Adamski, P*ioneers of Space: A Trip to the Moon, Mars and Venus*, Leonard-Freefield, Los Angeles, 1949.

George Adamski, *Inside the Space Ships*, Abelard-Schuman, New York, 1955.

George Adamski, *Leslie Desmond, The Flying Saucers Have Landed*, Werner-Laurie, Newcastle, DE 1953.

Kenneth Arnold, *The Coming of the Flying Saucers*, privately published, 1952.

Charles Berlitz, William L. Moore, *The Roswell Incident*, Grosset&Dunlap, New

York, 1980.

Susan Clancy, *Abducted: How People Came to Believe They Were Abducted by Aliens*, Harvard University Press, Cambridge, MA, 2007.

Jodi Dean, *Aliens in America: Conspiracy Cultures from Outerspace to Cyberspace*, Cornell University Press, Ithaca, NY, 1998.

Stanton T. Friedman & Kathleen Marden, *Captured: The Betty and Barney Hill UFO Experience*, New Page Books, Pompton Plains, NJ, 2007.

John Fuller, *The Interrupted Journey: Two Lost Hours "Aboard a Flying Saucer,"* Dial Press, New York, 1966.

John Moffitt, *Picturing Extraterrestrials: Alien Images in Modern Mass Culture*, Prometheus Press, Amherst, NY, 2003.

Curtis Peebles, *Watch the Skies!*, Berkeley, New York, 1995.

Carl Sagan, *The Demon-Haunted World: Science as a Candle in the Dark*, Ballantine Books, New York, 1997.

Dugald A. Steer, *Alienology*, Candlewick, Somerville, MA, 2010. For children, ages 8~12.

Erich von Däniken, *Chariots of the Gods*, Bantham Books, New York, 1972.

SF 소설 관련

Wayne Douglas Barlowe, Ian Summers & Beth Meacham, *Barlowe's Guide to Extraterrestrials*, Workman Publishing, New York, 1987.

Patricia Monk, *Alien Theory: The Alien as Archetype in the Science Fiction Short Story*, Scarecrow Press, New York, 2006.

지구상의 생명

Stephen Jay Gould, *Wonderful Life: The Burgess Shale and the Nature of History*, Norton, New York, 1989.

Angeles Gavira Guerrero & Peter Frances, *Prehistoric Life: The Definitive Visual History of Life on Earth*, Dorling Kindersley, New York, 2009.

Tim Haines & Paul Chambers, *The Complete Guide to Prehistoric Life*, Firefly Books, Ontario, Canada, 2006.

Simon Conway Morris, *The Crucible of Creation: The Burgess Shale and the*

Rise of Animals, Oxford University Press, UK, 1998.

생화학

Jeffrey Bennett & Seth Shostak, *Life in the Universe*, 2nd ed., Addison-Wesley, Boston, 2007.

Iain Gilmour & Mark A. Sephton, *An Introduction to Astrobiology*, Cambridge University Press, Cambridge, UK, 2003.

National Research Council, *The Limits of Organic Life in Planetary Systems*, http://www.nap.edu/catalog/11919.html

Clifford Pickover, *The Science of Aliens*, Basic Books, New York, 1999.

Kevin W. Plaxco, *Michael Gross, Astrobiology: A Brief Introduction*, 2nd ed., Johns Hopkins University Press, Baltimore, 2011.

Erwin Schrodinger, *What Is Life?*, Cambridge University Press, Cambridge, UK, 1992.

SETI

Albert Harrison, *After Contact: The Human Response to Extraterrestrial Life*, Basic Books, New York, 2002.

Marc Kaufman, *First Contact: Scientific Breakthroughs in the Hunt for Life Beyond Earth*, Simon and Schuster, New York, 2011.

Seth Shostak, *Confessions of an Alien Hunter: A Scientist's Searth for Extraterrestrial Intelligence*, National Geographic, Washington, DC, 2009.

Seth Shostak, *Sharing the Universe: Perspectives on Extraterrestrial Life*, Berkeley Hills Books, New York, 1998.

H. Paul Shuch, *Searching for Extraterrestrial Intelligence: SETI Past, Present and Future*, Springer, Little Ferry, NJ, 2011.

Peter Ward & Donald Brownlee, *Rare Earth: Why Complex Life Is Uncommon in the Universe, Springer*, New York, 2003.

Steven Webb, *If the Universe Is Teeming with Aliens... Where is Everybody? Fifty Solutions to Fermi's Paradox and the Problem of Extraterrestrial Life*, Springer, New York, 2002.

대표적인 외계인

왼쪽 위에서 시계 방향으로: 화성인 마빈(《헤어데블 헤어》, Warner Brothers), 요다(《스타 워즈》, Lucas Films), 네이티리(《아바타》, 20th Century Fox), 조그만 녹색 인간(《토이 스토리》, Pixar/Disney), 에일리언(《에일리언》, 20th Century Fox), 스팍(《스타 트렉》, Desilu Productions), 슈퍼맨(《슈퍼맨》, National Allied Publications), ET(《ET》, Universal Pictures), (가운데) 전형적인 회색이(본문에서 다룬 대로 다양한 출처에 등장)